古文诗词中的地球与环境事件

孙立广 编

中国科学技术大学出版社

内 容 简 介

“地球科学概论”是安徽省省级精品课程，五年中中国科学技术大学有1400多名学生选修了这门公选课，并撰写了小论文，现在此基础上编选几十篇结集正式出版。显然这是中国科大学生文理兼容的精品，它将古文诗词中的地球环境事件“酣畅地”摘选出来，从文中的睿智和文采、理论与思考中，也许我们可以读懂一代中国科大学生科学文化与精神思维的风貌。它从一定的高度、不同的角度，开拓了新一代大学生地球与环境的视野，同时也是大、中学生素质教育的范本。

本书可作为大、中学生读物，也可供对地球环境科学感兴趣的公众读者阅读。

图书在版编目(CIP)数据

古文诗词中的地球与环境事件/孙立广编.—合肥：中国科学技术大学出版社，2013.3(2019.1重印)

ISBN 978-7-312-02783-3

Ⅰ. 古… Ⅱ. 孙… Ⅲ. 地球科学—高等学校—教学参考资料 Ⅳ. P

中国版本图书馆CIP数据核字(2012)第258816号

出版 中国科学技术大学出版社
安徽省合肥市金寨路96号，230026
http://press.ustc.edu.cn

印刷 临沂圣贤印刷有限公司

发行 中国科学技术大学出版社

经销 全国新华书店

开本 880 mm×1230 mm 1/32

印张 11.75

字数 350千

版次 2013年3月第1版

印次 2019年1月第2次印刷

定价 28.00元

序

2002年，我在中国科学技术大学工作，分管研究生和本科生教育教学。当时开展了一项重要改革，即允许本科生在大学一年之后，根据个人兴趣和一年级基础课的学习成绩，在校内任意选择专业。可以说在全国高校中第一个真正做到让学生自主选择专业，深受学生欢迎。记得当时国内一些媒体用了一个很煽情的标题报道了此项举措，这个标题叫做“我喜欢、我选择”。

然而，任何改革都会出现新的问题。既然是“我喜欢”，怎么能够让学生真正地喜欢一个学科专业？对于那些在高中阶段全力以赴准备高考的学生来讲，对于那些一进大学就被排山倒海般的基础课程所困扰的大学生来讲，他们中的相当一部分对学科专业的“喜欢”往往受到老师、家长、社会舆论和媒体宣传的影响，有时难免带有较强的功利性和盲目性。尤其是对那些国人传统观念上认为是“艰苦、困难”专业的“农林水，地矿油”，真的会有学生喜欢吗？对科大来讲，就是她的地学等相关专业，会不会受到自主选择专业的冲击和影响？解决这个问题的根本要靠社会、市场和科学技术发展对人才的需求，方法则是要尽可能地让学生了解一个专业真正的发展前景和内涵，在教学和培养过程中真正使用启发、探究的方式让学生在学习中感受到学科的魅力，激发他们的兴趣。

记得当时学校的许多院士、教授在网络上与学生互动，开展“实话实说”式的交流和沟通。全校还有针对性地开设了大量公选课程、本科生讨论班(seminar)以及大学生研究计划。对于地球化学、地球物理等地学专业，学校还专门组织了学生地质之旅等活动，激发学生对地学的热爱。

在这一系列的工作中，地球和空间科学学院的孙立广教授开设了“地球科学概论”这门公选课程，全校不同专业的学生选课相当踊跃，有点出乎意料。这门课程之所以深受学生欢迎，一是孙立广教授个人学识渊博，他本人和他的团队，甚至包括本科生，多次前往南极开展实地考察和研究，不仅在科研上取得了丰硕的成果，做出了贡献，也丰富了人生；二是孙立广教授打破了刻板的教学方式，采取让学生撰写小论文的方式，激发了学生的学习兴趣，把一门可能会认为很枯燥的课程讲得有声有色。

由此给我的启发是：不是学生不愿意选择某一类学科，而是我们没有让他们感受到这门学科给人生带来的美好前景、实现远大志向以及学习和研究带来的无穷乐趣。我始终铭记教育界的那句名言：天底下“没有教不好的学生，只有教不好的老师”。其实，在我们高喊“创新”的今天，只要我们每一位教师都能用心去教，就能够激发一代年轻人无穷的创造力和想象力。高谈阔论讲创新，不如扎扎实实从课堂教学的方式方法和理念上开始创新，不如在学校的教育教学过程中真正朝着有利于培养学生创新能力的方向上加大改革。

离开中国科学技术大学好几年了，没想到孙立广教授的这门让学生自主选择的“地球科学概论”还是这么受欢迎。一门让学生感兴趣的课程，就是这门课程的生命力，又何必以“必修”这种强迫式的方式来维持呢？

我不懂诗文，更不懂地学。学生们能够在学习之余，在古文诗赋中寻找地球的故事，想必他们对地学有了较深的理解，也对文学有了科学家式的鉴赏。有一篇文章说得好，读古诗文，“为我打开了两扇大门：一扇通往自然，……一扇通往诗歌，通往古代文学”。我期待着有更多的课程、学科专业和研究，为我们年轻的学子打开更多的大门，我想这也是这本书的编者孙立广老师的愿望。我衷心希望更多的像孙立广教授那样学术上有造诣的教授能够站在本科生教学的第一线，创造性地开展教育教学改革。

是为序。

程艺

安徽省教育厅厅长

中国科学技术大学原副校长

前　言

“地球科学概论”是一门选修的基础课和素质教育课，除了地球和空间科学学院的同学必修之外，选课的同学很多，这表明中国科学技术大学学生除了关心考“托”、考“G”，也关心“地球”了，这是件令人高兴的事。

有感于一些大学生、研究生的文化“亏损”，我突发奇想，试着把“地球”和“文化”捆绑起来，布置了一道习题：在古文诗词中寻找地球环境事件的记录。在高雅的诗词歌赋中去寻觅科学的地球故事，在寻找地球故事中去欣赏文化瑰宝。孰主孰从，自主定夺。只要是当做享受，就认真地去做，要是当做苦差事，有福难以消受，也可糊弄几句出来，并不扣分。经过这番解释之后，同学们由惊呼“哇”变成了“呵呵”。

现在的青年人想真正登上科学殿堂是相当不易的。我们常常自我欣赏：科大学风堪称世界一流，通宵教室在考前常人满为患，节假日的夜晚，教室里也是灯火通明，座少虚席；而堪称为“尘界灵泉”的扬州八怪画展和数次水墨画展，明净可人的展厅里却观者寥寥。在中国科大，“不务正业”的人是很少的，即使有也不会是在看“唐宗宋祖”，读“托尔斯泰”“罗曼·罗兰”。在中国，“文化”和“科学”是两个“衙门”，“GPA”和“T”“G”的考试压力使他们在跨进科学门槛时就远离了文化的殿堂，他们不是光量子，不能同时跨进两座大门。我的问题是：从什么时候开始，科学与文化这杯文明的奶茶突然变成层次分明的鸡尾酒了呢？古埃及的金字塔、运河、绘画彰显了尼罗河的肥沃与多产，我国古代的唐三彩、丝绸、冶金，则为中国这个古老的东方大国赢得了“神秘国度”的美名，那是对融思想与物质、技术和文化于一体的赞叹。“大音希声，大象无形”，老子说的这八个字是哲学、是文化、还是科学对光怪陆离的宏观世界与微观世界的参透呢？也许在《道德经》这类经典中可以找到科学大河的源流。

李白、杜甫、白居易的灿烂诗词中记录了唐代的科技文明与当时的气候生态环境。李白在《秋浦歌》中描绘了安徽贵池县采冶银铜时“炉火照天地，红星乱紫烟”的盛况；白居易在《村居苦寒》中记述了公元813年发生在陕西渭南“竹柏皆冻死，况彼无衣民”的极端气候与生态灾害事件；在《望江南》“日出江花红胜火，春来江水绿如蓝”的瑰丽景象中，诗人发出了“能不忆江南”的感慨。对我们而言，因之而得到的不仅是一幅明媚可人的江南春景，更重要的是它与1200年后的江水形成了历史的对照，提供了一个警示。

二十多年前，看到西安碑林中的一幅长江口地图石刻，记录了河口变迁，让我久久难以释怀。第一次布置这道习题之后的三个月，我们便获得了二百多篇文章，其中有一位同学利用寒假去西安碑林找到了“河口”石刻，令人感动。同学们以弥足珍贵的热情，在节假日，在茶余饭后，用轻灵的心情，穿越时间的隧道，“羽扇纶巾谈笑间”，在“执红牙板歌”中，看“杨柳岸晓风残月”，写出了一篇篇地球故事，那文字有的稚嫩，有的朴实，有的奇巧，更有一些实在可称美文，共性是都认真地在历史的烟雨中寻找地球环境的事件。将文化艺术作为伴侣洒在科学的咖啡里，至少可以减弱一点苦味吧？实际上，科学大师在创造性思维中，灵感的火花点燃着发现的引线，我相信那砸出火花的火石是文化打造的，那引线的可燃性与文化的质料有关。读读爱因斯坦文集吧，听听李政道、丘成桐的演讲吧，看看老一辈科学家的散文诗词和他们做人做事的风骨吧。不要自惭形秽，让我们开始吧！

编这本文集是个尝试，是想换一个角度走进科学。几年前，我在文集前言中曾希望在之后几年内有更多的好作品被精选出来，有机会结集成册正式出版，那将是“地球科学概论”这门课程绽放的礼花。现在几年过去了，在中国科学技术大学出版社和教务处等出版基金的资助下，文集正式选编出版了。在这里我要感谢教务处领导的支持，感谢安徽省和中国科大精品课程基金的资助，特别需要感谢的是程艺教授为论文集锦撰写了序言。在每年度的论文集锦选编中，我的研究生们付出了辛勤劳动，他们和我一起选出其中五分之一的精华文章，他们是赵三平、尹雪斌、徐利斌、袁林喜、黄涛、黄婧等和秘书臧晶晶。现在本人又对这些文章进行精选和文字校正，并对各篇题目进行了修编。要说明的是，本书涉及众多古诗古文，作者又都是刚入门的大学生，谬误之处，肯定会令文人雅士失笑的，有劳指正，幸甚。

孙立广

目　录

地　理　篇

灾
难
篇

大 河 长 叹

陆金菊(PB03007216)

谁开昆仑源，流出混沌河。
积雨飞作风，惊龙喷为波。
湘瑟飕飗弦，越宾呜咽歌。
有恨不可洗，虚此来经过。

乘着诗的翅膀，黄河从巴颜喀拉山源头喷薄而出，蜿蜒东流，在中国版图上重重地写下一个苍劲有力的“几”字，然后浩浩荡荡归入渤海。

黄河流域面积广阔，横跨黄土高原，流经九个省区，并且在漫长的历史岁月中冲积出面积广大的黄淮海平原。黄河为流域两岸的广袤土地提供充沛水源，灌溉出一片片良田，营造出适宜人类生存的环境，人类才得以在此繁衍生息并创造出灿烂的华夏文明，所以黄河是中华文明的摇篮，“母亲河”成为她的代名词。

“君不见黄河之水天上来，奔流到海不复回”；“黄河西来决昆仑，咆哮万里触龙门”。诗歌以其生动夸张的语言勾勒出气势如虹、波澜壮阔的黄河。

但现实中的她并没有如此的诗意。在普通人眼里，她是一条带来深重灾难的害河；在水利工程师的眼里，她又是一条倔强且难以驯服的河流。纵观世界上的大江大河，没有哪一条河流留下比黄河更多的水患记录。当汉武帝看到黄河决入瓠子河，与淮河、泗水相通时，他亲临决口现场，感慨之余，作下了《瓠子歌》：“瓠子决兮将奈何？皓皓旰旰兮闾殚为河。殚为河兮地不得宁，功无已时兮吾山平。”在杜甫的《苦雨黄河泛溢堤防之患》一诗中，他这样描写：“二仪积风雨，白谷漏波涛，闻道洪河坼，遥连沧海高。”从中我们可以看到黄河无数次的决口泛滥和改道使得村庄被淹，人民流离失所。黄河水灾给人民带来了极大灾难，给社会带来巨大影响。正因为如此，人们总会将灾难的主要原因归咎于这条“善淤，善徙，善决”的害河。

的确，黄河泛滥有其自然因素。但当我们走进古诗文中去踏访黄河的足迹时，我们会发现，正是人类自身的问题加剧了黄河水患。

众所周知，黄河的最大特点是含沙量大，因为她流经世界最大的黄土高原。现在那里支离破碎，千沟万壑，大部分地区是漫漫黄沙，但在古代，情况却大不一样。汉乐府诗《陇西行》中的陇西郡是一个“历历种白榆，桂树夹道生”的地方，而在王维的《榆林郡歌》中，我们也看到“山头松柏林，山下泉声伤客心，千里万里春草色，黄河东流流不息”，司马光的《资治通鉴》中描述的盛唐时期陕、甘地区同样是一片“闾阎相望，桑麻翳野，天下称富庶者无如陇右”的景象。从这些诗句中，我们可以知道在古代相当长的历史时期内，陕西、甘肃、山西等西北地区，曾经是植被良好的繁荣富庶之地，“山林川谷美，天材之利多”。后来，由于人口的增加、战乱的影响，加上自然灾害和乱垦滥伐，破坏了地面的林草植被，加速了土壤侵蚀，导致了陕、甘等西北地区的严重荒漠化，从水土流失的情况来看，除了黄土高原本身易于水土流失的自然因素外，人为的自觉和不自觉的乱垦滥伐也加剧了水土流失，从而使本来含沙量已经很大的黄河带走更多的泥沙。进入黄河下游的泥沙多年平均为 16 亿吨，其中大约有 4 亿吨淤积在下游河床，致使河道年均抬高约 10 厘米，年复一年，形成举世闻名的地上悬河，这是造成黄河洪水决口的重要原因。同时水土流失也影响到航运，黄河支流渭河下游，古代是连接黄河通向长安的运粮航道，《前汉书》有“穿漕渠通渭”，“凿漕直渠自长安至华阴”的记载。到了唐代，渭河下游仍是漕运必经之道，近代由于泥沙淤积严重，已不能通航。2003 年夏天，渭河流域在水量小的情况下还发生了 50 年来最大的灾情。

长期以来，人类对环境的不合理开发，破坏了生态平衡，形成“越垦越穷，越穷越垦，越垦越流失”和黄河下游大堤“越加越险，越险越加”两个恶性循环，从而导致了一幕幕惨剧的发生。对此人类负有不可推卸的责任。

黄河水灾的频繁发生自然引起人们的关注，由此也出现许多治河工程。最著名的莫过于大禹治水，他以疏导为主，利用水向低处流的自然趋势，疏通了九河，平息了水患，《尚书·禹贡》记载有"导河积石，至于龙门，南至于华阴，东至于底柱，又东至于孟津。东过洛汭，至于大伾，北过洚水，至于大陆，又北播为九河，同为逆河，入于海。"这是大禹治水后黄河河道的描述。之后，又有东汉王景的治黄，他"修渠筑堤，自荥阳东至千乘海口千余里"。在大规模施工中，王景"商度地势，凿山阜，破砥碛，直截沟涧，防遏冲要，疏决壅积"，以各种当时可能采取的技术措施，开凿山阜高地，破除旧河道中的阻水工程，堵绝横向串沟，修筑千里堤防，疏浚淤塞的汴渠，自上而下对黄河、汴渠进行了治理，从而使黄河在其后八百年内没有大的灾情。他们的功绩都是值得称颂的。

但之后，黄河又多次泛滥，历史上也进行了不少治理，都没能得到根本治理，主要是由于当政的君王希望能在短期内起效，采取堵塞河道，迫使黄河回流，但事与愿违，结果造成更大的灾难。这一点在宋代尤其明显，宋庆历八年，黄河决于澶州商胡埽，欧阳修提出不宜采取回河的措施，他上书："河本泥沙，无不淤之理。淤常先下流，下流淤高，水行渐壅，乃决上流之低处，此势之常也。……是则决河非不能力塞，故道非不能力复，所复不久终必决于上流者，由故道淤而水不能行故也。"他已经将道理讲得很明白了，但欧阳修的奏疏未被采纳，朝廷命加紧堵口，开六塔河。嘉祐元年，商胡决口塞而复决，回河失败。此后还有司马光、王安石、苏辙等人都极力反对回河一事，但都遭朝廷拒绝，最后这些被动防洪的治河方针导致黄河一次又一次的决口，水灾一次又一次的发生。

不仅如此，统治阶级还将黄河作为战争的工具，不计后果地更改黄河河道而导致了人为的灾难。宋建炎二年，东京留守杜充"决黄河自泗入淮，以阻金兵"，黄河下游河道，从此又一大变。南宋端平元年，蒙古军"决黄河寸金淀之水以灌官军"，黄河河道又发生一次较大的变化。有时人为的灾难往往比自然的更可怕。

肆意的围堵，随意的改道，这些都使黄河下游支离破碎的河道变得满目疮痍，大大增加了河道决口的可能性，导致一次又一次的水灾。

人类对环境的肆意破坏和某些错误的治理措施对黄河造成极大的影响，同时也影响到人类自身。

千百年来，黄河以其丰富的水量滋润着田野山川，哺育着人类，孕育了人类文明。可惜人类却不能有效地保护和治理她，反倒是变本加厉地向她索要更多的资源，破坏她为我们创造的环境，并且在她原本伤痕累累的身上划上更深的印记。

看吧！一次次洪水的袭击不正是环境对人类的一次次警告？

一个个狰狞的决口不正是黄河对人类残酷做法的一次次反击？

一次次浩荡的漫溢不正是黄河对人类自食其果后的一声声长叹？

面对祖先对她犯下的错，我们无法逃避。

面对母亲河，只有合理地保护和治理才是我们对她的回报。

当黄土变为绿洲，当泥沙不再淤积，母亲会露出微笑。

浩浩洪流，带我邦畿。
萋萋绿林，奋荣扬晖。

黄河水患祸徐州

张培(PB03207030)

引言——关于徐州的背景知识

我的家乡徐州市位于江苏省的西北部，地处苏、鲁、豫、皖四省交界，“东襟淮海，西接中原，南屏江淮，北扼齐鲁”，素有“五省通衢”之称。苏轼在徐州曾向神宗上书，强调徐州在战略上的重要地位：“徐州为南北之襟要，而京东诸郡安危所寄也。”就地势看，这里三面环山，只有西面是数百里平川；徐州城三面阻水，只有南面可通车马，而有戏马台扼其口。这样的地势，若囤积三年粮食于城中，虽用十万人也不易取。

如苏轼所见，徐州为古来兵家必争之地。但这重地也是自古多灾多难之地，主要因为战火及黄河水患。

徐州市地处古淮河的支流沂、沭、泗诸水的下游，以黄河故道为分水岭，形成北部的沂、沭、泗水系和南部的濉、安河水系。境内河流纵横交错，湖沼、水库星罗棋布，废黄河斜穿东西，京杭大运河横贯南北，东有沂、沭诸水及骆马湖，西有夏兴、大沙河及微山湖。

历史上汹涌的黄河给沿岸人民带来无数深重的灾难，徐州人民饱受水害之苦。公元 1875 年，黄河改道，在徐州留下了一条故道，由于黄河故道河床高出地面，堤岸残破，河道淤塞，每逢汛期，水位高出地面 3～7 米，严重威胁着当地人民的生命财产安全。

为此，徐州人民曾经进行过无数次艰苦卓绝的斗争，留下了宋知州苏轼、明总理河道潘季驯治水保城的业绩和佳话。但故黄河，犹如一条巨大的水袋，千百年来悬吊在徐州人民头顶，随时都有浇顶之灾。

关于徐州黄河水患及治理的诗词记载

苏轼在徐州任知州时，和他的弟弟苏辙留下了很多关于黄河水患及其治理的诗词描述。1077年，苏轼上任不足三个月，苏辙刚刚离开徐州，徐州就遇上特大洪水，黄河泛滥。这年七月十七日黄河在澶州曹村下埽决口，淹了四十五县，坏田三十万顷。八月二十一日，洪水到徐州城下。苏辙说：

我昔去彭城，明日河流至。
不见五斗泥，但见三竿水。
惊风郁飙怒，跳沫高睥睨。
潋滟三月余，浮沉一朝事。
分将食鱼鳖，何暇顾邻里。
悲伤念遗黎，指顾出完垒。
缭堞对连山，黄楼丽清泗。
……
功成始逾岁，脱去如一屣。
空使西楚氓，欲语先垂涕。

——《和子瞻自徐移湖将过宋都途中见寄五首》

尔来钜野溢，流潦压城垒。
池塘漫不知，亭榭日倾弛。
官吏困堤障，麻鞋污泥滓。

——《寄孔武仲》

钜野一汗漫，河济相腾蹙。
流沙翳桑土，蛟蜃处人屋。
农亩分沉埋，城门遭板筑。

——《寄济南守李公择》

黄河东注竭昆仑，钜野横流入州县。
民事萧条委浊流，扁舟出入随奔电。

——《送转运判官李公恕还朝》

从苏辙这些诗中可看出灾情的严重：黄河横溢，冲压城垒，城门紧闭，亭榭倾斜，池塘淹没，农田翳蔽，到处是一派荒凉萧条景象。

苏轼还写道：

乱山合沓围彭门，官居独在悬水村。
居民萧条杂麋鹿，小市冷落无鸡豚。
黄河西来初不觉，但讶清泗流奔浑。
夜闻沙岸鸣瓮盎，晓看雪浪浮鹏鲲。
吕梁自古喉吻地，万顷一抹何由吞。
坐观入市卷闾井，吏民走尽余王尊。
计穷路断欲安适，吟诗破屋愁鸢蹲。

——《答吕梁仲屯田》

很明确地揭示了这次灾害的来源，是黄河从西而来，把安详的徐州搅乱。

在这次防洪救灾工作中，苏轼表现出高度的组织才能。在洪水到达徐州前，他就组织徐州人民准备工具，积蓄土石，修补堤坝，事先采取了防治措施。

当洪水汇于徐州城下时，水深达二丈八尺，水高于城中平地有达一丈零九寸的。城墙有倒塌的危险，城中富民争先恐后地出城避水。苏轼认为，富民一出，民心动摇，他与谁去守城？他表示，只要他在，决不让洪水坏城。他把富民赶进城中，亲自到军营动员军队防洪。他说："河将害城，事急矣，虽禁军宜为我尽力！"禁军看到太守都不辞辛劳，自然也积极参加筑堤，使洪水只能到堤而不能进城，民心也就逐渐安定了。

接着又是两天暴雨，河水猛涨，苏轼就住在城墙上，"过家不入"，指挥军民分头堵水。当时徐州城外，洪水茫茫无际，房屋冲走无数，"老弱蔽川而下，壮者狂走无所得食，槁死于丘陵、林木之上"（苏辙《黄楼赋序》）。

苏轼派习水的人用船载着粮食，到处进行抢救，使许多人得以脱险。在这些日子里，苏轼真是忧心如焚，他在《与范子丰书》中说："决口未塞，河水日增，劳苦纷纷，何时定乎？"后来他采纳了和尚应言的意见，开凿清泠口，把积水引入黄河故道，才解除了威胁。

十月十三日，狂风怒号。风止，他得到积水已入黄河故道的消

息,“闻之喜甚”,并作了一首《河复》诗来表达这种高兴的心情:

吾君仁圣如帝尧,百神受职河神骄。
帝遣风师下约束,北流夜起澶州桥。

水退后,苏轼回到城中,只见瓦上净是“沙痕”。为庆祝徐州得以保全,自己也免为鱼鼋,于是饮酒赋诗道:

岁寒霜重水归壑,但见屋瓦留沙痕。
入城相对如梦寐,我亦仅免为鱼鼋。
旋呼歌舞杂诙笑,不惜饮釂空瓶盆。
念君官舍冰雪冷,新诗美酒聊相温。

——《答吕梁仲屯田》

但苏轼并未沉浸在诗酒之乐中,为了防止来年水之再至,他又投入到另一场紧张的增筑徐州城堤的工作中。他说:

人生如寄何不乐,任使绛蜡烧黄昏。
宣房未筑淮泗满,故道堙灭疮痍存。
明年劳苦应更甚,我当畚锸先黥髡。
付君万指伐顽石,千锤雷动苍山根。
高城如铁洪口决,谈笑却扫看崩奔。

——《答吕梁仲屯田》

诗中写到他对来年的忧虑:若是淮泗都满,徐州的黄河故道也不能起到排洪的作用了。诗中还表决心道:“我当畚锸先黥髡。”黥,墨刑,用刀刺肉涂墨;髡,剃去头发的刑罚;黥髡,指奴仆,有罪受刑之人。也就是说为了防止来年水之再至,他将手执畚箕铁锹,身先仆隶,带头参加筑堤。

当时朝廷正忙于堵塞澶州的决口,无暇顾及徐州。苏轼认为澶州的决口若能堵住,徐州自然无恙。但能否堵住,还很难说。

苏轼决心不让徐州重受其害,于是请求朝廷允许他调集来年役夫增筑徐州城堤。但他的请求迟迟未得到答复。他说:“彭城最处下流,水患甲于东北。奏乞钱与夫为夏秋之备,数章皆不报。”(《与欧阳仲纯书》)“轼始到彭城,幸甚无事;而河水一至,遂有为鱼之忧。近日虽已减耗,而来岁之患方未可知。法令周密,公私匮乏,举动尤难。”(《答范景山书》)

直至第二年二月，朝廷才同意苏轼的请求，赐二千四百一十万钱，用四千二十三人，又发常平钱六百三十万，米一千八百余斛，募三千二十人，改筑外城，建四木岸。功成，为纪念徐州防洪胜利，并为了防止大水对徐州的威胁，元丰元年（1078年）二月，动工在城东门挡水要冲处建造了二层高楼，因为“水受制于土”，所以涂上黄土，取名黄楼，含有“土实胜水”的意义：

黄楼高十丈，下建五丈旗。
楚山以为城，泗水以为池。

——《太虚以黄楼赋见寄，作诗为谢》

苏辙说：

河吞巨野入长淮，城没黄流只三版。
明年筑城城似山，伐木为堤堤更坚。
黄楼未成河已退，空有遗迹令人看。

——《中秋见月寄子瞻》

元丰元年重阳节，苏轼在黄楼大宴宾客，有三十多位名士参与盛会。苏轼回忆道：

去年重阳不可说，南城夜半千沤发。
水穿城下作雷鸣，泥满城头飞雨滑。
黄花白酒无人问，日暮归来洗靴袜。

——《九日黄楼作》

今年的重阳就大不相同了：

岂知还复有今年，把盏对花容一呷。
莫嫌酒薄红粉陋，终胜泥中事锹锸。

——《九日黄楼作》

惯于安乐的人是不懂得乐之为乐的，要饱经忧患的人才知道乐之为乐。苏轼经过去年重阳节的紧张抢险，因此分外感到眼前平安宴饮之快乐：

黄楼新成壁未干，清河已落霜初杀。
……
薄寒中人老可畏，热酒浇肠气先压。
烟消日出见渔村，远水鳞鳞山齾齾。

——《九日黄楼作》

诗中回顾了过去一年黄河水灾的惨状，都不知道还能不能享受今年的人生了。而最后面却展示出一种劫后余生的超然愉悦。

苏辙《和子瞻自徐移湖将过宋都途中见寄五首》也说："千金筑黄楼，落成费百金。谁言使君侈，聊慰楚人心。"

的确，黄楼为彭城五大名楼之一，始建于宋神宗元丰元年，建筑规模宏大，面临大河，气势雄伟。

其实黄楼是徐州故黄河公园至庆云桥三处徐州人民治水纪念物之一，这三处纪念物是牌楼、黄楼和镇水铁牛。牌楼始建于清嘉庆二十三年（1818 年），1987 年 11 月重建，为三开间牌坊式结构，耸立于庆云桥东侧，牌楼雕梁画栋，四角飞檐，上覆绿釉筒瓦，横额两面题书，一为"大河前横"，一为"五省通衢"。黄楼因有苏轼率全城军民抗洪、建楼镇水之说，历代文人登临怀古，题咏歌颂者颇多。镇水铁牛在牌楼附近的墙基上，原铸于清嘉庆四年（1799 年），亦是徐州人民饱受水患和希冀根治水患的见证。铁牛在"文革"中被毁，1985 年重铸，仍置旧址。1987 年园林部门又在黄河迎春桥头竖起一尊 8 吨重的铜牛，其形象雄姿勃勃，昂首高吼，象征着历代徐州人民战胜黄河水患，开拓进取的时代精神。

再回来说苏轼的治水。很多人是专程前往祝贺黄楼建成的。苏辙自然也在应邀之列，但因公务繁忙，未能成行。他在《送王巩之徐州》中说："黄楼适已就，白酒行亦熟……恨我闭笼樊，无由托君毂。"聊可为慰的是苏辙虽未亲临盛会，却写下了著名的《黄楼赋》。特别是其中的"东望则连山参差"，"南望则戏马之台"，"西望则山断为玦"，"北望则泗水湠漫"一段，酷似班固《两都赋》的铺陈排比，极言徐州山水之美。

继熙宁十年（1077 年）秋的严重水灾之后，元丰元年春又发生大旱。苏轼在《徐州祈雨青词》中说："河失故道，遗患及于东方；徐居下流，受害甲于他郡。"这首词中又提到黄河改道，水患严重，而徐州受害尤其严重。

说到苏轼治水，还有一个传说：鸡嘴坝水河心显红岛，为纪念苏姑"舍身退水"而建。相传苏轼在徐州时，值大水围城。苏轼祈祷河神，河神托梦要送一位年轻貌美女子方可退水。苏轼幼女苏姑毅然跃上城堞，跳向洪水之中，大水遂退，苏姑红鞋在此现出水面。后人为了纪念她，在河中建一鞋状小岛，故名“显红岛”。

苏轼在徐州组织防洪，受到神宗的通令嘉奖，赞他“亲率官吏，驱督兵夫，救护城壁。一城生齿，并仓库庐舍，得免漂没之害”（《奖谕敕记》）。元丰二年三月，当他从徐州迁知湖州（今浙江吴兴）时，送行父老都感激地说：“前年无使君，鱼鳖化儿童。”（《罢徐州往南京，马上走笔寄子由》）这些由衷的称赞也都反映了水害的严重。

历代有很多皇帝对徐州的黄河水害非常关注。乾隆执政六十年，共到徐州四次，都是南巡途中路过而逗留的。主要目的是“阅河”，即实地考察黄河水情和徐州的河防工程。乾隆二十二年（1757年）四月初，乾隆乘船北上，弃舟登陆徐州。时值灾后不久，饥民遍野，瘟疫流行，一派凄惨景象。随驾大臣曾劝皇帝不必亲到徐州，乾隆力排众议，坚持来徐视察。他在《灾余》诗中写道：“灾余疠必行，古人言之矣，将为徐州行，大吏云宜止。去去关民瘼，宁忍复避此。”乾隆皇帝以“民瘼”为重，不避瘟疫而亲临灾区，不能不说是一种勤政抚民的表现，也在诗词中又一次记录了徐州的水害惨状。

关于徐州黄河水患和故道形成的科学理论分析

1. 黄河故道的成因

苏轼那时泛滥的黄河水道其实并非完全是现在的黄河故道。徐州现在的黄河故道是明清故道的一部分。起源于宋建炎二年（1128年），东京（今开封）留守（官职）于滑县西南人为决河，遂使河道东决夺泗入淮，此时黄河决口频繁，经常数道并行，彼此迭为主副。1194年黄河南泛，夺取淮河水道入海形成的一条地上“悬河”。明嘉靖二十五年（公元1546年）以后，黄河在开封至曹县一带不断决口，颍、涡、濉各支河相继淤塞，大河由多股汇为一股从徐州、沛县夺泗入淮。明万历初年潘继驯治河成功，尽断旁出诸道，修筑堤岸，把金、元以来的黄河东出徐州由泗夺淮的主流固定下来，成为下游唯一河道。这一河段即现在的“明清故道”。

自黄河夺淮七百多年间，淮河在江苏淮阴下游淤积严重，决口更加频繁,上下河道壅塞失治。到咸丰五年(公元 1855 年),终于在兰阳铜瓦厢(今兰考境)决口改道,由山东夺大清河入渤海,走现行河道,造成又一次大变迁。江苏境内的黄河故道西起丰县二坝,东至滨海县大淤尖入海口,途经徐州、宿迁、淮安、盐城等地 13 个县区的 135 个乡镇、1000 多个村,全长 496 公里,总面积 618 万亩,沿线区域总人口近 250 万。

现今故道沿线农民耕种的土地,大部分由黄泛冲积而成,河床主体高出附近地面 3～5 米,最高地段超过 8 米,河滩自西向东的高程落差达 40 多米,地形地貌复杂,保水保温性能差,无雨干旱,雨后包浆,易涝易旱,易渍易碱。加上战争破坏等原因,多年来这里经济发展滞后,农民收入在低水平徘徊,生活处于贫困状态。但是徐州—开封沿黄河故道两侧,土质、气候、降雨量等多方面条件均属我国红富士苹果和酥梨的最佳产区。

2. 黄河改道的历史和原因

(1) 黄河改道的历史

黄河改道是指黄河河道有较大幅度的变迁,有时多年后又回归故道。在黄河决口后,也常有几年不堵,并且时常有意地使几个支河分流下注的。因此,以历史的眼光来看,与其说黄河有一个固定的河道,不如说它经常在变迁着。黄河在历史上曾 26 次改道,大约百年一次,最后一次改道是 1855 年。

(2) 黄河改道的原因

就黄河本身的特点来说是:中道淤积,河道高悬,河堤管理不善,洪峰通过能力不足。黄河从江苏入海改为从山东独流入海后,不再影响淮河和海河两大水系的水文变化。但对于黄河这样一条多泥沙的河流来说,下游局限于一个较窄的范围内流动,河床高悬于大平原之上,加上处于气候、水文长期波动变化最显著的中纬地带,黄河中、上游又流经土壤裸露、疏松的黄土高原产沙区,一旦出现大暴雨和特大暴雨,便形成高含沙量洪水,有时最大洪峰输沙量可达 60 亿吨左右。当到达黄河下游时又因下游河道受海平面和大平原地势控制及河口延伸的影响,比降很平,输沙能力明显小于中、上游来沙量,河床淤积比平常漫流时期迅速。同时因黄河下游长期形成上宽下窄的河道格局，黄河受山东丘陵山地阻挡出现的河道大弯曲呈宽窄过渡河段。突然到来的多泥沙特大洪水往往在此形成河道堵塞，河堤漫决，河流由此寻找新的低地形成河道。

但徐州这部分黄河改道以及形成明显的地上河也有人为的原因。

明代后期的隆庆、万历年间，出于保证运河的漕运畅通和每年江南数百万石粮食安全运抵京师的需要，必须稳定黄河河床，使运河在徐州以南得以“引黄济运”，徐州以北又不受到黄河决口、改道后对运河的冲击和破坏，又要使徐州以南黄河水入运河不致淤浅，阻碍漕运。于是逐渐形成了一种将治黄治运联系起来的方针。明代万历年间的治黄专家、总理河道万恭在他的专著《治水筌蹄》一书说得很清楚：“治黄河，即所以治运河”，“若不为饷道计，而徒欲去河之害，以复禹故道，则从河南铜瓦厢一决之，使东趋东海，则河南、徐、邳永绝水患，是居高屋建瓴水也，而可乎?”就是说，治黄河就是为了治运河，使运道畅通，若不为将江南的粮食运到北京，仅仅是为了免除黄河之害，只要河南铜瓦厢把黄河北岸决开，使黄河东走渤海，则河南、徐州、邳州一带就会永远没有黄河水患了。因为这是高屋建瓴之势，非常容易达到的单纯治黄的目的，那样做行吗？能解漕运问题吗？因为不能完全不管漕运，所以事实上，人力治理黄河的最大潜力并没有被发挥出来。

而要达到双赢，围绕治运而治黄，采取的措施必须达到两个要求：既要黄河不危害运河，又要利用黄河之水补充运河。其所采用的方法就是：第一步要在黄河两岸坚筑堤防，固定黄河河床，第二步要利用黄河之水力冲刷河床的积沙，使之不淤垫河床。反过来两岸的巩固堤防又成了束水攻沙的工具。

但实际运用中，由于黄河下游的河道平缓，并不能完全达到攻沙的目的，于是黄河河床还是不断地在逐年增高，于是两岸的河堤也在逐年增高，经过从明朝晚期到清朝晚期三百余年的累积，世界著名的地上悬河也就形成了。

明代晚期这种“固定河床，束水攻沙”的方针提出并开始实行之时，并不是没有人提出过反对的意见，如当时另一任总理河道杨一魁便指出过束水攻沙有加强地上悬河的潜在危险。他认为“善治水者，以疏不以障，年来堤上加提，水高凌空，不啻过颡，滨河城郭，决水可灌。”与他同时的王立胜也指出：“自徐而下，河身日高，高而为堤以束之，堤与徐城等……堤增河益高，根本大可虞也。”还有人指出“固堤束水，未收刷沙之利，而反致冲决”，或指出“先因黄河迁徙无常，设遥缕二堤束水归漕。乃水过沙停，河身日高，徐邳以下，居民尽在水底”。但是由于找不出更好的方法来治黄保运，明知不可为而为之，实行了几百年，其结果是地上悬河越来越高，一旦决口，黄河之水天上来，给人民造成巨大损失，悲惨的景象直到解放以前，历演不衰。

总结

综上，从诗词记录中可见，徐州历史上曾饱受黄河水害之苦。虽然现在黄河改道，在徐州平时不能再见到波涛汹涌的黄河，但是当夏季连日暴雨，徐州还是会受水害。故黄河现在被开发成一个安全的景观——故黄河公园，但是其中凝聚的历史和潜在的危险仍然让人感慨万千。

而故黄河的成因和它的治理更是让我们深思。如果可以在上游大力植树造林防止水土流失，延续和改善以前的治理方法，多一些苏轼那样尽心尽力为人民的官员，也许黄河会更加温顺，她是我们的母亲河啊！

1957 年 3 月 19 日，一代伟人毛泽东在第五次视察徐州后，睹物思古，感慨万千，在归途中意犹未尽，也用铅笔为随行秘书林克写下了这首词：

古徐州形胜，消磨尽，几英雄。想铁甲重瞳，乌骓汗血，玉帐连空。楚歌八千兵散，料梦魂，应不到江东。空有黄河如带，乱山起伏如龙。

汉家陵阙起秋风，禾黍满关中。更戏马台荒，画眉人远，燕子楼空。人生百年寄而，且开怀，一饮尽千钟。回首荒城斜日，倚栏目送飞鸿。

祝福黄河！祝福家乡！

参考文献

[1] 褚斌杰.中国历代诗词精品鉴赏[M].西宁:青海人民出版社,2001.

[2] 方旻软件工作室.中国诗词博览软件[CP].2005.

[3] 中国水利网,大众网,中国环境资源网,千龙网,新华网,徐州旅游网.

[4] 曾枣庄.苏轼评传[M].成都:四川人民出版社,1981.

[5] 张正明,李鸿杰.黄河流域地图集[M].北京:中国地图出版社,1989.

[6] 甘肃水利网.古代治河思想的论争.

[7] 仲伟志.调水冲沙能否根治黄河?[N].经济观察报,2002-07-22.

[8] 王永宽.元代贾鲁治河的历史功绩[J].黄河科技大学学报,2008(5).

黄河古道

孟庆元(PB01207006)

黄河，中国的第二大河，炎黄子孙的母亲河，她发源于青藏高原巴颜喀拉山脉北麓约古宗列盆地，蜿蜒东流，穿越黄土高原及黄淮海大平原，注入渤海，干流全长5464公里，落差达4480米，流域总面积79.5万平方公里(含内流区面积4.2万平方公里)。

据地质演变历史考证显示，黄河是一条相对年轻的河流。在距今115万年前的早更新世，流域内还只有一些互不连通的湖盆，各自形成独立的内陆水系。此后，随着西部高原的抬升，河流侵蚀、夺袭，历经105万年的中更新世，各湖盆间逐渐连通，构成黄河水系的雏形。到距今10万至1万年间的晚更新世，流域的各江河湖盆才逐步演变成为从河源到入海口上下贯通的大河——黄河。

水流含沙量高是黄河水流的一大特征。由于流域水系的汇流而导致黄河的形成与西部地区的隆起抬升密切相关，而隆起导致西部高地降水减少，环境恶化，水土流失加剧，含沙量高似乎是黄河的宿命。

大量泥沙在下游平原地区迅速沉积，主流在漫流区游荡，于是人们开始筑堤防洪，行洪河道不断淤积抬高，成为高出两岸的"地上河"。遇到洪水暴发，中上游来水加剧，堤坝的承受力有限，或是由于人为的原因掘堤泄洪，洪水就会冲破人类的束缚，决溢泛滥，并形成新的入海通道。黄河下游河道迁徙变化的剧烈程度，在世界上是独一无二的。根据有文字的记载，黄河曾经多次改道，河道变迁的范围，西起郑州附近，北抵天津，南达江淮，纵横25万平方公里。周定王五年(前602年)至南宋建炎二年(1128年)的1700多年间，黄河的迁徙大都在现行河道以北地区，侵袭海河水系，流入渤海。自1128

年至1855年的700多年间，黄河改道都在现行河道以南地区，侵袭淮河水系，流入黄海。1855年黄河在河南兰考东坝头决口后，夺山东大清河入渤海，形成现行黄河河道。

由于黄河下游河道不断变迁改道，以及海侵、海退的变动影响，黄河下游地区的河道长度及流域面积也在不断变化，这也是黄河不同于其他河流的突出特点之一。

古文献记载的史实，从春秋至今的两千余年，黄河下游河道多次迁徙，有以下记载：

1. 周宿胥口河徙

《汉书·沟洫志》："周谱云，定王五年河徙"，史称此为黄河第一次大改道。清胡渭《禹贡锥指》进一步指出，"周定王五年（前602年）河徙，自宿胥口东行漯川，右经滑台城（滑县旧城），又东北经黎阳县（浚县东北兰里）南，又东北经凉城县，又东北为长寿津，河至此与漯川别行而东北入海，《水经》谓之大河故渎。"按《水经·河水》所记，大河故渎大致经今河南滑县、俊县、濮阳、内黄、清丰、南乐，河北大名、馆陶，山东冠县、高唐、平原、德州等县市境，德州以下复入河北，经吴桥、东光、南皮、沧县而东入渤海。宿胥口河徙之后，禹河旧道，有时还行水，至战国中期才完全断流。

2. 新莽魏郡改道

新莽始建国三年（11年），"河决魏郡，泛清河以东数郡。"在此以前，王莽常恐"河决为元城冢墓害，及决东去，元城不忧水，故遂不堤塞"，致使河道第二次大变。

魏郡河决之初，水无定槽，泛滥于平原、千乘之间，后经王景治理始得以稳定。据《水经》记载，此河大致走今濮阳南、范县北、阳谷西、莘县东、在平东、禹城西、平原东、临邑北、商河南、滨州北、利津南而入渤海。该河道保持了千余年，至北宋景祐初始塞。

3. 北宋澶州横陇改道

北宋景祐元年（1034年）七月，河决澶州横陇埽，于汉唐旧河之北另辟一新道，史称横陇河。《续资治通鉴长编》卷一六五载，"河独从横陇出，自平原分金、赤、淤三河，经棣、滨之北入海。"姚汉源《中国水利史纲要》说，"河决时弥漫而下，东北至南乐（今为县）、清平（今为镇）县境，……自清平再东北至德州平原（今为县）分金、赤、淤三河，经棣（治庆次，今惠民县）、滨（治渤海，今滨县北）之北入海。”邹逸麟《宋代黄河下游横陇北流诸道考》定此河“经今清丰、南乐，进入大名府境，大约在今馆陶、冠县一带折而东北流，经今聊城、高唐、平原一带，经京东故道之北，下游分成数股，其中赤、金、游等分支，经棣（治今惠民县）、滨（治今滨县）二州之北入海。”今清丰六塔集以东尚有遗迹，向北经莘县韩张集（故朝城）以西，下经聊城堂邑镇、陵县县城以右，高唐、平原、惠民以左。此河道形成之初，“水流就下，所以十余年间，河未为患”，但到庆历四年，“横陇之水，又自海口先淤，凡一百四十余里”，“其后游、金、赤三河相次又淤”，下流既淤，必决上流，终于在庆历八年发生了商胡决口改道。

4. 庆历八年澶州商胡改道

宋庆历八年（1048 年）六月，“河决商胡埽（濮阳东北二十余里栾昌胡附近）”，改道北流，经大名（今县）、恩州（清河县西北）、冀州（冀县）、深州（深县）、瀛州（河间县）、永静军（东光）等地，至乾宁军（青县）合御河入于渤海，史称北流。12 年后，即嘉祐五年（1060 年），又决大名第六埽，下流“一百三十里至魏（大名）、恩、博、德之境，曰四界首河”，再下合笃马河（今马颊河）由无棣入海，时称二股河，也称东流。东流与北流并存了近 40 年，且互为开闭，直至元符二年（1099 年）六月末河决内黄口之后，东流遂绝。商胡改道，也是一次大改道，北流河道已移在西汉屯氏别河和张甲河以西，其下游与禹河主流已十分逼近。

5. 南宋建炎二年杜充决河改道

建炎二年（1128 年）冬，东京留守杜充，“决黄河自泗入淮，以阻金兵”，黄河下游河道，从此又一大变。杜充决河的地点，史无明文，《中国自然地理·历史自然地理》定在滑县上流的李固渡（滑县西南沙店集南三里许）以西。决口以下，河水东流，经今滑县南、濮阳、东明之间，再东经鄄城、巨野、嘉祥、金乡一带汇入泗水，经泗水南流，夺淮河注入黄海。此后数十年间，“或决或塞，迁徙无定。”迁徙的范围，主要在今豫北、鲁西南和豫东地区。此次决河改道，使黄河由合御河入海一变而为合泗入淮，长时期由淮河入海。

6. 南宋蒙古军决黄河寸金淀改道

南宋端平元年(金天兴三年,1234 年),蒙古军"决黄河寸金淀之水以灌官军",黄河河道又一次发生较大的变化。寸金淀在今延津县脖城东偏北三十里的滑县境内。决河之水南流,经封丘西、开封东入陈留县(今开封县陈留镇)境,以下"分而为三,杞居其中"。杞县"城之北面为水所坦,遂为大河之道,乃于故城北二里,河水北岸,筑新城置县,继又修故城,号南杞县"。"大河流于二城之间,其一流于新城之北郭帷河中,其一在故城之南东流"。新城北一支夺濉河由帷州、宁陵、归德至夏邑,以下分流经糠水至宿迁合酒和经作水故道至酒州入淮。中间一支为主流,由新旧杞县城之间南流入涡,经鹿邑、亳州、蒙城至怀远入淮。旧城南一支,经太康、陈州入颍,经颍州、颍上入淮,同时也分流入涡。后因归德、太康二地要求,"相次湮塞南北二汊,遂使三河之水合而为一",全由涡河入淮。此河行水六十余年,到元成宗大德元年(1297 年)河决杞县蒲口,沿旧河东流合泗入淮为止。

7. 明洪武至嘉靖间河道变迁

明初黄河,经河南荥泽、原武、开封,"自商、虞而下,历丁家道口、马牧集、韩家道口、赵家圈、石将军庙、两河口,出小浮桥下二洪",经宿迁南流入淮。洪武二十四年(1391 年),河决原武黑羊山,"东经开封城北五里,又东南由陈州、项城、太和、颍州、颍上,东至寿州正阳镇全入于淮。"曹、单间贾鲁所治的旧河遂淤,主流徙经今西华、淮阳间入颍河,由颍河经颍上入淮。

正统十三年(1448 年),河先决新乡八柳树,"漫曹、濮,抵东昌,冲张秋,溃寿张沙湾,坏运道,东入海。"后又决荥泽孙家渡口,"漫流原武,抵祥符、扶沟、通许、洧川、尉氏、临颍、郾城、陈州、商水、西华、项城、太康",沿颜水入淮。二河分流之初,北河势大,故沙湾屡塞不成;景泰四年(1453 年)以后,南河水势渐盛,"原武、西华皆迁县治以避水沿",时为便利清运,纳河南御史张澜的建议,自八柳树以东"挑一河,以接旧道,灌徐、吕"。

景泰六年(1455 年)七月,塞沙湾,黄河主流复回开封以北,沿归、徐一路旧道,经宿迁、淮阴入淮。弘治二年(1489 年)以后,白昂、刘大夏采取“北岸筑堤，南岸分流”的方策，一再疏浚孙家渡旧河，分杀下流水势。嘉靖二十三年(1544 年)，“南流故道始尽塞”，“全河尽出徐、邳，夺泗入淮”，至隆庆六年(1572 年)，“冲南岸续筑旧堤，以绝南射之路”，进一步使河道得以稳定。此后，黄河归为一槽，由开封、兰阳、归德、虞城，下徐、邳入淮，一直维持了二百八十余年。

8. 清咸丰铜瓦厢改道

清咸丰五年(1855 年)六月十九日，兰阳铜瓦厢三堡下无工堤段溃决，工二十日全河夺溜。铜瓦厢决口后，溃水折向东北，至长垣分而为三，一由赵王河东注，一经东明之北，一经东明县之南，三河至张秋汇穿运河，入山东大清河。当时清廷忙于镇压太平军，无暇塞治，文宗谕示：“现值军务未平，饷糈不继，一时断难兴筑，……所有兰阳漫口，即可暂行缓堵。”黄河自此改道东北经今长垣、濮阳、范县、台前入山东，夺山东大清河由利津入海。

9. 民国 27 年郑州花园口决河南徙

民国 27 年(1938 年)6 月，南京国民政府为了阻止日本侵略军的进攻，派军队扒决黄河。6 月 5 日，先将中牟县赵口河堤掘开，因过水甚小，又另掘郑州花园口堤。9 日花园口河堤掘开过水。后三日，大河盛涨，“洪水滔滔而下，将所掘堤口冲宽至百余米”。大部河水由贾鲁河入颜河，由颇河入淮；少部分由涡河入淮。至民国 36 年(1947 年)3 月 15 日堵复花园口决口，大河复回故道。

不只是历史学家，从古到今还有很多文人，他们或居庙堂之高，爵显权贵；或处江湖草堂之偏远，人微言轻，但是中国文人与生俱来的悯民气质，使他们的目光始终和黄河、黄河两岸多灾多难的黎民百姓联系在一起。他们慷慨陈词，献言献策，反映出黄河改道对当时社会和人民生活的影响，表达了华夏子孙治理黄河、驯服苍龙的强烈愿望。

北宋文学家、史学家欧阳修，曾撰《故道不可复再论》，描述了当时黄河的状况，以及黄河对整个北宋社会的影响，痛呈“贾昌朝欲复故道，李仲昌请开六塔”所议非当，他尖锐地指出，所谓“故道可复论”者，是“但见河北水患，而欲还之京东。不思天禧以来河水屡决之因，所以深知故道有不可复之势”，而所谓“开六塔者”，是“于大河有减水之名，无减水之实”，更是“不待攻而自破矣”，因为“六塔只是分减之水下流无归，已为滨、棣、德、博之患，若全回大河以入六塔，则其害如何?”。所以欧阳修认为他们“近乎欺罔之谬也”。欧阳修接着指出，黄河为害的根本在“下流淤高，水行不快，乃自上流低下处决，此其常势也，然避高就下，水之本性，故河流已弃之道自是难复。”，欲复黄河于故道，只会是劳民伤财，利少而害多。欧阳修认为，解决黄患的根本在于“选知水利之臣，就其下流，求入海路而浚之”。

不仅是欧阳修，还有宋英宗时封魏国公贾昌朝写有《堵塞决口东复故道》，清朝文人陈文述写有《论黄河不宜改道书》，清朝冯桂芬写有《改河道议》。这些文章或见仁见智，或包藏政治私心，但除了它们在文学史学研究上的意义外，对于研究古代自然科学思想以及古代地理环境的变迁，也大有裨益。

黄河改道而引起老百姓流离失所，饿殍遍野，惨不忍睹。黄河水患，是天灾加人祸的结果，有几次黄河改道，甚至是出于政治军事的目的而人为掘开河道。历朝历代都把治理黄河作为头等大事，但是效果都不是很好。把人民群众的利益放在第一位，科学治黄，在新中国人民政府的领导下，黄河，中华民族的母亲河，一定会重新焕发出青春的光彩。

参考文献

[1] 司马光.资治通鉴.
[2] 宋史·河渠志.
[3] 清经世文续编.
[4] 汉书·沟洫志.
[5] 中国水利史纲要.
[6] 宋代黄河下游横陇北流诸道考.
[7] 中国自然地理·历史自然地理.
[8] 欧阳修.故道不可复再论.
[9] 贾昌朝.堵塞决口东复故道.
[10] 陈文述.论黄河不宜改道书.
[11] 冯桂芬.改河道议.
[12] http://www.bjkp.gov.cn/bjkpzc/tszr/dl/hlhp/8010.shtml.

一盆川水，福祸三峡

王双(PB02203185)

地球上有三条著名的大峡谷，一条在美国，一条在非洲，还有一条便是中国的长江三峡。长江是世界第三大河流，是我国第一大河流，她全长6300多公里，流经11个省、市、自治区，总流域面积达180万平方公里，年入海水量近1万亿立方米，水能资源相当于美国、加拿大、日本三国的总和。长江三峡是位于长江中上游的瞿塘峡、巫峡和西陵峡的总称，三峡地区美丽独特的自然风光，无论是在古诗文中，还是在现代文学中，历来为世人所称道。但这里要谈的，既不是三峡的自然风光，也不是长江的养育之恩，而是长江给三峡地区带来的水患和古代人民与灾害进行的斗争。

三峡水患记录

虽然有大禹治水的遗泽，还有都江堰的缓解作用，三峡地区的洪灾依然非常严重。据统计，从公元前206年至民国的两千多年间，长江共发生洪水灾害二百多次，平均十年一次。

较早的记载可见于《汉书·高后纪》，“高后三年(公元前185年)，夏，江水、汉水溢，流民四千余家”，还有《晋书》中，晋武帝咸宁“三年(277年)六月，益、梁二州郡国暴水，杀三百余人。七月，荆州大水。九月始，平郡大水。十月，青、徐、兖、豫、荆、益、梁七州又大水”，“安帝隆安三年(399年)五月，荆州大水，平地三丈”。

据历史洪水调查，宋宝庆三年(1227年)八月一日，长江宜昌洪峰水位达58.47米，推算洪峰流量96300立方米每秒，3天洪量241.6亿立方米，为调查到的排名第二位的大洪水。

清同治九年(1870 年),“7 月,长江上游连续出现大雨和暴雨,嘉陵江中下游地区和重庆至宜昌段干流区间出现强度很大的暴雨,上游岷江、雅砻江,中游汉江、洞庭湖也出现大雨和暴雨。大雨区范围很广,致使长江上游发生一场特大洪水,中下游及长江干流重庆至宜昌段出现了数百年来最高洪水位。经调查推算得长江寸滩站洪峰流量 100000 立方米每秒,宜昌站为 105000 立方米每秒,嘉陵江北碚站为 57300 立方米每秒。从考证资料推断,这场洪水为自 1153 年以来的最大洪水。”同治九年所修的《涪州志》中说:“江盛涨入城,江岸南北没居民无数,此数百年未见之灾也”,光绪十九年所修《奉节县志》载:“六月十七、十八日,洪水渐涨入城,十九日由涨至府署牌坊下,城中不没者,仅城北一隅……水退后,城中淤泥高数尺”,民国所修的《云阳县志》记载:“江水大泛冒城,濒江数千里奇灾,近古所罕见。水退,城东南面水者,皆被沦没。”另据《永远的三峡》,“而 1931 年的统计,洪灾共使十四万五千人丧生,五万千亩耕地被淹,数百万人流离失所”。

水患多发的原因

长江的流域非常广,为何对三峡地区造成的水患尤为严重呢?长江进入四川盆地之后,北纳岷江、沱江、嘉陵江、大洪河、小江、大宁河,南汇南广河、赤水河、乌江、龙河等主要支流,水量大增。如果把四川盆地比做一个大的蓄水桶的话,那么这些水流的唯一出口就是三峡中的瞿塘峡。古人用“锁全川之水,扼巴蜀咽喉”咏瞿塘峡水势之雄。杜甫更是留下了“众水会涪万,瞿塘争一门”的名句。

在距今三四千万年的喜马拉雅造山运动中,长江流域地面普遍间歇上升,其中上游上升最为剧烈,中下游上升稍缓,甚或继续下降,于是出现了西高东低的地形。如此西高东低的地势以及在四川盆地汇聚的强大水量,长江的一泻之势就在三峡地区形成。长江和汉江的洪水一起相拥相挤,到达长江中下游时,长江河槽及沿岸的湖泊已经被支流的洪水充溢,调蓄能力锐减,从而引发了一场场惨重的洪涝灾害。

治理三峡水患的历史

三峡地区的水患严重，自有历史记载以来就是如此。“大禹治水”的故事在中国古代的典籍中多有记载，在人民群众中也广为流传。相传在尧舜时期，“汤汤洪水方割，荡荡怀山襄陵，浩浩滔天”(《尚书·尧典》)，整个世界一片汪洋。于是，舜派禹的父亲鲧治水，鲧采取的是壅堵法，结果愈治愈泛，水患益盛，最终被舜治罪，死于羽山。鲧死后，水患并未止息，大禹于是子承父业，受舜命于危难之际，献身于人类早期治水事业。大禹治水，一改其父鲧“以壅塞而阻水”的方法，以疏通河道，宣泄洪流为主，“用‘准绳’和‘规矩’进行测量，制定了‘沟洫通川’、‘九川通海’的方针”，“经过十三年的努力，‘劳神焦思，泽行路宿’，‘三过家门而不入’，‘以饗洪水’，终使‘洪波安息’，‘水患大治’”。“根据《尚书·尧典》的记载，大禹治水首先是从岷江开始的，‘岷山导江，东别为沱’……治理岷江之后，大禹顺流而东下，来到三峡……大禹借助神力，劈开瞿塘峡‘以通江’，又‘决巫山，令江水东过’，再开凿西陵峡内的‘断江峡口’，终使得滚滚长江顺利入海”。

都江堰是我国古代著名的治水成功范例之一，是继《尚书·尧典》所载“大禹凿岷山以通江”以后长江流域又一伟大的治水工程，为战国时期秦昭王时蜀郡太守李冰父子所修。都江堰对于缓解三峡水患有着不可小觑的作用。关于都江堰，太史公司马迁在他的《史记·河渠书第七》中作了最早的记述：“蜀守冰凿离碓，辟沫水之害，穿二江成都之中。”“此渠皆可行舟，有余则用溉浸，百姓飨其利；至于所过，往往引其水益用溉田畴之渠，以万亿计，然莫足数也。”可见其受益之广、之大。

大禹治水和李冰父子修建都江堰可谓尽人皆知，而较近的可算宋朝的姚涣和清代的李拔了。

《宋史》载：“姚涣，字虚舟，世家长安……知峡州……大江涨溢，涣前戒民徙储积、迁高阜，及城没，无溺者。因相地形筑子城、埽台，为木岸七十丈，缭以长堤，楗以薪石，厥后江涨不为害，民德之。”峡州知州姚涣预见长江之水快要暴涨了，便率领百姓将财物迁移到高坡上，并因地制宜地筑起外围城墙，还在沿江大堤70丈长的可能有险情的地段打下木桩，垒砌石头，筑起抗洪长堤。等到洪水到来的时候，峡州城早已化险为夷，没有造成大的灾害，受到百姓的赞扬和爱戴。

清乾隆(1736～1795)年间，“赐进士出身中宪大夫湖北分巡，上荆南道统辖荆宜施等处地方，兼管水利事”(《凿石平江记》)的李拔在西陵峡治水。李拔率众开凿三峡水路和纤道，历经十多个寒冬酷暑，施工多达二十余处，他每整治一处艰险河道，都要亲笔题字留下一处石刻，这些题刻，不仅为丰厚的三峡文化长廊增添一份光彩，还起到了让后人看石刻观水文、预测水势的作用。在黄陵庙禹王殿前左侧的一座石幢上，镌刻了他撰著并题书的《凿石平江记》：“大江发源于岷山，汇西蜀百川之水，尽入夔峡以出汪洋，迅疾势如奔马……巉岩怪石，急湍横流，舟行触之，无不立碎覆辙，相循接救无术。其为生民之患久矣！……予于庚寅丙戌莅任荆南，触目惊心，广搜博访，备得各处受患……于水涸之时亲临履勘，设法筹划。去危石，开官漕，除急漩，修纤路。凡施工二十余处……顿有成效。”

从远古时代的大禹治水，到毛泽东“高峡出平湖”美丽构想的诞生，以及长江三峡工程的开工，三峡水患与治水一直是一个古老而又有活力的话题。长江养育了三峡儿女，却又给他们带来无数的困惑和灾难。本文仅仅依据古文中的记载简要描述了三峡所发生的水患及治水事迹，初步探讨水患发生的地理原因，至于三峡水患发生的深层次原因以及三峡水患发生频率为什么增加，现代的地球、生态、气象专家论著颇多，在此就不班门弄斧了。

参考文献

[1] 杭侃，郝国胜．永远的三峡[M]．上海：上海辞书出版社，2003.

[2] 长江流域规划办公室．三峡大观[M]．北京：水利出版社，1983.

[3] 司马迁．史记[M]．乌鲁木齐：新疆人民出版社，2003.

[4] 房玄龄．晋书[M]．北京：中华书局，1974.

[5] 欧阳运森．大禹治水在三峡[M]//沧桑寻梦．北京：中国文联出版社，1999.

[6] 王继祖.大禹治水　既修太原[N].太原日报.2003-02-21.

[7] 中国水文大事记[EB/OL].
http://www.chinawater.net.cn/History/hydrology/index.html.

[8] 脱脱.宋史.列传第九十二.
http://www.meet-greatwall.org/sjfz/sj/sons/sons333.htm.

人类活动与珠江三角洲水患

何家盛(PB05007145)

在古文诗词中,我发现珠江三角洲平原并不是从来就有的,在秦汉以前,那儿还只是一个以广州为顶点的岩岛罗列的漏斗状浅海湾,但在唐代以后,随着人的作用在改造自然的过程中占有了越来越重的地位,人类的生产活动——特别是一些只求发展不顾自然的破坏性生产活动,使得珠江三角洲的海岸地貌发生巨大变化。更重要的是,这些破坏性生产活动,包括刀耕火种、圩垸制度等生产方式,造成了珠江三角洲的旱涝灾害不断加重,极大地反作用于人们的生产与生活。

改革开放以来,珠江三角洲的经济发展取得了可喜的成绩,伴随着工业的高速发展,城市化进程也在不断推进,城市商业化更得到了前所未有的发展,当我看着珠江三角洲平原繁华景象的时候,我不禁好奇,它——如此广阔的珠江三角洲平原,究竟是如何形成的呢?带着这个疑问,我试着走进中国古典文学的浩瀚海洋,去搜寻,去探求它形成的原因。

秦汉之前的珠三角地理状况

负山带海,博敞渺目。
高则乘土,下则沃衍。
林麓鸟兽,于何不有。

——《水经·泿水注》

此诗为《水经注》中,关于"到南海见土地形势"而作出的描述,可见,当时的南海(广州)还是有着背靠青山之气,面朝大海之魄,那海湾朝着南海而开，有着气吞大海之势。当你站在广州山头，即可望见大海的浩瀚，大洋的广博，同时也感受到人的渺小。

从诗中看来，当时的珠江三角洲平原还没有形成，而广州是直接与海相连的。在《水经·泿水注》中也有如此记载：

泿水(西江)又东至高要县，为大水，又东至南海番禺(广州)县西，分为二，其一南入于海……

可见，由于当时珠江三角洲平原尚未形成，故广州与海相接，连西江等大河的入海口都随之而退缩到广州附近了。在本节开篇的诗中就有写道广州土质优良，资源丰富，必将是一个民丰物阜的城市，而且在《水经注》中也有“鹫登高远望，睹巨海之浩茫，观原薮之殷阜，乃曰：‘斯诚海岛膏腴之地，宜为都邑。’”之说来形容广州附近在公元2世纪时的地理状况，也与上面的分析相吻合。公元前3世纪，秦始皇统一中国，置南海郡，郡城就在广州，而这个郡城之所以叫南海，就是因为其南临大海的缘故，由此可见，在秦代以前，珠三角还是一个以广州为顶点的岩岛罗列的漏斗状浅海湾。

到了后来，和其他大河口一样，随着西、北、东三江带来的泥沙不断淤积，珠江溺谷湾内开始出现了一些冲积平原，平原在某些地方已初步形成。但由于珠江流域气候湿热，植被生长茂密，所以其流域来沙不多，即使从西、北、东三江带来的泥沙长年累月地淤积，使海湾淤积变浅，也还没有形成一大片平原地形。

隋唐时期对珠三角上游的破坏

在唐代以前，三角洲的发展还是比较缓慢的。但是，在唐代以后，南方山地普遍得到了开发：

何处畲田好，团团缦山腹。
钻龟得雨卦，上山烧卧木。

——刘禹锡《连州畲田行》

所谓畲田，就是火种法，指砍倒树木，经过焚烧，空出地面以播种农作物的一种原始耕作方法。根据《杜诗分类集注》记载：“楚俗：烧榛种田日畲，先以入芟治林木日斫畲，其刀以木为柄，谓之畲刀。”

当时都是用刀耕火种的方式，用畲刀把树放倒，大雨之前烧山，然后种植。不过，虽然这种种植方式在短期内能获得不错的收成，可是，三年一过，畲田不可复耕。

在当时的原始耕作方式下，土地表层水土严重流失，肥力下降，从而被人们荒弃，而这种秃地由于没有耕种，植被又被烧光，水土流失又加重了。如此恶性循环，导致河流上游的植被大量减少，水土严重流失，河流固体径流增加，使西、北、东三江的含沙量剧增，而这些泥沙均淤积于本来已经变浅了的漏斗状浅海湾上，这样就加速了珠三角平原的堆积，使大面积的水下堆积不断淤浮出露，浅海湾北部已渐淤成平陆。

看来，珠江三角洲形成的一部分原因是人们对河流上游耕作的不合理畲田制度。“南海在县南，水路百里，自州东八十里有村，号曰古斗，自此出海，浩淼无际”，这是《元和郡县志》中关于广州在公元9世纪的地理状况记录，可见，此时要从广州出洋就需东往近百里外的古斗(庙前)村，始见到汪洋大海，广州再也不是“负山带海”了，也失去了那种气吞大海的气势。

宋、明、清时对珠三角下游的破坏

虽然唐代以来，珠三角淤积不断加速，但也只有在三角洲的北部形成了堆积平原，而中山县一带，仍然是分布着一个个岩基孤岛的水天一片的汪洋，而宋人亦有如下描述：

苍然眼波之上，四望无不通。云空澄雨霁，一览无余。

——邓光荐《浮虚山》

可见，当时还只有一些岩岛孤立，仍是“洲渚无多”(宣统《东莞县志》)的情形，就如南海县西有个浮邱，宋朝初年依旧是聚泊着各类舟楫的，因此，在宋代之初，珠江三角洲虽然已有发育，并有部分水下堆积的淤浮出露，但还没有发育完全，还不是今天的面貌，直到明清，乃至近代才最终发育完成。

就如刚刚所述的浮邱，明代时与宋代相比已发生了巨大变化：

浮丘山，在城西四里……宋初有陈崇艺者，年百二十岁，自言儿时见山根舣船数千。

——道光《广东通志》

在明朝时，浮邱却已"在城西四里"了。明代黄佑的《广东通志》对珠江三角洲海边的人工促淤作了记录："石岐海，在县西北上游……海中多洲潭，种芦积淤成田。"说明明代时已知道可以用种植草、芦等办法进行促淤了，人们的促淤，约束了河身，促使泥沙集中淤积于口外，决定了珠江三角洲迅速填没海湾，并继续向外发展的必然趋势。

而更主要的是由于珠江流域水多和湖泊多，于是便发展起了圩垸、基围作业，所谓圩田实际上是江河沿岸地区的一些低洼地带，在江河多水时漫水、江河少水时成为荒滩，人们为方便居住和生活，用堤防隔断河流，从而形成了圩垸。这种垸田系统与河湖流域表现为相对平衡时，将会泄洪有时，调蓄有地，但如果是盲目扩张，河湖必将堙塞，水面必将萎缩，原来的河湖平衡协调关系被破坏了，于是便容易带来一系列的水患、旱涝灾害。

而根据史料统计：

	乾隆以前	嘉庆时	增加了
三水县基围	19 个	34 个	78.95%
顺德县基围	17 个	37 个	117.65%

这种盲目的滩涂围垦，增大了水流阻力，水土流失加重，一方面加速了珠江三角洲的形成，使珠江三角洲开始有了今天的海岸面貌，所以珠江三角洲形成的一部分原因是人们对河流下游生产的不合理圩垸制度；另一方面洪潦为灾，日见增多，引起了一系列的生态系统失调问题，曾有着这样的说法："乐岁则谷米如岗陵，凶岁则田庐成泽国。"而《新会县志》明确指出：

乾隆间，沙地报垦尚少，西潦（指西江洪水），未为大害，后围垦愈众，石坝愈多，水患也愈烈，沿海居民西潦一至，田庐尽废，禾稻不登，民有其鱼之叹。

近代的珠三角水患

这种水患、水利失修问题，到了近代也未得到很好的解决。1915年，洪水冲决堤围，南海、番禺、顺德、中山等县受灾面积达220多万亩，受灾人口达147万人。1943年，发生百日无雨的旱灾，赤地千里无蓄水，仅新会县就饿死12万人。

历史的经验告诉我们，要解决这一问题，禁止围湖造田，甚至退湖还田，不失为暂时延续河湖水面存在，缓和矛盾的一项重要举措，但是，更重要的是认识到：水是流动的，治水要上下兼顾，水土兼治，既要着眼于湖田，又要着眼于上游山区，全流程地去治理，这样才可能调整河湖关系，重建水土生态平衡。

当我翻阅这些记载时，我不禁惊叹，惊叹一个繁华的珠江三角洲的形成历时之长远。但是对于我，这个出生于珠江三角洲的学子，更多的是震惊，震惊原来珠江三角洲形成的原因有一大部分是归于人类在一直地破坏大自然，破坏生态。

我很惋惜，我们的先辈一直在破坏着珠江三角洲的自然环境以求发展，从来没有顾及过他们的行为对自然会造成怎样的破坏，也没有顾及过他们的行为究竟是否影响了后代人的需求。

尽管如此，问题归问题，我很欣慰地看到了近几年人们对珠江三角洲的环境问题治理和对其的开发利用，都能力求以科学的发展观为导向，并采取了一系列的水利措施，如：联圩并堤、疏浚河道、建筑闸坝和防潮大堤等。所以，目前的珠江三角洲才得以维持此等繁荣。

无论如何，我们都要承认，以前人们的确是做错了，但是事情已经过去了。对于现在人来说，尤其是对于新一代的青年人来说，在查明历史真相以后，最值得我们去做的不是去追究前人的过失，批评前人的过错，而应该是有所警觉，应该以前人的做法和后果为前车之鉴，从而去珍惜、保护我们现在所拥有的自然资源和生态环境，这才是我们所要做的，而且应该做的事！

参考文献

[1] 中国科学院《中国自然地理》编辑委员会. 中国自然地理:历史自然地理[M]. 北京:科学出版社,1982.

[2] 中国科学院自然科学史研究室地学史组. 中国古代地理学史[M]. 北京:科学出版社,1984.

[3] 王育民. 中国历史地理概论[M]. 北京:人民教育出版社,1982.

[4] 王金德,张金民,等. 中华五千年生态文化[M]. 武汉:华中师范大学出版社,1999.

故纸堆中数地震

王永智(PB03006127)

地震灾害是众多地质灾害之首。在地球上,地震每天都在发生,据统计,全球每年发生的地震约500万次,虽然地震频繁,但大多数地震是人们感觉不到的轻微震动,其中人类能感觉到的有5万多次,而五级以上的破坏性地震大约有1000多次,八级以上地震只有1～3次。

早在我国春秋时期,《诗经》中就有对地震的记载:"烨烨震电,不宁不令,百川沸腾,山冢崒崩,高岸为谷,深谷为陵。"单从文字上看,这就已经概括出了地震作用后造成的后果:地面隆起和陷落,山体滑坡和山崩,地表水系和地下水位的强烈变化。

在各朝各代的史书中,对地震也都有着详实的记载。"庆历六年三月,庚寅登州地震,距隅山摧,自是屡震,辄海底有声如雷。"(《宋史》卷十三记)(注:在蓬莱沿海一带并无此山,可能由于此山已经被地震摧毁的缘故。山东栖霞有距隅山,但不靠海。)对于这次地震,沈括在《梦溪笔谈》中也有相关的记载:"登州距隅山,下临大海。其山时有震动,山之大石皆颓入海中。如此已五十余年,土人皆以为常,莫知何谓。"在当时,人们并不清楚地震的真正原因是什么,所以他们就会把这种自然现象同神灵联系起来,祈求神灵保佑,避免地震,而更有甚者则利用地震攻击他人,从而达到自己的政治目的。在北宋,王安石的革新变法受到了当时儒家顽固派的强烈反对。恰好那时全国地震不断,顽固派的代表程颢就上书说道:"天时未顺,地震连年,四方人心,日益摇动。"(《二程遗书》卷二十九)意思就是说,王安石变法已经激怒了上天,所以才会有这么多的地震,应该立刻取消各项变法措施。而王安石就针锋相对地提出了"天变不足为惧"的观点予以驳斥。而沈括是支持王安石的，所以才会对登州的地震有详细的记载，就是想借文章提醒人们，地震并不足惧，要学着去适应它，减少损失。

地震只是一种自然现象，却被人用来做政治攻击的武器，其根源就在于人们对它没有一种理性认识，才会被利用或者愚弄。地震是由于岩石圈的快速颤动引起的，是岩石圈的某一有限区域内能量的突然释放所引起的震动，它是地球内部介质对累积应力的突然屈服，所释放的能量可以是弹性形变能、重力位能、动能或者化学能。

地震都发生在岩层或者岩体中，因构造运动导致岩石变形时，能量以弹性应变能的形式贮存在岩石中，直至在某一点累积的形变超过了岩石所能承受的极限时发生断裂，产生地震断层。地震断层的存在是发生地震的必要条件。地震断层破裂时，断层面相对着的两旁各自弹性回跳到其平衡位置，贮存在岩石中的弹性应变能便释放出来，释放出来的应变能一部分用于克服断层面的摩擦（转化为热能），另一部分用于使岩石破裂，还有一部分则转化为使大地震动的弹性波振动能，于是地震就发生了。

目前人们对地震的认识多是通过对地震波的研究得到的。通过对地震波的研究，人们可以了解到很多地球内部的信息。

地震时能量的释放是通过弹性波向四面八方的传播来实现的，这种波称为地震波。由于地球内部物质不均匀，地震波的传播途径很复杂，其传播速度与地球内部物质的密度和弹性有关，一般随深度的增加而加大。地震波中包含横波（S波）和纵波（P波），这两种波的性质是不一样的。纵波能够在固体、液体和气体中传播，而且传播速度快，而横波只能在固体中传播，传播速度比纵波慢。利用横波和纵波到达同一观测站的时差，可以计算出震中距，根据三个观测站算出的震中距，可以确定震中的位置。

根据地震震源深度的不同，地震可以分为浅源地震、中源地震和深源地震。其中，浅源地震占地震总数的75%，所释放的能量占地震总能量的85%，对人们的生活能造成的破坏性也最大。这是因为中源和深源地震主要与海沟关系密切，通常发生于从海沟内侧向大陆一侧的倾斜面内（倾斜角约45度），称为深源地震面。当地震面俯冲到 650～700 千米处时，它或者被地球岩石所吸收，或者性质发生变化，以致不再释放出能量，这样就大大减少了能传播到地面以上且能危害到人们生活的地震能量。而浅源地震则不同，它集中发生在板块的边缘，其大部分的地震能量可以直接传播到地面上，就会引起很大的灾难。

地震会造成巨大的破坏性，这是因为地震作用会产生一系列可怕的后果。一次大地震后，地下岩石的状况会发生剧烈变化，地应力逐渐达到新的平衡，常会导致地面的隆起和陷落。这种作用会直接破坏建筑物，而建筑物的倒塌和破坏正是造成人员伤亡的主要原因，据统计，因建筑物倒塌造成的人员伤亡约占地震造成人员伤亡总数的 95％。同时，还有可能引起火灾或者有毒化学物质泄漏等可怕的灾难，进而造成更大的人员伤亡和财产损失。而且当地震发生在海底时，由于海底地形突然发生较大的起落升降，海水突然涌动，会在海面上形成海啸。当它冲击海岸时可以摧毁沿岸的建筑设施，造成严重破坏。

嘉靖年间，在山西、陕西和河南发生了强烈的破坏性地震，死亡人数达到了 83 万之多。地震造成了地面下陷，河水泛滥，同时酿成水灾，使广大地区的百姓生活陷入了水深火热之中。对于这次地震有详细的记载："嘉靖三十四年十二月壬寅，山西、陕西、河南同时地震，声如雷，渭南、华州、朝邑、三原蒲州等处尤甚。或地裂泉涌，中有鱼物，或城郭房屋陷入地中，或平地突成山阜，或一日连震数次，或累日震不止，河渭大泛，华岳终南山鸣。河清数日，官吏军民压死八十三万有奇……其不知名未奏报者，复不可数计。"（《嘉靖实录》卷四三〇）

而建国后，我国又遭遇了一次强烈的破坏性地震。1976 年 7 月 28 日凌晨 3 时 42 分，唐山发生了 7.8 级大地震，一瞬间使这座古城变成了废墟，造成了 24.2 万人死亡，16.4 万人重伤的巨大灾难，震动了全国，震惊了世界。突发性、毁灭性和残酷性是地震灾害的第一特征，可以说，地震造成的灾害超过了任何其他的地质灾害。

地震会给人们造成巨大的灾难，所以地震的预测是极富现实意义的，也一直是世界各国地震学家深切关注的焦点。但是，地震预测始终是公认的世界性难题，迄今为止，对地震预测的核心问题，即地震预测的三要素——地点、时间、强度依然没有得到解决。当今的地震预测基本上还是经验性的“感悟”。

地震发生前，地球物理场和地球化学场的异常变化及其导致的生物、气象异常都是地震前兆，例如地应力与地形的异常变化，地磁、地电异常，地下水的水位、水量和化学成分的变化等等。《银川小志》上就有古人对地震前兆的总结：“大约冬春居多，如井水忽浑浊，炮声散长，群犬围吠，即防此患。”可是，现在还无法确定究竟哪些前兆是有意义的，可以用来准确预测地震的发生。

在地震的预报方面，从古时起，我国就一直走在世界的前列。早在东汉时期，张衡就发明了世界上第一台用于测量地震方位的仪器——候风地动仪。它运用物体的惯性来拾取地震波，从而对地震进行远距离的测量，比欧洲类似的仪器要早1700多年。“其以精铜铸成，圆径八尺，合盖隆起，形似酒樽，饰以篆文山龟鸟兽之形，中有都柱，傍行八道，施关发机。外有八龙，首衔铜丸，下有蟾蜍，张口承之。其牙机巧制，皆隐在樽中，覆盖周密无际。如有地动，樽则振龙，机发吐丸，而蟾蜍衔之。振声激扬，伺者因此觉知。虽一龙发机，而七首不动，寻其方面，乃知震之所在。验之以事，合契若神……”（《后汉书》卷八十九《张衡传》）。如此伟大的成就，是我们中华民族永远的骄傲！

而现代，我国也在地震预报方面取得了可喜的成就。1975年，我国成功预测了海城7.3级地震，被认为是国际上唯一成功预报破坏性地震的事件。中国科学院院士马宗晋在地震研究领域享有国际声誉，他的分阶段渐进式预报理论被誉为“中国的地震预报模式”。

目前，我国建立了约900个小型地震及各类前兆观测站，21个区域及地方遥感地震台网，10个数字地震仪台站，并布设了30000千米形变、重力及地磁流动测地网，形成了相当规模的观测系统，建立了全国及区域通信系统。目前，人们可以通过地面形态、地下水、地磁场、重力场、地温、地应力的变化和地声、地光、地震云等现象对地震做出预测和预报。

地震是地球内部壳层运动和演化过程中的一种自然现象。随着高质量地震观测数据的迅速积累和实时处理，随着地震观测技术的数字化，以及从太空对地球进行观测等高新技术的应用，地震预报研究将从目前的纯经验方法向动力学方法发展，准确预报地震的时刻必将一天天地临近！

[1] 孙立广. 地球与极地科学[M]. 合肥：中国科学技术大学出版社，2003.

[2] 谢毓寿，蔡美彪. 中国地震历史资料汇编：第一卷[M]. 北京：科学出版社，1983.

[3] 谢毓寿，蔡美彪. 中国地震历史资料汇编：第二卷[M]. 北京：科学出版社，1985.

[4] 柴东浩. 地球科学的 100 个基本问题[M]. 太原：山西科学技术出版社，2004.

大地轻摇抖身躯，鸡犬不宁苦黎民

李治宇(PB04013004)

“烨烨震电，不宁不令，百川沸腾，山冢崒崩，高岸为谷，深谷为陵”，这是记录在《诗经·小雅·十月之交》中的自然景观，说的是当时景象的壮观异常。若有机会一览这自然界的壮举也不枉一生了。但把它说成是灾难也许更确切些，这记录的便是两千多年前的一次地震。

我国对国家大事、自然异常的记录已有三千多年的历史，甲骨文中就能觅到地震的痕迹。几千年来华夏大地上经历了无数次的地震，勤劳智慧的中国劳动人民在与天斗与地斗的过程中积累了丰富的经验，也留下了宝贵的记录。最早的记载是在《竹书纪年》中“夏帝发七年(公元前 1162 年)，陟泰山震”，距今已有三千六百多年了。

周幽王二年，“西周三川皆震，是岁也，三川竭，岐山崩”；汉文帝元年，“四月，齐楚地震，二十九山同日崩大水溃出”；明世宗嘉靖三十四年十二月壬寅，“山西、陕西、河南同日震，声如雷鸣，鸡犬鸣吠。地裂泉涌，中有鱼物，或城郭房屋陷入地中，或平地突成山阜。一日数震或累日震不止。河渭泛涨河壅数日。华岳终南山鸣或移数里。压死吏民奏报有名者八十三万有奇，其不知名未经奏报者复不可数计”。

明朝是一个多地震的朝代，而这次地震又是空前的惨重。压死有名者“八十三万有奇”，而发现的无名者及有名未发现而未报者也可能不亚于此数，而震后的恢复时期必然有瘟疫，由此丧生者一定也过万或过十万，所以这次地震的人员伤亡将近二百万，伤残者或许更多，财产损失就更是难以计数。古人遭受地震这种灭顶覆底之灾是无可奈何的，也只能托诸天意。于是便有了唯心的一派来阐述地震。

周幽王二年地震后伯阳甫论述说“周将亡矣！夫天地之气不失其序，若过其序民乱之也。阳伏而不能出，阴迫而不能蒸，于是有地震。”(《后汉书·五行志》)，他还推断说“夫国必依山川，山崩川竭，亡国之征也……昔伊洛竭而夏亡，河竭而商亡……天之所弃不过其纪，若周王不过十年数之纪也。”显然地震被他说的与国家命脉息息相关，但不幸的是周亡于11年后，还真给伯阳甫说中了。于是乎这种说法便历代相传，成了统治者的工具。然而同样的山崩，周幽王亡国，而汉文帝兴国，显然这“天意”是不可信的，若现代人还唯“天意”是尊，那便是笑话了。

那么地震因何而起呢？

古人也有不同的说法，当中自然会有一种为统治者服务的唯心主义论断，诸如国主山川之类就不细表了。且说我国古人的唯物主义的说法，最早用唯物观点分析的应该是庄子的“海水三岁一周，流波相薄，故地动”。在现在看来显然是有问题的，但在古代来说，能把海水与地震联系在一起考虑，以循环期分析却也是一种比较科学的思想；东汉王充说：“钩星在房心间，地且动之占也。”把星象学从宿命转移到地震研究，且不论对否，这思想也算是一个大的进步；张衡也必是一个唯物者了，否则他大可不必去设计制造地动仪。文学家柳宗元也是主张唯物的，“山川者特天地之物也，阴与阳者气而游乎其间者也，自动自休，自峙自流，是恶乎与我谋？自斗自竭，自崩自缺，是恶乎为我设？”(《非〈国语〉·三川震》)显然矛头直指伯阳甫，他还说：“天地之无倪，阴阳之无穷，以澒洞轇轕乎其中，或会或离，或吸或吹，如轮如机。”他认为地震是万物运动演变的结果。虽不完全正确，但已经很难得了。而比较有戏剧性的是中国11世纪的改革家王安石，河北定州地震，他在北狱庙开祭祷道，祝词曰：“恭以地职持载，静惟其常，今兹震摇，以警不德，涉河而北，又闻惊骚，惟岳有神，庇绥厥壤，祓除祠馆，按用祈仪，请命上灵，冀蒙孚佑，敢忘寅畏，以答眷歆。”此时的王安石对上天诚惶诚恐，唯天意君命是从，但不幸的是，在他变法过程中陕西华山也发生了一次地震，与他对立的一派趁机借题发挥大肆攻击变法，还扬言：“若安石久居庙堂，必无安静之理。”这时他又转而唯物了：“天地与人，了不相干，薄蚀震摇，皆有常数，不足畏忌。”

在封建社会，君权为尊，唯物和唯心两派分庭抗礼难分高下。虽然唯物者事实俱在，铁证如山，但有碍于君权也不敢“有悖天理，逆天行事”，现在则不同了，科学可以证明一切。

分析地震成因不外乎两大类：构造地震与诱发地震。

1. 构造地震

地球上绝大多数的地震都是构造地震，也是对人民生命财产危害最大的一类地震。一般是由地壳的岩石断裂或原有断裂发生错动造成的。主要依据是美国地质学家 H. F. Reid 提出的弹性反跳理论，简单地说就像被压制的弹簧在被放开后的反跳，直到绝大部分或全部的弹性势能释放为止。在地球内部的构造运动中局部会积累受外部压力而产生的“弹性势能”，当该部所积累的能量超过其所能承受的极限时，该部岩石就会发生断裂，而积累的巨大能量就会在很短的时间内被释放出来，产生巨大的力量引发地震。

火山活动也会引发地震，火山地震之说在 19 世纪末很盛行，但在之后的几次大地震中均未发现火山的痕迹，这表明火山可引发地震但并不一定引发地震，二者之间没有必然的关系。火山地震在所有地震中仅占 7%左右，地震范围也仅限于火山附近的几十公里之内，破坏性较小。

2. 诱发地震

诱发地震是指人类活动及外界力量诱发的地震。人类一直在试图改造自然征服自然，尤其在工业革命之后人类改造自然的能力更强，而自然也在疯狂地报复人类。人类对植被的毁坏、对矿产的掠夺性开采导致沙尘暴以及大雨引发的山体滑坡崩塌、矿山采空区坍塌，这些破坏力已足够让人遭受灭顶之灾，同时巨大的能量还会诱发地震。虽然这种地震的震源浅、震级小、范围也小，单说地震是不足为惧的，但它会加剧诱发者的破坏力，暂称之为“暴力诱发地震”，与之相对的有“静力诱发地震”。如鲁迅所说“不在沉默中爆发，就在沉默中灭亡”，虽然大多数选择了灭亡，但也有极个别的桀骜不驯者选择爆发，即诱发地震。最具代表性的便是水库诱发的地震。除了水库的诱发作用，地震的发生还主要决定于当地地质条件。水库地区的地震地质构造往往是断裂发育地层破碎，地表储水往下渗透很容易，加上水库的近百亿吨的水负荷促使水深入岩石内更深的地方，而岩石中都有空隙，其中有液体以保证一定的空隙压力平衡。受水库的渗水及压力的影响空隙压力变大，平衡被破坏，从而引起断裂错动引发地震。我国广东新丰江水库地震就是一个典型的例子，1958 年水库建成蓄水后就陆续发生地震，1962 年 3 月 9 日该地区发生 6.1 级水库地震，也是目前已知最大的一次水库地震。另外在汉水上游丹江入口处建筑的丹江口水库在 1967 年冬开始蓄水，在以后的几年时间里陆续发生数次 3～4 级地震和一些小地震，最大的一次为 4.8 级。既然水库可以诱发小型地震，那么何不加以利用呢？于是现代人类便想到一种“以毒攻毒”的办法来避免大规模的强破坏性地震，即利用水库地震原理在已发生大地震的地区用高压深井注水的办法诱发多次零破坏小地震来“分解”可能会发生的大地震，这次“自负”的自然界可能要“上当了”。

地震造成的损失是巨大的，如果能在震前预知那就可以采取有效措施尽可能减少损失。1976 年 7 月 28 日的唐山地震就是没有得到任何预报，在人们毫无防范的情况下发生的。这次 7.8 级的地震把一座古城几乎变成废墟，死亡人数达 24.2 万，重伤 16.4 万；而 1975 年 2 月 4 日的海城 7.3 级地震正是由于我国地震部门对这次地震做出了预报，当地政府在震前及时采取了有力的防震措施，使地震灾害大大减轻，人员伤亡极大减少：此次地震共伤亡人员 26579 人，占总人口的 0.32%，其中死亡 2041 人，占总人口的 0.02%，伤亡人员多为老、弱、病、残、儿童和不听指挥的人。对比可见，震前预报是很重要的，当然“天”是不会告诉我们的，这需要长期的知识积累，我国历史上就有很多关于地震前兆的记载。如地声、地光、水异常、气候异常、动物异常等。“雁门崎城有声如雷，自上西引十余声，声止乃震”，这是 474 年 6 月山西雁门崎城地震地声的记载；“夜，武昌府见碧光闪烁如电者六七次，隐隐有声如鼓，已而地震”，这是《明史·五行志》中地光的记载；“八月六日阴雨连绵四旬，盆倾如注，过重阳微晴，十三日大霁，乡老有识者谓淫雨后天大热宜防地震。二十日微雨随晴，及午蒸晒殊甚。晚二鼓忽屋舍倾塌”，这是震前气候异常的记载。动物对地震也是很敏感的，“鼠聚于都国门及街衢而鸣者地将屠裂”，“群犬围吠”,“巢鸟皆惊”等都是地震前的动物异常,它们也不是“先知”,只不过更加“贴近”地表,并且能比人类更易于感觉到地震波,出于求生的本能而焦躁不安罢了,但这却给人类预报了地震,着实功不可没。

日本是一个多地震的国家,他们对地震前兆也有一定的经验积累,其民间也有些关于地震前兆谚语的传诵。原日本地震俱乐部会长龟井义次写了一篇颇有意思的防震文章,我们不妨借鉴一下。译文如下:

沙丁成群入河口,狗不吃食到处吼,
花开花落不逢时,辨虹知震是老手,
炮声突然平地起,蛇云绕日晨曦丑,
冬眠蛇蛙逃出洞,地动声闻强震有,
海蟹蹒跚上陆来,井水河水汤似开,
累累鱼骸岸边浮,深水海鱼水面呆,
喷水污浊泉干涸,乌鸦吵闹不开怀,
章鱼如醉水上漂,到处可闻远犬哀,
老鼠逃遁结对过,夜感天低星星阔,
月亮红似一团火,猫鼠结伴避灾祸,
鲶鱼慌张跳出水,黄鳝鲤鱼随手捉,
酷暑如蒸头眩晕,耕牛声奇似惊愕,
井声轰鸣报大震,井水污浊不堪饮,
温泉频喷有强震,潮水涨落时不准,
山中传来山音响,震前夜夜闪电紧,
山鸡尖叫报震来,井水增减不平稳,
捕鱼特多从未见,莫名其妙有闪电,
天昏地暗有大震,鲍鱼大虾聚浅滩,
海水混浊不见螺,金鱼鲤鱼浮水面,
地面变温积雪融,鲔鲨增多一大片,
抬头见日红又大,深水海鱼网上挂,
鸡不吃食打寒战,留下干滩潮退下,
乱云悄悄平地起,蝉伏地面震可怕,
熊熊火柱海面起,异常百出震情大。

明朝多震，防震水平也就略高于前人，或者说是为了生存而把前人的方法总结了一下。“居民之家，当勉置合厢楼板，内竖壮木床榻，猝然闻变，不可疾出，伏而待定，纵有覆巢，可冀完卵，办不力者预择空隙之处，审趋避可也”，这些办法都是很切实可行并且行之有效的。

当然这还远远不够，遇到毁灭性的大地震是没有什么作用的，最有效的办法就是提前预报地震并远离震区。还需要用现代化的科技手段，通过测地磁地电地形应力等不易感知的物理量来预测可能会发生的地震。

因为地震是发自地下的复杂多因素的强烈地壳运动，所以很难精确预测。但随着地震观测技术的发展以及观测站网的健全，地震预报必将越来越精确，必将为人民防震工作作出巨大的贡献，当然这还需要全人类为之共同努力。

[1] 孙立广. 地球与极地科学[M]. 合肥：中国科学技术大学出版社，2003.
[2] 李善邦. 中国地震[M]. 北京：地震出版社，1981.
[3] 孟繁兴，等. 地震与地震考古[M]. 北京：文物出版社，1977.
[4] 王嘉荫. 中国地质史料[M]. 北京：科学出版社，1963.

飀飁萦海若，霹雳耿天吴
——台风漫谈

何毓新(PB05007312)

新华社福州10月2日电 第19号台风“龙王”于2日21时35分在福建晋江围头登陆，中心风力12级，风速每秒33米。此前，福建省气象局已启动重大气象灾害二级预警应急预案。福建省气象台于2日9时拉响红色台风警报信号。

根据福建省防汛抗旱指挥部的统一部署，从9月30日开始，福建沿海的宁德、福州、莆田、泉州、厦门、漳州6个设区市组织实施了沿海危险地带人员防台风“龙王”的安全转移。

截至2日18时，全省已转移海上船只、养殖渔排，临海、沿河易涝低洼地带，易发生滑坡、泥石流、山洪地质灾害地带及危房、在建工程、病险水库下游等危险区域的人员37.6万。

一个人在科大，听着这一连串的新闻，担心着家里的情况，不禁回想起了8月份“艾利”正面从漳州市登陆的情形：连续两天的暴雨、被强风刮倒的大树、地势低处两米的积水，以至于一楼完全被淹没……

今年是台风肆虐的一年，身为漳州人的我，写一篇和台风有关的文章，是再好不过了。

我们为什么要关注台风？请容许我给出一份关于1947～1980年自然灾害的数据：

灾害种类	死亡人数
① 热带气旋,飓风,台风	499000
② 地震	450000
③ 洪水(除与①关联的之外)	194000
④ 龙卷风与雷暴	29000
⑤ 雪暴	10000
⑥ 火山爆发	9000
⑦ 热浪	7000
⑧ 雪崩	5000
⑨ 泥石流	5000
⑩ 潮汐波(海啸)	5000

可见,在众多自然灾害中,台风造成的人员伤亡最为惨重。再加上西北太平洋是世界上生成热带气旋最多的地区,我国是受热带气旋影响最多的国家之一,其受重视的程度就不言而喻了。

在古文中寻找台风的踪迹,可以知道,最早提出台风的,是南朝刘宋沈怀远《南越志》:"熙安间,多飓风。飓者具四方之风也。常以六七月发,未至时,三日鸡犬为之不宁。一曰惧风,言怖惧也。"所谓四方之风,这是说台风来时,风向有连续转变的现象,因为台风本来就是一种低纬度的低气压系统,具有气旋式环流。

南朝梁,江洪的《胡笳曲》中就已经出现了"飓"字。在唐朝,李肇写的《唐国史补》中有"海风四面而至,名曰飓风"的记载。唐朝的沈佺期《夜泊越州逢北使》里"飂飀萦海若,霹雳耿天吴。鳌抃群岛失,鲸吞众流输。"其中诗中的"飂飀"就是指台风。唐朝刘恂《岭表录异》的"夏秋多恶风,彼人谓之飓",柳宗元《岭南江行》的"射工巧伺游人影,飓母偏惊旅客船"等也都是指台风。明代朱国祯《涌幢小品》指出,温州将从夏到秋出现的飓风称为"风癡"。他说:"其风之来,狂暴而喧嚣不止,故谓之'癡'。两广则谓之'飓',大率海滨有之。"明代杨慎在《升庵全集》七十四卷提出了"飓风"的名称,他说:"飓风音贝,凡海潮溢,皆此风为之,每一二岁或三四岁一作,必在秋初,过白露,虽作不甚猛矣。海人最患苦之,俗谓之:'飓母风',言海溢,子当负母乞食。"明代《五杂俎》说,福建人称台风为"飓风",颠簸的意思。他基本上与杨慎的观点是相同的。而清朝，仅就清代诗人的记录而言，我看到的就不下十首。如丁澎的《风霾行》、沈名荪的《彭城风灾行》、谢启昆的《台州勘灾纪事》、孙衣言的《飓变》、赵翼的《飓风歌》等等。

台风的叫法多种多样，而正式采用“台风”这个名称，应当是在明末清初，因为在康熙《台湾府志·风信》及清朝王士祯《香祖笔记》中，都已经开始采用“颱”的名称。清朝徐怀祖《台湾随笔》指出：“海上风信，甚者曰‘飓’，尤甚者曰‘颱’，可以计日候之，或前或后，大约不爽。若天边云气如破帆，即颱飓将至。”康熙《台湾府志·风信》中说：“风大而烈者为飓；又甚者为颱。飓常骤发，颱则有渐。飓或倏发倏止；颱则常连日夜，或数日而止，大约正、二、三、四月发者为飓；五、六、七、八月发者为颱。九月则北风初烈，或至连月，俗称九降风，间或有颱，则骤至于春飓。船在洋中遇飓犹可为；遇颱不可当矣。……舟人视天边有点黑，则收帆、严舵以待之。瞬息之间风雨骤至。随刻即止，若郁待稍迟，则收帆不及而成或至覆舟焉。”

台风是怎样形成的呢？古代被神话的记载并不客观，所以，我还是用科学的方法来解释：

（1）广阔的暖洋面，海水温度在 26.6 ℃以上，提供热带气旋高温、高湿的空气；

（2）对流层风速的垂直切变小，有利于热量聚集；

（3）地转参数大于一定值（纬度大于 5°的地区），有利于形成强大的低压涡旋；

（4）热带存在低层扰动，提供持续的质量、动量和水汽输入。

以上说明，我国因为符合了这些条件，就注定要成为多台风的地方。也难怪根据 50 年资料计算，在一年中热带气旋经过我国海南岛东南方海域的次数最多，其次是菲律宾群岛东方的海域，而我国沿海各省（市、自治区）中，海南、广西、广东省遭遇热带气旋的次数最多，沿东海岸向北，台湾、福建、浙江、上海、江苏、山东、辽宁等省（市），遭遇热带气旋的次数依次减少，同时，由沿海向内陆，遭遇热带气旋的次数也是减少的。我国仅青海、甘肃、西藏、新疆四个省（自治区）不受热带气旋影响。

台风所拥有的能量是不可小看的，袭击新奥尔良的台风就是最好的实例。台风所蕴涵的巨大能量可以从它所带来的降水来说明。据研究，平均一个台风一天可在半径为665公里的范围内降水15毫米，即2.1×10^{16}立方厘米，这么多的降水所释放的潜热有5.2×10^{19}焦耳/天(6.0×10^{14}瓦特)，相当于目前全球发电总量的200倍！台风所蕴涵的巨大能量还可以从它的大风所带来的风能(动能)来说明。假定一个成熟的台风在半径为60公里的范围内风速平均为40米/秒，维持这样的大风所需的能量约1.5×10^{12}瓦特，相当于全球发电总量的一半，也是十分惊人的！

下面这份上海有关台风的记录，也可以很好地证明台风有如此高的频率和巨大的危害性：

元大德五年(1301年)七月初一大风，屋瓦皆飞，海大溢，潮高四五丈，杀人畜，坏庐舍，漂没人口一万七千余。明洪武五年(1372年)七月大风雨，海溢，漂没死者万余人。明洪武二十三年(1390年)七月初一飓风，扬沙拔木，漂没三州，一千七百家尽葬鱼腹。崇明沿沙庐舍尽没，民溺十之七八。松江府溺死二万余人。明正统九年(1444年)七月十七、十八日烈风暴雨昼夜不息，海大溢，平地丈余，人庐漂没。明天顺五年(1461年)七月十五日夜，大风雨，潮涌丈许，漂没庐舍。崇明、嘉定、上海等县共溺死一万二千五百余人。明成化八年(1472年)七月十七日，风雨狂骤，已经两日，是夜潮汐正上，风东北益狂，忽转西南，海大溢，平地丈余，浮骸万余。

连上海都遭受到了这样的危害，我国南方沿海地区尤其是福建、浙江、台湾，受灾程度就不言而喻了。

水利部副部长鄂竟平在厦门召开的2005年11月10日全国防台风工作会议上说，最新研究成果认为北太平洋和北大西洋的台风个数和能量都在增加，全世界4～5级台风(飓风)在过去35年内增加了一倍，强台风在西北太平洋和西南太平洋增加的比例比北大西洋大得多。我国所处的西北太平洋上生成的热带气旋占全球的38%。全球有记录以来中心气压最低、风速最大的台风都出现在西北太平洋。我国已经成为三个受台风影响最大的国家之一。

面对这样的灾难，不论是过去还是现在，我们都无能为力吗？难道我们就没有什么对抗台风的方法吗？康熙《台湾府志·风信》中指出："清明以后，地气自南而北，则以南风为常风。霜降以后，地气自北而南，则以北风为常风。若其反常，则飚飓将作，不可行舟。"这一条古代天气经验迄今仍有很好的参考价值。

就在写这段文章的同时，我的脑海里忽然响起了熟悉的乡音："跑马云，台风临""无风起长浪，不久狂风降""北风冷，台风循"……一种莫名的感觉一下子涌上心头，原来，在我们的日常生活里，谚语已经给我们提供了如此多的经验，这是最为朴实的，也是最为实用的方法。

1. 跑马云，台风临

跑马云的学名叫"碎积云"，云高1～2公里，属低云，由状如馒头的积云破碎而成。跑马云的特点是碎积云从东南沿海方向飞速移向本地天顶，势如跑马。这种云发生在热带气旋的外围，预兆本地将受到热带气旋的侵袭。

2. 无风起长浪，不久狂风降

强的热带气旋中心的极低气压和云墙区的大风，常使海面产生巨大的风浪和涌浪（长浪）。风浪的波长和周期较短，它离开热带气旋大风区后向四周传播，由于风力减小和能量消耗，浪高逐渐减小，周期变长，形成涌浪。涌浪传播的速度比台风移速快2～3倍。因此，中心气压在940百帕以下的台风，在影响我国前2～3天即可在我国东部沿海观测到涌浪。因此，可根据涌浪的传播变化，预测台风的到来。"无风起长浪，不久狂风降"就是这个意思。

3. 北风冷，台风循

热带气旋的路径常受西北太平洋3～5公里高空副热带高压脊周围气流的影响。当北方有较强冷空气（北风）南下时，副热带高压脊向南向东撤退，台风常发生转向，不再影响本地。

4. 台风过后没回南，十日九日湿

台风中心经过后，风向即转为偏南风，然后台风渐渐远离，天气好转，但在冬季如有台风来袭。有时当中心经过后，风向并不转为偏南风，此时在东北季风影响下可能阴雨连绵，降雨连续数日不停，台湾北部、东北部地区有水灾的危险。（这条和下面一条是台湾的谚语，但漳州离台很近，谚语是相通的）

5. 九月台无人知

人们在台风来袭前可应用一些征兆，判断台风将至，但自农历九月以后，高气压的强度已渐增强，开始影响台湾的天气，而使一些台风来袭征兆不明显或消失。例如高气压影响下多低云，高空卷云为低云遮掩而不易见到，而由观测经验无法预知台风将临。又雷雨已减少或消失，亦不能以雷雨的骤然停止判断台风之来临。风向吹东北风，亦不能从偏南风转东北风断定台风接近。又因东北风较强，波涛已渐汹涌，无法断定是否受台风影响。因此有这样的说法，表示农历九月以后的台风来袭前，不能根据征兆判知。

像“九月台无人知”这种谚语或许已经不适合科技如此先进的现代社会，但是，本着对古人的尊重，我们必须有一定的了解，这毕竟是古代人们智慧的结晶。

但是，我们不能停留在古文中对台风的经验里，现在完全可以看到先进的科学技术给我们带来了什么。对台风“麦莎”的预报是一个典型的例子，凸显了中国在这方面取得的长足进展，同时也暴露了台风预报面临的一些困难。“麦莎”与 1997 年第 11 号台风移动路径非常相似，后者造成 248 人死亡、3249 人受伤。而“麦莎”登陆时的中心附近最大风速比后者更大，登陆后带来的最大过程降雨量也更多，但只造成 20 人死亡。这与较准确的登陆地点预报是分不开的。

不过，我们对台风的“脾气”显然还没有完全摸透。有时对台风的突然加强或消亡、对台风带来暴雨的预报不够准确。对台风强度及降雨量的预报更是一个难题，误差更大，当然世界范围内都存在此种情形。由于影响台风强度及降雨量的因素很多，其物理过程非常复杂，目前很大程度上还依赖于统计方法和预报员的主观预报经验。利用数值模式预报技术做好台风强度和暴雨预报，进展还比较缓慢。据统计，2004 年，中央气象台 24 小时、48 小时台风强度预报误差为 4.2 米/秒、6.5 米/秒，美国国家飓风中心同期预报误差分别为 5.3 米/秒、7.1 米/秒。

中国气象科学研究院陈联寿院士和中国气象局国家气象中心副主任肖子牛均认为，应该制定台风预报业务和研究的长远发展规划；完善台风监测手段，建立雷达、卫星、探测飞机等台风综合探测系统；

在了解台风动力、物理结构、维持发展机理等的基础上，建立台风的数值预报体系，提高预报的准确率。

历史是进步的，每年我国都会经历多次台风的侵袭，保护人民生命财产是全社会的共识。但愿在人类的共同努力下，台风的破坏将成为一页翻过去的历史。

让我们发挥自己的专业特长，坚信并开始努力着。

[1] 刘毅. 中国台风预报水平及科研能力亟待提高[EB/OL].

[2] 中国科学院自然科学史研究所地学史组. 中国古代地理学史[M]. 北京：科学出版社，1984.

塞外断想
——对土地荒漠化的一些认识

陈晓玮(PB03007126)

“敕勒川，阴山下，天似穹庐，笼盖四野。天苍苍，野茫茫，风吹草低见牛羊。”闭上眼睛，伴着舒缓的音乐，你的脑海里是不是浮现出一幅美丽的景色？蓝天、白云、草地、羊群，还有怡然逍遥的放牧人，是不是已对美丽的草原心驰神往？曾经有很长一段时间我都在向往着西部，向往澎湃壮美的黄河水，向往清新辽阔的大草原。然而当我看到西部的真实面目时，我惊呆了：裸露的地表，飞扬的沙砾，萧疏的草场，贫穷的人民……这就是西部？肥美的羊群，茂密的草原在哪里？

随着知识的增长和对自然界认识的不断提高，我知道了这是“土地荒漠化”，科学家称之为“地球的癌症”，是由于自然地理条件和气候变异而缓慢形成的。人类活动，特别是人类不负责任的大肆垦耕，激发和加速了荒漠化的进程，造成了今天的严重后果。目前，中国荒漠化面积已达 262.2 万平方公里，占国土面积的 27.3%。受荒漠化影响，全国 40%的耕地在不同程度地退化，每年造成的经济损失达 541 亿元，相当于西北五省三年的财政收入……

作为一个北方人，我们每年要经历的沙尘天气就发源于此。现在这已经成为制约西部经济发展的主要原因之一。那么，土地荒漠化问题是由来已久，还是现在才出现？

古代的土地荒漠化

中华文明源远流长，给我们留下了光辉灿烂文化。特别是一提到西部，人们的眼前立即会浮现出蓝天白云下“风吹草低见牛羊”的苍茫风光，会浮现出“长河落日圆”的壮美景观；人们马上会想到精美绝伦的敦煌文化，会想到曾经璀璨一时的楼兰古国，会想到被敦煌、楼兰、尼雅绿洲等串起的锦缎般的丝绸之路……

然而，随着岁月的剥蚀，西部这些当年的诗情画意，这些曾使中华民族辉煌于世的灿烂文明，早已寥若晨星。古老的中华民族在创造了辉煌灿烂文化的同时，也在生态变化上留下了自己的印记，从古诗中我们也可略窥一斑：

“疾风卷溟海，万里扬沙砾。仰望不见天，昏昏竟朝夕。”又有诗云“茫茫沙漠广，渐远赫连城”，这说明唐代时无定河流域已出现沙漠化，也就是现在的毛乌素沙漠地区。唐朝经济发达，人口增多，又由于边防需要，在西北开辟农业区，使当时此地“闾阎相望，桑麻翳野”。有诗记载“我唐区夏余十纪，军容武备赫万祀，彤弓黄钺授元帅，垦耕大漠为内地”；又有“蕃人旧日不耕犁，相学如今种禾黍，驱羊亦着锦为衣，为惜毡裘防斗时，养蚕缫茧成匹帛”。这说明当时农业已比较发达，而这种大规模的发展农业必然带来生态环境的破坏。“平沙日未没，黯黯见临洮”“燕支山下少春晖，黄沙碛里无流水”，一首首诗歌展示着唐朝时的荒漠风情。

到了明朝时期，五台山附近已有沙漠：“近则龙山西亘，支峰东连，若比肩联袂，下扼沙漠者。”清朝时期，也许就已经到了“黄沙万里”的严重程度，清代一位被下放边疆的诗人这样写道：“瀚海无春色，沾衣总是沙。驼铃沉旷远，随梦到天涯。”

与此同时，人们还开山垦耕。李隆基就曾喜悦地写道：“野老茅为室，樵人薜作裳。宣风问耆艾，敦俗劝耕桑。”（《早登太行山中言志》）唐朝盛世，经济繁荣趋于鼎盛，人口急剧增长，开始了更大规模的毁林开垦，仅新垦土地就达 6 亿多亩。史称“开天宝之中，耕者益力，四海之内，高山绝壑，耒耜亦满”。这种对“高山绝壑”的开垦，肯定会破坏高原植被，给生态环境带来严重后果。黄土高原沟壑纵横，满目疮痍，导致黄河频繁泛滥。天灾加上人祸，使黄河流域经济渐趋衰落，等到安史之乱之后，昔日繁华的黄河流域，竟到了“居无尺椽，人无烟灶，萧条凄惨，兽游鬼哭”的地步。田地荒芜，水利失修，人口大量死亡和南移，使黄河流域社会经济开始衰落，我国经济文化的中心也渐渐移至长江流域。

徐霞客也曾写道："太和四山环抱，百里内密树森植，蔽日参天。至近山数十里内，则异杉老柏合三人抱者，连络山坞，盖国禁也。嵩、少之间，平麓上至绝顶，樵伐无遗，独三将军柏巍然杰出耳。"

历代以来西部及北部连绵的战火(秦汉对匈奴，魏晋南北朝对鲜卑、氐、羌，唐朝对突厥、回纥，宋朝对契丹、女真，明朝对蒙古、满族)，修建栈道，帝王将相们不断兴建皇宫都城、豪宅别墅等等，无时不在蹂躏着大批大批的山林，践踏着大片大片的植被。

到了清代，朝廷更是多次对新疆、蒙古进行大规模的屯兵和开垦，虽然一时解决了增长人口的生存问题和边疆的统一，但因为没有尊重自然规律，无节制、无补偿地开发，最终导致大量的森林消失、牧场萎缩、水土流失、沙漠扩大、物种锐减、灾害急增。开山的直接后果是加剧了水土流失，加速了土地沙漠化进程。

我国古代就已存在沙漠化现象，但由于那时人们科学知识贫乏，经济条件落后，人们首先考虑的是自己的温饱，而且远没有达到现在的程度，这个问题未能引起人们的重视。现代人已经意识到并正努力去改变这一切。

气候与荒漠化

然而，这些仅仅是由于人类活动吗？任何事物的发展总要有内因和外因，内因起决定作用，外因起推动作用。以前有学者认为"自然因素是第一位的，人类活动是第二位的。"的确，如果没有气候干旱这一个条件，北方的荒漠化也不会推进得那么快，而南方虽然生态环境也遭到了破坏，但荒漠化没有北方严重，这与南方气候湿润是分不开的。

陕西榆林地区现在已是沙漠，竺可桢在《向沙漠进军》中很痛心地记述了榆林地区被人类破坏的情况，而此地在 7 世纪时曾有"千里万里春草色，黄河东流流不息"的美景。汉唐时期气候普遍温暖湿润，张籍有诗曰："木棉花发锦江西"(《送蜀客》)，木棉是喜温暖的植物，而现在成都已没有木棉生存；又，李白诗中记载了一次黄河水灾：

"黄河西来决昆仑，咆哮万里触龙门。"据史料记载，唐朝时水灾比例比较高，而西部地区水量丰沛也是唐朝农业发达的一个原因吧。到了唐末，气候开始变得寒冷干燥，唐诗中有多首诗歌记述了这一现象："元和岁在卯，六年春二月。月晦寒食天，天阴夜飞雪……红干杏花死，绿冻杨枝折"；"元和六年春，寒气不肯归。河南二月末，雪花一尺围"；又有诗曰："京城数尺雪，寒气倍常年"。这些表明了唐末气候转冷。此时西部的植被已被破坏，经受不起这样的转冷，从而使沙漠化加剧。这从唐朝经济、农业的变迁中也可略见一斑。

那么我们是不是可以说人类活动是第二位的？似乎也不尽然，这样的说法降低了人类的影响。人类的历史已经有几千年了，我们也无法知道没有人类，地球上的环境是什么模样。

一千多年前我国晋代大诗人陶渊明在其脍炙人口的《桃花源记》里，曾经向人们展现了一处亦真亦幻的美妙世界——世外桃源。千百年过去了，"桃花源"早已成为中国人心驰神往的一片神仙乐土，也成为中国文人崇尚自然、追求自由，甚至躲避世俗、消极遁世的精神写照。然而，当历史的车轮驶入 20 世纪最后十年时，"桃花源"已不再独为中国文人所钟情，世界各地的人们也纷纷步入寻找"桃花源"的征程。在东部欧洲的保加利亚一座深山里，来自全世界五十多个国家的近千名青年男女，高喊着"还我一个水清气爽的地球"口号，创建了一座真真切切的"世外桃源"，他们将之命名为"人间最后一片净土"。湍急的伊斯克尔河，切断了曲折逶迤、绵延千里的巴尔干山脉，开辟了一处人迹罕至的幽谷静地。那里飞瀑悬跌，百鸟争鸣；那里绿茵铺地，野花灿烂；那里云衬蓝天，鱼潜水底。

现在我们应该做的是尽自己的力量来保护已经脆弱的生态环境，恢复曾经美丽的草原，让我们重新拥有碧水蓝天，去重新感受"风吹草低见牛羊"的辽阔美。这是我们必须做的，也是研究历史变迁的目的。

[1] 马东田. 唐诗分类大词典[M]. 成都：四川辞书出版社，1992.

[2] 蓝勇. 唐代气候变化与唐代历史兴衰[J]. 中国历史地理论丛，2001，16(1)：4.

鄂尔多斯地区沙漠变迁在我国古代文献中的记载

余勇(PB03007120)

黄河是中华民族的摇篮。黄河几字形的顶端,即鄂尔多斯地区,曾经是我国历史上著名的阴山、河套地区,在现代地图上却出现了令人担忧的三块沙地——库布齐沙漠、毛乌素沙漠和宁夏东沙地。在人类的几千年历史中,我们的活动影响着这三块沙地,使它们不断扩大,同时它们的变迁也影响着我们的生活。

翻开《中国历史地图册》第一册,你会发现在春秋战国时期,鄂尔多斯地区居住的民族叫"林胡"(即匈奴);《史记》中记载公元前306年赵武灵王"西略胡地,至榆中,林胡王献马",而榆中地区就是现在毛乌素沙漠所在地;《汉书》中记载"阴山东西千余里,草木茂盛,多禽兽。本冒顿单于依阻其中,治作弓矢,来出为寇,是其苑囿也";嘉庆《灵州志迹艺文志》记载"沃野千里,仓稼殷积""水草丰美""群羊塞道"的美好的地方也正是秦汉时期的毛乌素沙漠所在地。这些都说明了在秦汉时期鄂尔多斯地区的确是一个自然环境非常好的地方,也就成为匈奴人居住的好地方。《太平御览》记载,建立夏国的赫连勃勃曾说"北游契吴,升高而叹曰:美哉斯阜,临广泽而带清流,吾行地多矣,未有若斯之美"。赫连勃勃到达的地方就是现在毛乌素沙漠所在地,从他的话中可以知道当时的环境实在是太好了。

当然,在古代文献中不仅有关于当时环境的直接记载,而且可以从侧面反映当时这一带是一个美好的地方。《汉书·匈奴传》记载孤鹿故单于在写给汉朝的书信中说"南有大汉,北有强胡,胡者,天之骄子"。强胡当时就是居住在阴山、河套地区一代,而"强胡"应该是当时匈奴中最强的一个了,也就是说当时阴山、河套这一代是匈奴的中心，这也就说明了当时的环境一定很好。同时《汉书》中记载“边长老言，匈奴失阴山之后，过之未尝不哭也”。“过之未尝不哭”也就反映了匈奴人对阴山强烈的感情，侧面反映了当时的环境很好。

匈奴既然居住在这一带，当然也会对当时的环境产生一定的影响。但是匈奴是游牧民族，一直过着流动的生活，他们对环境的破坏也是较小的。直到汉人开始进入这一带生活，才对环境产生了很大的影响，而同时匈奴学会了汉人的农业耕作方式。当然一开始对环境的影响是与军事有关的，鄂尔多斯地区是边境地区，最先、最大的影响环境的事情就是在这一带修筑长城。《史记》载：“秦昭王时，义渠戎王与宣太后乱，有二子。宣太后诈而杀义渠戎王于甘泉，遂起兵伐残义渠。于是秦有陇西，北地，上郡，筑长城以拒胡。”同时《史记·秦始皇本纪》称：“西北斥逐匈奴，自榆中并河以东，属之阴山，以为三十四县，城河上为塞。”而且《汉书·匈奴传》则为：“后秦灭六国，而始皇帝使蒙恬将十万之众北击胡，悉收河南地，因河为塞，筑四十四县城临河，徙谪戍以充之。”修筑长城是需要大量泥土的，而在古代的技术条件下一定就在附近采土，这必然会对环境造成巨大的影响，使地表的植被被破坏，再加上这一带的气候干燥，就很容易形成沙漠。从唐代诗人张籍的《筑城词》“筑城处，千人万人齐把杵。重重土坚试行锥，军吏执鞭催作迟。来时一年深碛里，尽着短衣渴无水。力尽不得抛杵声，杵声未尽人皆死。家家养男当门户，今日作君城下土”，说明了修筑长城的规模很大。而大规模的修建就对环境造成了严重的影响，古文献中关于古城统万城的记载就说明了这一点。古城统万是在毛乌素沙漠中的红柳河附近，公元 407 年，赫连勃勃建统万城，《晋书》记载：赫连勃勃“以叱干阿利领将作大匠，发岭北夷夏十万人”，来营造统万城。又有“阿利性尤工巧，然残忍刻薄，乃蒸土筑城，锥入一寸，即杀作者而并筑之”。为了让城墙坚固，阿利要求蒸土筑城，本来工程浩大，就要对环境造成巨大的破坏，现在不仅要取大量的泥土，而且要砍伐大量树木来“蒸土”，就加大了对环境的破坏。因此，统万城建造好大约 400 年后的唐代就出现“长庆二年十月，夏州大风，飞沙为堆，高及城堞”(《新唐书》)的现象了。这个时候沙漠已经开始形成，并且在不断地扩大。然而，到了明朝时期，却还在修建长城。《明史》有很多关于修建明长城的记载，这里不一一列举。

鄂尔多斯地区的沙漠在唐代开始就有相当大的面积了，这在唐诗中有很多记载。岑参的“十日过沙碛，终朝风不休。马走碎石中，四蹄皆血流”（《初过陇山途中呈宇文判官》），“热海亘铁门，火山赫金方。白草磨天涯，胡沙莽茫茫”（《武威送刘单判官赴安西行营便呈高开府》）以及《碛西头送李判官入京》“一身从远使，万里向安西。汉月垂乡泪，胡沙费马蹄。寻河愁地尽，过碛觉天低。送子军中饮，家书醉里题”，还有王维的《送张判官赴河西》“单车曾出塞，报国敢邀勋。见逐张征虏，今思霍冠军。沙平连白雪，蓬卷入黄云。慷慨倚长剑，高歌一送君”。这些都说明了当时沙漠的情况已经比较严重了，而且对人民生活已经产生了较大的影响。陈陶的七言绝句《陇西行》“誓扫匈奴不顾身，五千貂锦丧胡尘。可怜无定河边骨，犹是春闺梦里人”，刘基的《古戍》“古戍连山火，新城殷地笳。九州犹虎豹，四海未桑麻。天迥云垂草，江空雪覆沙。野梅烧不尽，时见两三花”等诗句都反映了阴山、河套一带战争不断，这样对环境的破坏就可想而知了。

在我们从古代文献中知道了鄂尔多斯地区由适合人类居住的美好地方变迁成为现在的三块沙漠相连的原因与人类的活动紧密联系之后，能不能从中得到一些启示呢？

现在，这三块沙漠还在不断扩大，我们是不是应该反省一下我们的行为，是不是应该为我们的未来着想一下呢？既然我们能够从历史之中看到沙漠对我们祖先生活的影响，那么我们是不是应该为现在的沙漠面积不断扩大而做些什么呢？

[1] 景爱. 沙漠考古通论[M]. 北京：紫禁城出版社，1999.

[2] 马卫东，赵文玉. 中国历史地图册：第一册[M]. 北京：地图出版社，1993.

统万至今惟黄沙

高齐(PB06007109)

陕西、内蒙古交界处的毛乌素沙漠东南缘,靖边县东北约 80 公里的无定河东北岸,屹立着一座历经一千五百年风霜的古城遗址,高达 24 米,在 10 公里外越过沙丘就可以望见。虽然历经千年风霜,仍不减当年之雄伟。

这就是"五胡乱华"的"东晋十六国"时期的夏国首都统万城。

夏国为匈奴铁弗部所建,创建君主为赫连勃勃,其于公元 407 年(东晋安帝义熙三年)自称大夏天王、大单于,413 年筑统万城,据《晋书·赫连勃勃载记》言:"乃赦其境内,改元为凤翔,以叱干阿利领将作大匠,发岭北夷夏十万人,于朔方水北、黑水之南营起都城。勃勃自言:'朕方统一天下,君临万邦,可以统万为名。'阿利性尤工巧,然残忍刻薄,乃蒸土筑城,锥入一寸,即杀作者而并筑之。勃勃以为忠,故委以营缮之任。又造五兵之器,精锐尤甚。既成呈之,工匠必有死者:射甲不入,即斩弓人;如其入也,便斩铠匠。又造百练刚刀,为龙雀大环,号曰'大夏龙雀',铭其背曰:'古之利器,吴、楚湛卢。大夏龙雀,名冠神都。可以怀远,可以柔迩。如风靡草,威服九区。'世甚珍之。复铸铜为大鼓,飞廉、翁仲、铜驼、龙兽之属,皆以黄金饰之,列于宫殿之前。凡杀工匠数千,以是器物莫不精丽。"其残暴可见一斑。《晋书》上有一篇《统万城铭》说:"崇台霄峙,秀阙云亭,千榭连隅,万阁接屏……温室嵯峨,层城参差,楹雕虬兽,节镂龙螭。莹以宝璞,饰以珍奇……"《北史》上记载云:"城高十仞,基厚三十步,上广十步,宫墙五仞,其坚可以砺刀斧。台榭高大,飞阁相连,皆雕镂图画,被以绮绣,饰以丹青,穷极文采。"

虽然历经千百年的历史侵蚀,统万城城墙至今还坚硬无比。当年筑城,如上所述,不计工本,至今我们看到的城墙遗址还“铁骨铮铮”。

公元413年统万城开始修建,历时5年方建成,而赫连勃勃在统万城仅仅维持了7年的辉煌,425年赫连勃勃去世。防御牢固的统万城在公元427年即被北魏攻下,由此走向衰败。《北史》记载:

初,屈丏(即赫连勃勃)奢,好修宫室,城高十仞,基厚三十步,上广十步,宫墙五仞,其坚可以砺刀斧。台榭高大,飞阁相连,皆雕镂图画,被以绮绣,饰以丹青,穷极文采。帝顾谓左右曰:“蕞尔小国,而用人如此,虽欲不亡,其可得乎?”

公元994年,由于害怕少数民族以此为反抗中心,宋朝政府下令迁民毁城。统万城经历了辉煌和衰落,终于消失在历史的轨迹中。统万城就如同同样湮没在黄沙中的楼兰古城一样,带给后世的仅仅是一个美好的回忆。

统万城地处毛乌素沙漠南缘,滩较大,滩上长满了一丛丛沙柳、小白杨、黄蒿草,白褐色的土地在蓝天映衬下显得很空旷、寂寥。据称,这里过去草被丰茂,成片的大树遮天蔽日,外族人时常藏在森林伺机暗杀大夏族士兵,守城将领顾虑安全,下令将树木全部焚烧,从此,统万城就被沙漠侵毁。这中间究竟经历了一个怎样的过程呢?

当年赫连勃勃筑城时,看到这片水土,感叹“美哉斯阜,临广泽而带清流,吾行地多矣,未有若斯之美。”,让我们看看《水经注》上的说法:“(河水)又南离石县西,奢延水注之。水西出奢延县西南赤沙阜,东北流,《山海经》所谓生水出孟山者也。郭景纯曰:孟或作明。汉破羌将军段颎于奢延泽,虏走洛川,洛川在南,俗因县土谓之奢延水,又谓之朔方水矣。东北流,径其县故城南,王莽之奢节也。赫连(勃勃)龙升七年,于是水之北,黑水之南,遣将作大匠梁公叱干阿利,改筑大城,名曰统万城……奢延水又东北,于温泉合,源西北出沙溪,而东南流注奢延水,奢延水又东,黑水入焉。水出奢延县黑涧,东南历沙陵,注奢延水。”可见统万城在5世纪时仍是水草丰美的绿洲,那时黄河在鄂尔多斯高原的一大支流无定河从城南缓缓流过,其上游则有众多湖泊。

如此繁荣的统万城怎么变成一片废墟的呢?

关于历史时期统万城附近的环境变迁，目前通行的描述是：赫连勃勃时代，这一带是水碧山青的绿洲。北魏灭夏后，这里成为牧场。唐初为农业区，唐末以后，植被遭到严重破坏，于是底沙泛起成流沙。诗人李益的诗作《登夏州城观送行人赋得六州胡儿歌》，就有“六州胡儿六蕃语，十岁骑羊逐沙鼠。沙头牧马孤雁飞，汉军游骑貂锦衣”“故国关山无限路，风沙满眼堪断魂。不见天边青作冢，古来愁煞汉昭君”。至北宋末，这里已是一片沙漠。具有六百年历史的统万城，从此沦为废墟，湮没在一望无垠的毛乌素沙漠里。而这，使人不禁联想到同是在毛乌素沙漠边缘的名城榆林。

榆林在历史上是中国北方一个典型的边塞城市。在其历史发展过程中，受政治军事力量的影响非常大，具体表现在由秦汉以降的屯边政策直接促进了榆林地区的人口增长和生产发展。明清时期农业生产扩张，人口负荷加大伴随着垦荒愈演愈烈。最终这种大肆破坏植被、忽视榆林地区干冷的气候和脆弱的生态平衡、过度开发土地的做法使榆林城的发展付出了惨痛代价，榆林的生态环境遭到了全面的毁坏，以致“榆林三迁”的结局。

我们把眼光放开些，看一看整个毛乌素沙漠的历史变迁。北魏时期，今毛乌素沙漠中北部分布着茂密的乔灌植被。有郦道元《水经注》记载：“河水又南，诸次之水入焉。水出上郡诸次山，……其水东经榆林塞，世又谓之榆林山，即汉书所谓榆溪旧塞者也。自溪西去，悉榆柳之薮矣，缘历沙陵，届龟兹县西北，故谓广长榆也。……其水东入长城，小榆水合焉，历涧西北穷谷，其源也。”各种资料表明，毛乌素沙漠形成于唐玄宗时期，并非是地质时期的产物，这和统万城荒漠化的时间基本相同，《新唐书·地理志》上始有当地风沙的记载，尔后又有了因为沙漠化而迁城的记载，至于上文提到的唐诗人李益的“故国关山无限路，风沙满眼堪断魂”的诗句，更加证明了这一地区沙漠化的加深，而到了北宋中叶，这里已经分明是一片沙漠了。在这个过程中人类和大自然究竟各自扮演了什么角色呢？

目前最多的说法是，地质时期沉积的沙质地层，经历史时期人类活动的作用而导致沙质土壤裸露，受强烈西北风吹蚀而活化形成沙漠。

有学者认为人类过度开发导致统万城周围地区环境恶化的观点是应当重新加以推敲的。他们认为进入现代社会，人口迅速增长，工业化的进展，导致了对自然资源越来越多的过度开发，从而引起越来越严重的环境问题，在环境变迁各因素中，人类活动所起的作用越来越大，已逐渐成为某些地区的主导。但是，在进入工业化社会之前，人类活动在自然环境变迁各因素中所起作用甚为有限，过高估计势必引起认识上的偏差。以统万城而言，该城本身就修建在原生的细沙之上，建筑与细沙之间并无土壤间隔，表明此地本来就是沙漠地带。鄂尔多斯高原浅表地层大多由地质时期形成的砂砾物质组成，在其上覆盖的植被因人类活动而消失在干旱多风之际演变为沙漠。

这里还可以举出另一个更早的例证，即坐落在今天陕西的神木大保当汉城。该城大约建于西汉中晚期，弃于东汉中期，该城在墙基处理时底部铺垫黄沙土，城墙的夯层与夯层之间也铺垫一层沙子；汉代生活遗存中包含大量沙粒，墓葬填土中含沙量超过生土含沙比例；城外壕沟中的九层汉代堆积，黄沙与淤泥间隔分布。这些都说明这一地区早在汉代就是沙漠或沙漠边缘地带，时有大风带来沙粒，或铺于墙基之下，或布于夯层之间，或混于生活遗存之中。看今天的统万城遗址，台地上的统万城没于沙漠之中，台地下的红柳河边水稻葱葱。从这些证据来看，大自然成为了导致这一切的主导因素。但人类在统万城的环境巨变中也是有很大责任的，至今毛乌素沙漠仍然在扩大，不能不使人们更加用心去研究它的形成发展和治理方法。沙漠化如同一个恶魔，仍然在人类头上盘旋。赫赫统万城，至今惟有一片黄沙，时时警醒着人们。

袁林.从人口状况看统万城周围环境的历史变迁：统万城考察札记一则[J].中国历史地理论丛，2004，19(3)：144.

流光烛地

余思捷(PB06007124)

当我们在晴天的夜间来到户外的时候,偶尔会看到流星在天空划过。有时候流星会多到像雨点一样,从天空某一点射出,这就是流星雨。流星和流星雨都是些天体小块从地球外部闯进了地球大气层,因与大气摩擦燃烧而发出光亮。

古人见到美丽的流星划过天际,就将其记录了下来。他们把流星雨描述得非常生动形象,常用“星陨如雨”“众星交流如织”“流星如织”等等词句加以形容。有的记录非常全面、完整,包括时间、个数、流向、在天空中的位置,有时还记录了颜色和声响。例如《新唐书·天文志》中记载道:“夜中,有大星出中天,如五斗器,流至西北。去地十丈许而止,上有星芒,炎如火、赤而黄,长丈五许,而蛇行,小星皆动而东南,其陨如雨,少顷没,后有苍白气如竹丛,上冲天中,色䔰䔰。”又如《汉书·五行志》道:“夜过中,星陨如雨,长一二丈,绎绎未至地灭,至鸡鸣止。”夜半过后即开始,一直到了鸡鸣了才停止,这场流星雨足足下了好几个钟头。面对这种现象,古人无法很好地理解,便将其与人之生死、国之盛衰联系到了一起。这体现了古人的宇宙观和世界观。

没有落地的陨石是流星,那落到地上的便成了陨石。明末著名学者宋应星说过“星坠为石”。在人类取回月球岩石样品之前,陨石是唯一可供进行直接研究的地球以外的岩石样品。陨石坠落是一种十分壮观的自然现象,从古到今都有。据估计,全世界每年大约坠落陨石 500 次,依此推算,有史以来,地球上就应该有上百万次的陨石坠落了。看过电影《天地大冲撞》的人就会想到,这么多的陨石掉到地球上来,它们对人类的生命财产曾经造成过损失吗?1976 年 3 月

8 日，在我国的吉林地区下了一场陨石雨，其散落面积达 480 平方公里，搜集到的陨石碎块很多，总质量高达 3000 公斤，其规模为世界所罕见，但结果却并未造成任何生命财产的损失。那么是否陨石坠落从来没有引起过灾难事件呢？不是的，我国陨石记录曾记载一些陨石坠落过程中造成人畜伤亡、财产损失的非常事件。

陨石坠落造成人畜伤亡的事件

元顺帝至元元年（1335 年），云南天雨铁，民舍山石皆穿，人物值之多毙。

——清康熙《元史类编》

元至正元年（1341 年），砽嘉县雨铁，庐舍皆穿，人畜多毙。

——明万历《云南通志》

明弘治三年二月（1490 年 2 月），陕西庆阳县陨石如雨，大者四五斤，小者二三斤，击死人以万数，一城之人皆窜他所。

——《奇闻类记摘抄·天文记》

从上述短短的三条陨石记录就可以体会到当时发生的触目惊心的一幕。悲剧主要是由陨石直接砸中或砸倒房屋造成的。灾难又以陨石雨为害最大，因为此时不仅掉下陨石的碎块数量多，而且散落的地域宽广，造成破坏的几率也就比掉下单个陨石大得多。例如前面提到的 1490 年 2 月 20 日在今天甘肃省庆阳县的那场陨石雨，砸死了上万人，吓得当时该县城的幸存者急急忙忙逃往他乡避难。在云南发生的这两场陨石雨，记载中虽未列出具体数字，但是从描述用词“民舍山石皆穿，人物值之多毙”来看当时当地居民的生命财产一定遭受了相当严重的损失。陨石坠落导致人畜伤亡的事件，最早的记录发生在 616 年，最迟的在 1915 年，其间还发生过另外九次，平均 120 年才遇到一次。由此可见，发生这种事件的几率还是很低的。

陨石坠落造成火灾的事件

我国陨石记载中，有关陨石坠落引起火灾的事件共有四起，引述如下：

治平元年(公元1604年)，常州日禺时，天有大声如雷，乃一大星几如月，见于东南。少时，而又震一声，移著西南。又一震而坠在宜兴县民许氏园中，远近皆大，火光赫然照天，许氏藩篱皆为所焚。是时火息，视地中有一窍，如杯大，极深，下视之，星在其中荧荧然。良久渐暗，尚热不可近。又久之，发其窍，深三尺余，乃得一圆石，犹热，其大如拳，一头微锐，色如铁，重亦如之。州守郑仲得之，送润州金山寺，至今匣藏，游人到则发视。王无咎为之传，甚详。

——沈括《梦溪笔谈》

洪武间(1368～1398年)，指挥徐呆厮出兵河套，地名梧桐树。一日午间，有一大星坠于河中火发延及岸上，营中军人有被伤者。

——明弘治《宁夏新志》

正德十五年正月丁未(1520年2月6日)酉刻，星陨山西龙舟公巡检厅事，少顷火作，厅事悉毁。

——《明实录·武宗》

万历癸卯年二月二十三日(1603年4月4日)夜，太仓草场空中火发，自上而下，焚草六万余束。既熄，视所焚者皆成巨石，大数十围，堆叠如山，斧击碎视之，真石也。问守者，云："仓中从来无石，皆积年烂草耳，不知其故。"

——明《尘余》

这四次陨石坠落引起的火灾，第一次看来是由拳头般大的铁陨石引发的火将许氏园的藩篱焚毁；第二次可能是陨石从岸边斜插到河中，或者陨石分裂的碎块把岸边干草之类易燃物点着，火势波及营房而把军人烧伤；第三次是陨石正好坠落在龙舟公巡检司，引起火灾，把该司的房屋烧光了；最后一次看来是一颗硕大的陨石碎成许多不小的块后正好落在太仓草场干燥的草料上，烧掉了草料。否则，仓中从来没有什么石头，草场焚毁后却发现了许多石头堆叠如山就难以解释了。

让我们来思考一个问题，陨石坠落为什么会引起火灾呢？通常陨石在坠落过程中穿过地球大气层的时间很短，尽管在地面看到陨石在空中熊熊燃烧，但是到达地面的陨石都覆着薄的熔壳，其内部结构仍保持不变。这表明到最后陨石不再燃烧，并且燃烧时产生的热也大都未传到陨石内部去。那火灾又是怎么发生的呢？上述坠落过程是较常见的情形。然而，既然陨石是以很高的速度穿过地球大气层时与空气强烈摩擦而燃烧的，那么在某种特殊的情况下，如果陨石到达地面的时候仍保持很高的速度，它也会继续燃烧的。这时要是陨石在地面碰着较厚的像干草之类易燃的东西，是会发火烧起来而造成火灾的。另外，可以设想陨石体如果以很小的角度闯入地球大气层，其飞行路径比一般陨石就会长得多，燃烧加热的时间也会长得多，有可能使陨石到达地面时仍保持很高的温度。据《宋书》载："宋元徽四年(476年)，义熙、晋陵二郡并有霹雳车坠地，如青石，草木焦死。"至于陨石着地后还呈融熔或可塑性状态，以及陨石热的"犹红紫""先软后坚"等，我国陨石记录中也曾有多次记载。不难想象，这种着地时温度如此之高的陨石，如果掉在易燃物之上肯定会引起火灾的。

综上所述，陨石坠落有时会造成不同程度的灾害，主要是人畜伤亡、房屋破坏，其中以陨石雨造成的损失最大。但是总的说来，这种陨石坠落造成的灾害事件很少见，可以说是百年不遇的，并且对人类造成的损失与大风、暴雨、雷电等自然灾害相比，是微不足道的。

21世纪是人类向空间拓展的一个世纪，人类对陨石的研究必将踏上一个新的台阶，人类将不仅仅从地面上观察陨石的坠落，而且将进入空间搜集各样的岩石样品，运用大型计算机研究小行星运动规律，维护绕轨航天器的安全，为人类踏上太空征程做好准备。古人为陨石研究留下了宝贵的经验，我们新一代的中国人更应该在这个方面做出突出贡献。

[1] 中国天文学史整理研究小组《天文史话》编写组.天文史话[M].上海:上海科学技术出版社,1981.

[2]《中国天文学史文集》编辑组.中国天文学史文集[M].北京:科学出版社,1978-1994.

[3] 北京天文台.中国古代天象记录总集[M].南京:江苏科学技术出版社,1988.

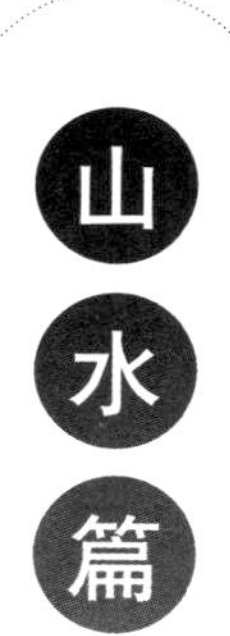

山水篇

江山如此多娇

李璨(PB05007303)

我国东临太平洋,西靠亚欧大陆,历史悠久,幅员辽阔,得天独厚的地理位置塑造出了众多奇峻秀美的山河。

“夫山者,万民之所瞻仰也,草木生焉,万物植焉,飞鸟集焉,走兽休焉”,故孔子曰:“仁者乐山。”

泰山:造化钟神秀,阴阳割昏晓

泰山古称岱山,春秋时改为泰山,泰山之称最早见于《诗经》,泰即“极大、通畅、安宁”之意。

东方朔认为“泰山吞西华,压南岳,驾中嵩,轶北恒,为群山之最”。“五岳之首”的泰山巍然矗立于齐鲁大地,东临浩波无涯的大海,西靠源远流长的黄河,南有汶水,北接古长城,居高临下,成为茫茫原野的“东天之柱”,使人有“天欲堕,赖以拄其间”之感。因此自古以来,泰山就被视为是社稷稳定,政权巩固,民族团结的象征,有“泰山安,四海皆安”之说。从秦皇汉武,到明清帝王,或封禅,或祭祀。世代传承。司马迁在《封禅书》中记载:“《五经通义》云:‘异姓而王,致太平,必封泰山,禅梁父。’”

“泰山天壤间,屹如郁萧台。厥初造化手,劈此何雄哉”,泰山风景以壮丽著称,累叠的山势,厚重的形体,苍松巨石的烘托,云烟岚光的变化,使得它在雄浑中兼有明丽,静穆中透着神奇。

泰山山体陡峻,主峰玉皇顶海拔 1545 米,气势磅礴,拔地通天,谢灵运有诗“岱宗秀维岳,崔崒刺云天”。“泰山最险处,首推十八盘”,从松山底至岱顶南天门的摩崖云梯,俗称“十八盘”,全程一公里多，石阶1594级，“层层石磴出林杪，萦回百折青云梯”。会当凌绝顶“凭崖览八极，目尽长空闲”，子曰“登泰山而小天下”，信矣！

泰山云海的盛景声名早负。姚鼐记有“极云天一线异色，须臾成五彩，日上，正赤如丹，下有红光，动摇承之”，当是时，漫天彩霞与山间茫茫云海融为一体，犹如巨幅油画铺陈天地。俄而日腾空而出，金光四射，群峰尽染，山巅间云海银波澎湃，蔚为壮观！

泰山谷幽壑深，瀑布流鸣，雄中藏秀。冬日泰山“苍山负雪，明烛天南，望晚日照城郭，汶水徂徕如画，而半山居雾若带然”。这一切构筑了泰山雄浑神秀的精髓。

泰山大约形成于三千万年前的新生代中期，主要由混合岩构成，有混合花岗岩及各种片麻岩，其中还有许多火成岩的侵入。“山多石，少土，石苍黑色”。

在太古代，鲁西地区曾是一个沉降带海槽，堆积有上万米厚的泥砂质岩和基性火山岩。后来发生了强大的造山运动，使沉降带岩层褶皱隆起，古泰山露出海面。屹立于海平面的古泰山经近二十亿年风化剥蚀后，在距今六亿多年前，随华北地区的大幅度下降，又沉沦于大海之中。直到早古生代末期，隆起为一个低矮的荒丘。然而随后，华北地台重又下降，古泰山成了海中孤岛。中生代晚期，太平洋板块向亚欧板块挤压俯冲，泰山迅速隆起，并在喜马拉雅造山运动中再次抬升，终于几经沧海桑田，形成了现在壁立千仞，雄伟奇峻的山形。

黄山：自古黄山天下奇

“黄山之奇，信在诸峰；诸峰之奇，信在松石；松石之奇，信在拙古；云雾之奇，信在铺海”。黄山雄踞皖南，相传中华民族始祖黄帝曾在此炼丹，后得道升天，故得名“黄山”。黄山山体奇险，峰峦叠嶂，誉称“天开图画”。其中，“奇松”“怪石”“云海”“温泉”并称为“黄山四绝”。

黄山峰峦峻削，横空出世。最高峰莲花峰1864米，高耸天际，主峰突出，小峰簇拥，如一朵初开新莲，仰天怒放。“丹崖夹石柱，菡萏金芙蓉”。天都峰最为险峻，故称“群仙所都”，峰顶平如掌，有“登峰造极”的石刻。老人峰“立石如老人伛偻”，更有形神兼备的罗汉峰、狮子峰、笔架峰等。“黄山四千仞，七十二莲峰”，奇秀壮美。

黄山巧石嶙峋，怪岩遍布。“仙人指路”孑然而立，一臂平伸，宛若仙人指点迷津；仰望山顶，如见灵巧奇石，蹲在峰顶，眺望云海，那就是“猴子看海”；“童子拜观音”更加传神，一石高耸，如菩萨飘然站立，一石低平，似童子叩拜。步移景异，神工天成，“别有天地非人间”。

“有干大如胫而根蟠屈以亩计者；根循丈而枝扶疏蔽道旁者；有寻崖度壑因依如悬度者；有穿罅冗缝迸出侧生者；有幢幢如羽葆者；有矫矫如蛟龙者”。（钱谦益《游黄山记》）黄山蒲团松亭亭如盖，似和尚坐禅的坐垫；黑虎松枝繁叶茂，威风凛凛，虎踞石间；卧龙送斜枝偃蹇，松甲如鳞，角绽髯张。黄山迎客松和“梦笔生花”更是盛名远播。

黄山云海变幻莫测，有时如一缕青烟，随风飘浮，“顷之，山半出云如冒絮，如白龙，奔逐四合，弥漫荒野，一白无际，渺极天际”，“下盼诸峰，时出为碧峤，时没为银海”，“已而轻风骤卷，云气迸驳，石出山高”。怪石、奇松、峰林漂浮其间，时隐时现，宛若仙境。徐霞客两登黄山，感叹：“登黄山天下无山，观止矣！”

远古时期，黄山地区是一片汪洋，许多泥沙石灰质沉积成岩。一亿四千万年前，地壳发生强烈运动，海底向上隆起成山，同时地下岩浆上涌钻进地壳隆起部分形成花岗岩，原始黄山形成。此后一面承受风霜雪雨，日曝夜寒的考验，许多岩石被破坏搬走，一面由于板块挤压而山体持续上升，正是这两种对立作用，形成今日奇特的黄山。

在岩浆冷却过程中，沉积岩受热，并有岩浆中物质的转移，形成变质岩，变质岩抵抗风化剥蚀的能力比花岗岩弱，使得黄山核心花岗岩高峰突兀，鹤立于峰峦尖利的变质岩低山之中。而花岗岩山体由于受到地壳巨大压力，形成既密又深的裂缝和潜在的破裂面，地面水渗入，受到侵蚀，垂直裂开的形成许多矗立的尖峰、石壁和残柱，而沿其他方向裂开的形成了众多巧石怪岩。

“夫水……天地以成，群物以生，国家以宁，万事以平，品物以正”，故孔子曰：“智者乐水。”

长江：大江东去，浪淘尽，千古风流人物

长江是我国第一大河，发源于青藏高原唐古拉山脉主峰各拉丹东雪山，干流流经青、藏、川、滇、渝、鄂、湘、赣、皖、苏、沪 11 个省、市、自治区，孕育了中华文明，哺育着炎黄子孙。长江滋润出了江畔的秀美繁华，促成了洞庭湖、鄱阳湖、太湖的碧波荡漾，并且劈山切谷，以气吞山岳的气势造就了雄奇的长江三峡。

三峡之称最早见于东汉末年。三峡是长江的珠冠，江流奔腾湍急，峡区礁滩接踵，夹岸峰插云天。《水经注》记载："自三峡七百里中，两岸连山，略无阙处，重岩叠嶂，隐天蔽日，自非停午夜分，不见曦月。"

瞿塘峡鳌占长江之首，西起白帝城，东至大溪镇，全长 8 公里，以雄伟壮观著称。瞿塘峡谷窄如走廊，两岸陡似城垣，郭沫若曾谓"若言风景异，三峡此为魁。"瞿塘峡西入口处，白盐山耸峙江南，赤甲山巍峨江北，两山对峙，天开一线，峡张一门，形成"西控巴蜀收万壑"之势。瞿塘峡锁全川之水，成峻险之势，在三峡中虽然最短，却俨然一幅气贯长虹的恢弘画卷。

巫峡自巫山县东大宁河起，至巴东县官渡口止，全长 46 公里，以幽深奇丽扬名。峡江两岸，青山连绵，群峰如屏。巫峡群峰，以十二峰为奇，其中尤以神女峰最为纤丽奇巧。卢照邻曾在《巫山高》中写道："莫辨猿啼树，徒看神女峰。"其实"秀峰岂止十二座，更有零星百万峰"，十二峰外，众多险峰异壑，"重峦俯渭水，碧嶂插遥天"。巫峡谷深狭长，日照时短，峡中湿气易成云致雾。云雾有的似飞马走龙，有的擦地匍匐，有时像瀑布垂挂绝壁，有时又聚成层层云纱。阳光洒下，飘渺朦胧。巫峡古迹众多，有陆游古洞、大禹授书台、神女庙遗址以及悬崖峭壁上的巫夔栈道，"楚蜀鸿沟"题刻。穿行于巫峡，仿佛徘徊于一道迂回曲折的巨型艺术屏风。

西陵峡西起秭归香溪河口，东至宜昌南津关，是三峡中最长的。两岸怪石嶙峋，险崖峭立，滩多流急，奇、险化为西陵峡的壮美。船行峡中，时而大山当前，石塞疑无路；忽而峰回路转，云开别有洞天。

“两岸青山相对出，孤帆一片日边来”，整个峡区都是高山峡谷、险滩暗礁，峡中有峡，滩中有滩。从宜昌港起，穿过南津关，溯江而上，西陵峡便迎面扑来，铺展成色彩斑斓气象万千的壮丽画卷。

长江流域经历了长期地质发展和古地理演化过程。从太古代一直到晚古生代，由于板块分离，长江流域一直参商相隔，未能统一。进入三叠纪，长江流域中东部被上下扬子浅海覆盖，西部为昆仑、巴颜喀拉—松潘—甘孜深海槽。三叠纪后期的印支运动彻底改变了长江流域的古地理面貌。羌塘板块与华北—塔里木板块的碰撞使昆仑、巴颜喀拉—松潘—甘孜深海槽消失并隆起为山地，上下扬子浅海成陆。其后，板块运动活跃剧烈，进入第四纪时期，唐古拉山脉形成，云贵、鄂西高原和四川盆地相对抬升，长江流域阶梯状东西分异的地貌格局逐渐形成。早更新世时期，长江大致分为古金沙江、宜宾—宜昌段和湖口以下段古长江三部分。到中更新世，古长江水系才东西贯通。受冰期与间冰期气候影响，晚更新世末期，古长江与太平洋连通，经朝鲜海峡注入日本海。直到全新世，今天长江流域的面貌才塑造完成。长江形成历程的沧桑巨变使我们有理由倍加热爱这条哺育了中华文化的母亲河。

黄河：黄河分地络，飞观接天津

黄河西起巴颜喀拉山脉，东流注入渤海，北界阴山，南至秦岭，全程 5464 公里，是中华文明的发祥地，是中华民族的摇篮。

黄河以母亲般的胸怀和热忱孕育了炎黄子孙。迄今为止，在黄河流域发现有西侯度遗址、二里头遗址、蓝田猿人遗址、大汶口遗址、仰韶遗址等十余处黄河古文化遗址。

其中西侯度遗址是黄河流域最早的一处旧石器文化遗址，在文化层中发现的动物化石标本表明人类在一百几十万年前已开始用火。距今六千多年的大汶口遗址是黄河下游原始文化的代表，考古发现母系氏族在这一时期开始向父系氏族转变。轰动整个考古界的仰韶文化遗址属新石器时代中晚期，出土有大批绘着各色图案，几何图形的碗、罐、盆等陶器，有相当的艺术价值，是黄河流域古文化的象征。千百年来，华夏民族在黄河的哺育下生生不息，传承延续。

黄河蜿蜒逶迤，在陕西和山西交界处盘旋成“黄河九曲”，沙洲点点，红柳婆娑，水鸟翔集，渔舟横渡，被中外科学家誉为“宇宙中的庄严幻景”。登高远眺，“河水清且涟漪”，款款而来，姗姗而去。卢照邻曾写有“丰茸鸡树密，遥裔鹤烟稠。日上疑高盖，云起类重楼”。

黄河壶口瀑布位于陕西省宜川县境内。黄河像一条巨龙穿行在秦晋大峡谷内，当流经壶口时，宽约400米的河水突然收束一槽，形成特大马蹄状瀑布群，加之壶口地形险要，瀑布湍流急下，激起层层水雾，恰似水底冒出滚滚浓烟，腾空而起的水雾幻化出七彩虹桥，从天际插入水中。悬流激荡，轰天惊雷，声传数十里。晋朝成公绥曾感叹：“览百川之洪壮兮，莫尚美于黄河！”

黄河小浪底风光旖旎，西滩河心绿洲和张岭半岛绿水环绕，林畴丰美，村舍幽静，“有良田美池桑竹之属，阡陌交通，鸡犬相闻”，恰似世外桃源。黄河三峡风景秀丽可与长江三峡媲美，大峪峡、龙凤峡、孤山峡高峡平流，青山碧水，“斜阑隐浊雾，布影入清渑”。

黄河中游流经黄土高原，水土流失严重。其中自然因素有：地形、降雨、土壤、植被。黄土丘陵区地形破碎，坡度大，坡长长；暴雨较多易汇成地表径流；遍被黄土，质地松软，抵抗水侵蚀能力差；植被密闭度低，保持水土能力差。而人为因素更应引起关注：人们大量毁林毁草，陡坡开荒，破坏了原有植被；同时开矿、修路等基本建设不注意水土保持，破坏了稳定的地形和地表植被。

由于泥沙大量淤积，黄河下游河道逐渐抬高，开封地区滩面高出堤外地面10米，河床高高架在华北平原上，滚滚黄河水全靠两岸大堤约束，成为“悬河”。一旦堤坝崩溃，后果不堪设想。清朝赵然曾写过《河决叹》：“奔涛骇浪势若山，长堤顷刻纷纷决。堤里地形如釜底，一夜奔腾数百里”“累卵之势久所虑，百丈一落波天滔”。而沿岸人民则背井离乡，流离失所，古文明曾栖居的茫茫大地上哀鸿遍野，这一切肯定是我们不愿看到的。

如何根治黄河？值得每个人深思。在乎治理，更在乎自觉保护！

祖国的锦绣河山，是我们每个中国人的骄傲，希望能通过我们每个人的努力使祖国的明天更加美好！

晨妆颜色美的小孤山

窦珊(PB03007153)

峨峨两烟鬟,晓镜开新妆。

舟中贾客莫漫狂,小姑前年嫁彭郎。

一位梳着高高的乌云鬟的美人,在晨曦初透窗纱的清晨,坐在梳妆镜前,轻轻地开启了梳妆盒准备梳妆。在大文豪苏轼的这首《李训画长江绝岛图》中,诗人寥寥数笔,一个晨妆颜色美的曼妙女子——"小姑"的形象便已跃然纸上。观者在想象"小姑"的秀丽容颜的同时也难免生惑:诗中的小姑是什么人?莫非她是东坡泛舟畅游长江时一段美丽邂逅的女主角?

事实上,此诗确为赞美一位"小姑"而作,她娇小的身躯坚定不移地立在长江的激流之中,似乎是尽其一生地守望着什么,而她这一立,便立了数百万年——她就是素有"海门天柱"之称,因其秀、奇、险、独而闻名天下的小孤山。

小孤山坐落在安徽省宿松县复兴镇内,浩浩汤汤的长江在宿松县东南奔涌而过,小孤山临江而立,形势险峻,一山孤耸。她与彭蠡湖中的大孤山遥遥相对,故被称为小孤山。因小孤山形似美人发螺鬟,好事者便经"孤"为"姑",美其名曰"小姑山"。山上立有小姑神庙,庙对长江南侧的澎浪矶,因读"澎浪"为"彭郎",而有"小姑嫁彭郎"的美丽传说,诸多传说和古迹胜景为美丽的小孤山笼上了扑朔迷离的炫美光环。苏轼在诗中更将"小姑"与"大姑"并称,使小孤山的形象在"晓镜新妆"中更显楚楚动人。

小孤山高 100 米左右,方圆一里,被誉为"长江绝岛",山上奇石奇穴令人应接不暇,诸多奇景曾引来历代的众多名士前来游玩题咏。明代谢缙有诗赞道:"半空岩石架高台,过客登临此处来。佩玉尚闻仙子去，乘鸾疑见女郎回。澄江水净明妆镜，绝顶云寒绾髻堆。一望东南形胜阔，何须海上问蓬莱！”

从大孤山上行，水面上出现一座刺猬般的小礁山，便是小孤山。无处不景，无景不奇的小孤山在清代诗人陈大章的七言古诗《登小孤山》中得到了充分的展现：

蜀江万里游鸿蒙，洞庭势挟彭蠡雄。
小孤突起插天畔，百川砥柱为之东。
磴道虚无动寒色，渔舟一叶傍绝壁。
蛟鼍正昼吼风霾，泱漭孤云天地白。
参差楼观丽朝霞，绣鞶珠箔颜如花。
阴岩咫尺蓄雷雨，怪树千岁盘龙蛇。
吴楚雄关此第一，折戟沉沙莽萧瑟。
凭栏决眦倚半酣，尽卷乾坤入诗笔。
隔江清霭有彭郎，银河带水遥相望。
舟师招手闻绝叫，急趁南风过马当。

诗中的小孤山峙立江心，突起天半，仿佛中流砥柱，横阻狂澜，洪流至此，也只有卷起怒涛，激起水雾，然后服服帖帖绕道东去。舍舟登山，头上孤云腾涌，脚下江水滔滔，上上下下，弥漫着让人不禁心生层云的灰白云气。小孤山嵌在云水之间，宛如一座翠绿玉雕，在朝霞掩映下，更显得妩媚清丽。更有石壁花黝，高崖拱促，崖上千年古怪树，盘曲有如龙蛇，崖下气象幽深。小孤山这道吴头楚尾鬼斧神工的第一雄关，在诗人酣畅的描摹与瑰奇的想像中，俨然是一位驻立江心、平和坚定的女神。

让我们穿越笼在小孤山身上的重重光环，揭起她华美的面纱，仔细端详她洗尽铅华时素净清秀的面容，让我们真正地走过她的现在和曾经，沿着时光的河岸回溯到从前的从前，阅读属于她的故事。

小孤山原是长江中的一座岛屿，开始形成于距今疑约 200 万年的第四纪冰川时期。长江沿岸地区是北面的淮阳古陆和南面的江南古陆之间的凹陷地带。由于地壳升降运动，火山、岩浆活动和地面的沉降，泥沙淤积而形成了狭长的沿江冲积平原和一连串大小湖泊。沿岸也断续分布着残存的低山丘陵，海拔高度多在 100 米至 200 米，也有少数高峰，如：大龙山高达 697 米。其中也有临江而立的小残丘，如采石矶，隔江对峙的东、西梁山以及小孤山，它们的高度多在 100 米左右，有的只有几十米，但却无不地势险要，风光秀丽。

小孤山是第四纪时古地壳断裂后留下的残块，如今看来，她不过是一座形似盆景的小山，但纵观地球历史，200 万年则是足以使沧海数易桑田的漫长时间，然而经历过不计其数的地壳升降，火山作用，风化剥蚀，江水冲击，作为古地壳作用而留下的痕迹，能保存至今，不得不将其视为奇迹。

由于来自大自然的看似并不强大但却持久的外力作用，今日小孤山上便有了幽深的石穴，这些便是从前看似坚不可摧的岩石，石穴也会有被风打穿的一天，陡峭的石崖可能会在某一天从山上跌落而成为大块的碎石。看着小孤山奇秀的身姿，我们便可以想像曾经剧烈的地壳运动和百万年来风风雨雨留下的岁月的印痕。

她原本是地球肌肤上一处伤口，如今却成为地球故事的忠实记录者和守护者，她将与那一段古老的地球故事同在，直到她消失的那一天。

她是地壳挤压、剪切而形成的平移断口，她周围曾经有过断裂、褶皱，而今只余千里平原，澄江如练，所有的曾经的动荡似乎都已被平静的田园流水掩饰无踪，还好，有尽其一生守护着往昔动荡的小孤山，向我们低声诉说我们脚下坚实的土地曾经焦躁不安，我们的地球曾经沧海桑田。将来，类似的情景也许还会有重演的一刻。

阅读小孤山，仰望小孤山，赞美小孤山，在美妙的诗句中凝视小孤山美丽的身影，在地球历史的篇章中与小孤山邂逅，她晓镜新妆，盈盈地推开门，将我们迎进古地球的世界里。

[1] 周汝昌，等. 唐诗鉴赏辞典[M]. 上海：上海辞书出版社，1982.

[2] 钱仲联，等. 元明清诗鉴赏辞典[M]. 上海：上海辞书出版社，1994.

云雾氤氲孕庐山

李学英(PB02011104)

江西庐山，古称敷衍原南障山、天子都、天子障等。传说殷周时期有匡氏兄弟七人上山修道，结庐隐居于此，由此得名匡山，匡庐。“庐山”这个名字的由来又有这样的传说：周威烈王时(公元前5世纪)，有位匡俗先生(也有的书称匡裕、匡续)，在山巅结庐，一心修炼。周天子知道后屡次请他出山，他屡次回绝，后来干脆潜入深山。使者寻了好久，才找到匡俗居住的草庐，而其人已羽化登仙，后人便以其草庐命名此山，故曰：“庐山”。

庐山风光秀丽，素有“春山如梦、夏山如滴、秋山如醉、冬山如玉”之美誉。史书最早关于庐山的记载是在司马迁的《史记》里：“余南登庐山，观禹疏九江”。一千二百多年前，唐代著名诗人李白便这样赞美道：“予行天下，所览山水甚富，然俊伟诡特，鲜有能过之者，真天下之壮观也。”如此名山，酷爱如画山水的中国诗人们自然不会惜墨，他们为庐山留下了一首首壮美的诗篇。这些诗篇不仅有着极高的文学价值，也是我们考察庐山昔日的人文、地理、景观的宝贵财产。

今天的庐山，风景秀丽依然，这使它赢得了一系列殊荣：首批国家重点风景区、全国风景名胜区先进单位、中国首批4A级旅游区、全国文明风景区、全国卫生山、全国安全山、国家地质公园、中华十大名山之一、世界遗产地……庐山在今人的品评中屡屡折桂，成为驰名遐迩、游人云集的旅游胜地，那么古人眼中的庐山又如何呢？

中国田园诗人的开山鼻祖陶渊明晚年曾经隐居庐山，与庐山结下了不解之缘，他辞去县令后的晚年是在“采菊东篱下，悠然见南山”的幽静闲适中度过的，其中的南山指的就是江西庐山。陶渊明在这一段时光中留下了许多赞美庐山景色的诗歌，这些诗歌清新自然，开我国山水田园诗之先，他“书生耕田”的意气与傲气，更是令千百年来后人高山仰止。他在《归园田居》中写道：

种豆南山下，草盛豆苗稀。
晨兴理荒秽，戴月荷锄归。
道狭草木长，夕露沾我衣。
衣沾不足惜，但使愿无违。

可以想见他的居所，必然百草丰茂，人迹罕至，以至于“道狭草木长”。诗中最令人称奇的是“夕露沾我衣”这一句了，大意是借着月光种豆归来，在草丛中行走的时候不知不觉被露水打湿了衣裳。露水的形成有两个基本条件：一是水汽条件好，二是下垫面温度比较低（低，指与露点温度比较）。当水汽条件成熟，下垫面温度接近或等于地表露点温度（可用 1.5 米处露点温度代替）时，露水就非常容易形成。在早晨或是大雾弥漫的天气，或许“露沾我衣”不足为奇，但明明是早起种豆直至傍晚，豆子在春夏之交生长，盛夏成熟，“戴月荷锄归”说明他那个时候刚刚从豆田悠悠而归，时间应该不是很晚。春夏之交的傍晚，以现在的北京时间计，大约也就是晚上八点的光景。江南水乡平原，一般夏天的晚上在十点以后气温才会逐渐下降至露点以下，而在庐山陶渊明的田园居所，晚上八点钟水汽就开始冷凝成露，可见庐山的水汽非常丰富且山区气候与平原地区的不同。庐山北依长江，东南毗邻鄱阳湖，西南部与丘陵山区相连，初夏开始盛行于我国东南部地区的东南季风为庐山带来了大量的水汽，而高山上散热较快，昼夜温差大，相应的傍晚气温下降得也快，这是庐山上露水形成时间较早的地理条件。

此外，露珠的形成要有一定的天气条件。一般大气稳定，风小，天空晴朗少云，地面上的热量能很快散失，温度下降，这样的天气会有利于露水的形成，当水汽遇到较冷的地面或物体时就会形成露水。“戴月荷锄归”表明是一个月朗星稀的大好天气，有利于露水的形成。可见，一首清新自然的诗歌里面，不仅包含了对自然现象的描述，还与一定的科学规律相符合。古诗歌对于古气候研究的价值可见一斑。

庐山以“云雾”而闻名遐迩。这“云雾”又分为二，其一就是庐山云雾茶(古称"闻林茶")。古人云:"仁者乐山,智者乐水",事实上,上好的茶叶一般都出产在有山有水的地方,这些地方水汽丰富,山地昼夜温差大,茶树撷英取华,出产的茶叶自然内涵丰富,非凡品所能及。庐山云雾茶因茶树皆生长于云雾弥漫的山腰,故名。据《旧山志》记载,庐山种茶,起于东晋。据载,当时名僧慧远,在山上居住三十余年,聚集僧徒,讲授佛学,在山中种茶。唐朝时庐山茶已很著名。唐代诗人白居易,曾往庐山峰挖药种茶,并写下了诗篇:"长松树下小溪头,斑鹿胎巾白布裘,药圃茶园为产业,野麋林鹤是交游。"北宋时,庐山茶一度列为贡品。这时虽然未明确地见到云雾茶的出现,但从北宋诗人黄庭坚的诗中,隐约可见宋时已有云雾茶了。诗云:"我家江南摘云腴,落硙霏霏雪不如。"这里所写的"云腴"是指白而肥润的茶叶。到了明代,庐山云雾茶名称已出现在明《庐山志》中。这是中国十大名茶之一,以条索粗壮、青翠多毫、汤色明亮、叶嫩匀齐、香凛持久、醇厚味甘等"六绝"名扬天下。

其二是真正的云雾。丰富的水汽给庐山创造了无与伦比的云雾之美。如今庐山的游人,不少就是慕庐山云雾之名而来,渴望有幸一睹那翠蔼浮空的壮景。庐山的雾,飘忽不定,变幻无穷。有时从山谷中冉冉升起,忽而从半空中轻轻掠过,一会儿黑压压翻腾不已,突然间升高变得薄如轻纱。浓雾迷幻,加上挺拔、陡峭的山峰,使庐山风景增加了神秘的色彩。宋代著名诗人苏东坡在《题西林壁》一诗中寄语:

横看成岭侧成峰,远近高低各不同。
不识庐山真面目,只缘身在此山中。

不识庐山真面目,在很大程度上与云雾有关。庐山的雾在山下看是云,远远望去像是扣在山顶的雪白毡帽或是缠绕腰间的轻衣薄纱。当人们在山上看雾,四顾茫茫,不但远处的峰石草木于雾中亦隐亦现,连自己都是常常处于浓雾之中。庐山的云海更是变幻多姿,深受人们称赞。如清代作家张维屏写庐山的云"瞬息之间,弥漫四合,其白如雪,其软如绵,其光如银,其阔如海,薄或如絮,厚或如毡,动或如烟,静或如练"。由此可见山上的美景,真是令人赏心悦目。鲍照的"氛雾承星辰,潭壑洞江汜"让我们了解到庐山起雾之早,范围之广。钱起甚至“只疑云雾窟”，认为庐山之中就像有云雾的源泉一般。令人不得不问：庐山的云雾果真如此之盛？依据现在的纪录，庐山全年平均雾日191天。5月、6月多雾，每月有雾日20天，7月少雾也有13天。诗人丰富的想象也是有一定的客观依据的。

庐山多奇峰峻岭。在描写庐山的诗词中，有许多关于庐山断崖的描写，如鲍照在《望石门》中写道“高峰隔半天，长崖断千里”；沈彬在《望庐山》中也有“一面峭来无鸟径，数峰狂欲趁渔舡”的描述。也就是说断崖于庐山乃一大特色，否则是不足以引起诗人们的注意。在《中国的世界遗产——江西风景名胜区》中有这样的描述：庐山的地形成因是断裂隙起的断块山，周围断层颇多，特别是东南部和西北部，呈东北—西南走向的断层规模较大，由这种断层块构造而形成的山体，多奇峰峻岭，悬崖峭壁，千姿百态。原来庐山本是断块山，难怪多悬崖峭壁，也难怪诗人们会如此看重它。

描写庐山的诗词还有很多很多。像我们熟悉的白居易的“人间四月芳菲尽，山寺桃花始盛开”(《大林寺桃花》)；李白的“飞流直下三千尺，疑是银河落九天”(《望庐山瀑布》)；韦应物的“淙流绝壁散，虚烟翠涧深”(《简寂观西涧瀑布下作》)等等。从中，我们知道了昔日庐山是如何的秀丽迷人。

古人将风景秀丽的庐山交到了我们的手里，并在他们的诗词中告诉我们庐山的真正意义就在于它远离尘世的喧嚣，使人的心胸在远眺云雾，穿行密林，咏叹感慨中，得以享受到回归自然的宁静。于世人来说这是何其可贵。如果，庐山上车水马龙；如果，庐山上行人攘攘；如果，庐山上高楼林立……那么，庐山，也就不是庐山了。

参考文献

[1] 江西庐山风景名胜区[EB/OL]. http://www.cctv.com/geography/shijieyichan/sanji/lushan.html.

[2] 25首诗教学设想[EB/OL]. http://sq.k12.com.cn:9000/sa/sanjiao/jiaoan/tejija/1b/25shiwu.html.

古诗词中的黄山地质

方可(PB04013034)

我来自安徽省黄山市，去过黄山很多次，印象最深的是其中的两次游览。一次是从前山的玉屏楼迎客松上山，经由鲫鱼背，莲花峰等黄山最负盛名的景点，并在光明顶住宿过夜，再由后山下；另一次是从玉屏楼往西海走，游览了黄山最新开发的景点——西海大峡谷，并在西海过夜。第一次看到日出，而第二次恰好看到云海。不像一般的景点，美景终会看尽；黄山实在担得起古往今来那么多的赞美与感叹，我的每次游览，都看得到不同的风景和气势，抑或秀丽抑或磅礴，百步云梯上听到的松涛，光明顶上看到的云海，总是让人不禁心生震撼。

古往今来，咏赞黄山的诗词歌赋不计其数。最早吟咏黄山的文学作品出现在唐代，大诗人李白游历黄山，写下了《送温处士归黄山白鹅峰旧居》和《赠黄山胡公晖求白鹇(有序)》两首；最早记述黄山的游记是宋代吴龙翰的《黄山记游》，作于宋咸淳戊辰(1268)年；明万历年间潘之恒编纂的《黄海》记载了宋代、元代、明代的一些名人游黄山所写的游记。从晚唐到清末，描写黄山的诗词歌赋就有近三万首，后人写黄山的诗文就更加不计其数了。细读这些诗歌，不仅能品出黄山的韵味，还能看到有意思的关于黄山的地质科学知识。

先看大诗人李白的诗《送温处士归黄山白鹅峰旧居》：

黄山四千仞，三十二莲峰。
丹崖夹石柱，菡萏金芙蓉。
伊昔升绝顶，下窥天目松。
仙人炼玉处，羽化留余踪。
亦闻温伯雪，独往今相逢。

采秀辞五岳，攀岩历万重。
归休白鹅岭，渴饮丹砂井。
风吹我时来，云车尔当整。
去去陵阳东，行行芳桂丛。
回谿十六度，碧嶂尽晴空。
他日还相访，乘桥蹑彩虹。

“黄山四千仞，三十二莲峰”也还不足以详述黄山的范围之广。黄山地质公园雄踞于风光秀丽的皖南山区，面积约1200平方公里，是以中生代花岗岩地貌为特征的地质公园。黄山以雄峻瑰奇而著称，千米以上的高峰有72座，峰高峭拔、怪石遍布。山体峰顶尖陡，峰脚直落谷底，形成群峰峭拔的中高山地形。黄山自中心部位向四周呈放射状地展布着众多的“U”形谷和“V”形谷。山顶、山腰和山谷等处，广泛地分布有花岗岩石林石柱，特别是巧石遍布群峰、山谷。主要类型有穹状峰、锥状峰、脊状峰、柱状峰、箱状峰等。区内奇峰耸立，巍峨雄奇；青松苍翠，挺拔多姿；巧石嶙峋，如雕如塑；云海浩瀚，气势磅礴；温泉水暖，喷涌不歇。

在距今约1.4亿年前的晚侏罗世，地下炽热岩浆沿地壳薄弱的黄山地区上侵，在6500万年前后，黄山地区的岩体发生较强烈的隆升。随着地壳的间歇抬升，地下岩体及其上的盖层遭受风化、剥蚀，同时也受到来自不同方向的各种地应力的作用，在岩体中又产生出不同方向的节理。自第四纪（距今175万年）以来，间歇性上升形成了三级古剥蚀面，终于形成了今天的黄山。在这些岩体中，由于矿物组分、结晶程度、矿物颗粒大小、抗风化能力和节理的性质、疏密程度等多方差异，造成了宛如鬼斧神工般的黄山美景。

“仙人炼玉处，羽化留余踪”，说的当是“仙人晒靴”的景点。它位于西海排云亭前幽谷左侧，西海沟的源头；有奇石如半高筒皮靴，倒置在峰腰悬崖立壁石台上，似在晾晒，故名之。“仙人晒靴”景点坐落在黄山岩体补充期侵入的中细粒斑状花岗岩内，岩石断裂节理发育，西海沟就是一条由产状为110°∠80°的断层发育而成的。节理主要有两组，除与断层相平行的垂直节理外，还有一组225°∠15°的近水平节理。由于两组节理的组合作用和冰冻风化、重力崩塌的影响，垂直节理上部原有的张口不断加大和裂解，将花岗岩切割成很多正方、长方和柱体块石。“仙人晒靴”，晒的是一只长 1.5 米、宽 1.2～2 米、高 2 米、重约 12 吨的花岗岩大“石靴”，它与基座花岗岩体之间，已见明显错移，重心偏落基座边部，是一处令人惊讶和产生悬念的危景。

紧接的“亦闻温伯雪，独往今相逢”则是描绘了黄山的另一奇石——“仙人指路”。“仙人指路”和“喜鹊登梅”，两景同出一石，是在不同位置所观赏到的两种形态不同、韵味殊异的石景，使人体味到黄山“移步景换”之妙。这个景点位于云谷寺登山道路的西侧，进入胜亭上行不远，有石板桥（吟啸桥）横跨石门溪上；沿桥上行进 200 米，仰望左前方的两峰之间，有一奇石屹立谷地小峰上，状如喜鹊，石旁长有一株遒劲古朴的青松，又似古梅，松石巧妙组合成景，称做“喜鹊登梅”。继续上行不到百米，回首再望“喜鹊登梅”，此时，“喜鹊”已变成了身穿宽袖道袍的“仙人”，正抬着右臂，指向登山盘道，似对游人指点着通往山上的道路，指引游人不畏艰难地去探幽揽胜。

此景由中细粒斑状花岗岩构成。花岗岩中构造节理发育，由于节理裂隙的分割，加上后期冰川流水和风化侵蚀作用的改造，周围岩石不断发生剥落崩塌，从而形成了高约 30 米，独立于谷中的长方体石柱；柱之上部，则由于水平节理的切割而断开，形成了高、宽数米的“喜鹊（仙人）”，立于独立长方石柱之上，又有形姿优雅的古松相辅，造就了黄山东路上这一神韵悠然的石景。

黄山的主体是花岗岩，而地质作用则是创造花岗岩奇妙景观的生命之源。早在黄山岩体结晶冷凝成岩之初，由于冷却收缩作用，在岩体中就产生了纵、横、斜三组原生张力节理。岩体固结定位后，又在大规模持续的断块抬升隆起和构造作用下，形成了不同方位强烈发育的多组裂隙；温差重力滑动作用，又形成了大量的表生节理。正是这些遍布公园内的断裂、节理和其他内、外应力持续不断的作用，造就了黄山峰石奇异的形貌与景观。有的峰石虽已被节理劈开，但位移很小，风化轻微，节理面角保存完整，充分显示了节理裂隙控制成景的作用，如排云亭幽谷立壁上的“仙人晒靴”等；有的峰石，或垂于谷底，或拔于峰巅，其节理四周岩石遭强烈风化，节理面角亦被磨锉，仅留下无棱角可寻的独立石柱，如“梦笔生花”等。同时，由于黄山地区垂直气流大，雨量丰沛，水解作用充分，高山上的花岗岩被节理切割后，表层常被风化成红色风化壳；当风化壳上部的红土层和下部的碎石层，被风化、水刷、冰融剥蚀而尽后，留下的巨大球形风化岩块，就是残存下来的“石蛋”，如狮子峰北侧的“猴子观海”等。

“采秀辞五岳，攀岩历万重”。黄山最有名的“岩”是天都峰和莲花峰。海拔 1864 米的莲花峰是一座象形程度极高的锥状山峰。中央主峰突起，四周小峰簇拥，就像一朵仰天怒放的莲花，那片片“花瓣”正是由花岗岩的三组斜节理裂解演化而成的。天都峰是一座雄险壮观的山峰，通往峰顶鲫鱼背的一段狭窄险峭小道就是第四纪冰川作用造就的雄伟奇观。地质学家揭示了这两座奇峰的成因。在植物繁茂、恐龙称霸的中生代早白垩世，伴随着震撼东亚大地的晚燕山运动的激化，黄山花岗岩体的胚胎开始在这里孕化；在经历了一次又一次的岩浆脉动上侵定位和结晶之后，黄山岩体的雏形终于形成。在深部地壳不断被熔成岩浆，并被挤压而向中央上侵的过程中，黄山山体同时也被拔高。但是，此时的黄山花岗岩体仍然深埋在地下，它的上面还覆盖着数千米厚的元古界和下古生界沉积盖层。其后，地壳又经历了多次间歇抬升，持续的断块隆起，隐伏岩体上的巨厚覆盖层不断被风化剥蚀。在地质历史的长河中，黄山岩体就这样经历着漫长的、难以想象的等待。天荒地老，石破天惊，到了距今五六千万年前的第三纪喜马拉雅运动早期，覆盖在花岗岩体上的沉积盖层随着山体的抬升而逐渐被剥蚀殆尽，黄山终于冲开了岁月的掩盖，慢慢地露出了地表，形成了莲花峰、光明顶和天都峰等花岗岩山峰。

其实黄山还有一景，不仅是历代游客必往之所，还是一个地质学家们屡次考察而争执不休的谜团。天海平天矼的西端，有一块巨石，呈近长方柱体耸立在峰头基岩平台之上，走向南东，宽 7 米，厚 1.5～2.5 米，高 15 米，它的平均密度为 2.59×10^3 千克/米^3，其重量约为 544 吨。从南向北侧面观看，它上尖下圆，形似一颗巨桃，世人称其为“仙桃石”或“仙桃峰”，海拔 1730 米。经实地测量，巨石下面的基岩平台长 12～15 米，宽 8～10 米。岩石成分完全相同的上下二石，其间的接触面积却很小，使游人感到到上面的巨石似从天外飞落崖上，故名“飞来石”。游人立于基座平台之上，如临画境，故石面上有

"画境"二字题刻。明代游览者程玉衡惊叹此石的存在，有诗云："策杖游兹峰，怕上最高处。知尔是飞来，恐尔复飞去。"

关于"飞来石"的身世，千年以来一直蒙着神秘的面纱；相传此石为女娲补天所剩两石之一，后来飞落黄山成此奇石。其实，"飞来石"并非天外飞来，它与下部的基座平台原系一体，都是由黄山岩体补充期侵入的中细粒斑状花岗岩所构成的；花岗岩构造节理发育，由于北东和北西向的两组近直立节理和北西走向的近水平节理的切割裂解，形成了长方柱体的"飞来石"雏形，但此时其四周仍被岩块包围着，上下仍为一体。后来，在山体的不断抬升中，由于风化剥蚀、冰川流水和重力崩塌，四周岩块逐渐剥离脱落，基座平台面上的接触面变得很小，最终形成了兀立于高座平台之上的"飞来石"奇观。

由于冰川独特的搬运、刨蚀、侵蚀作用，在黄山的花岗岩山体上，镌刻下许多享誉人间的冰川遗迹，形成了遍布黄山的冰川地貌景观。如今，当我们面对这些黄山最古老的"古迹"时，似乎还会生出瑟缩战栗之感。而黄山云海带来的又是另一番温柔的风情。"风吹我时来，云车尔当整"，说的是黄山的云海奇观。云海是山岳风景的重要景观之一。所谓云海，是指在一定的天气条件下形成的云层，并且云顶高度低于山顶高度，当人们在高山之巅俯首云层时，看到的是漫无边际的云，如临于大海之滨，波起峰涌，浪花飞溅，惊涛拍岸。故称这一现象为"云海"。其日出和日落时所形成的云海五彩斑斓，称为"彩色云海"，最为壮观。云海的形成，有其原因和规律。黄山山高谷低，林木繁茂，日照时间短，水分不易蒸发，因而湿度大，水汽多。雨后常见缕缕轻雾，自山谷升起。全年平均有雾天 250 日左右，真可谓云雾之乡。黄山云海是由低云（云底高度低于 2500 米）和地面雾形成的。低云主要是层积云，黄山每年 11 月至次年 3 月间，有 97％的云海由层积云形成，只有 3％由层云或雾形成。

黄山云海，特别奇绝。黄山秀峰叠峙，危崖突兀，幽壑纵横。气流在山峦间穿行，上行下跃，环流活跃。漫天的云雾和层积云，随风飘移，时而上升，时而下坠，时而回旋，时而舒展，构成一幅奇特的千变万化的云海大观，清人江鹤享有诗曰：

白云倒海忽平铺，三十六峰连吞屠。

风帆烟艇虽不见，点点螺会时有无。

描述的就是黄山云海风平浪静时的情景。但转瞬之间，又波起峰涌，浪花飞溅，惊涛拍岸。尤其是在雨雪之后，日出或日落时的“霞海”最为壮观。太阳在天，云海在下，霞光照射，云海中的白色云团、云层和云浪都染上绚丽的色彩，像锦缎、像花海、像流脂，美不胜言。从美学角度观察，黄山云海妙在似海非海，非海似海。其洁白云雾的飘荡，使黄山呈现出静中寓动的美感。正是在这种动静结合之中，造化出变幻莫测，气象万千的人间仙境。

“他日还相访，乘桥蹑彩虹”。连遍游天下的天才诗人李白尚且盼望再游黄山，也难怪每年有那么多游客为黄山之美绝倒。学习了地球科学概论以后，我尝试着从地质角度去了解黄山，看到了自然是怎样用它神奇的力量构造出这样的奇山怪石、云海青松。同时，从李白的古诗里品出地质科学，也是一件别有趣味的工作。

参考文献

[1] 陈安泽，姜建军，白泊，等. 中国国家地质公园丛书：黄山[M]. 上海：中华地图学社，2005.

[2] 夏发年. 世界自然文化遗产之旅丛书：黄山[M]. 广州：广东旅游出版社，2005.

[3] 历代四季风景诗选注组. 历代四季风景诗三百首[M]. 北京：北京师范大学出版社出版，1986.

[4] 王运熙，顾易生等. 历代诗歌浅解[M]. 上海：复旦大学出版社出版，1999.

不咸山的秘密
——大自然的鬼斧神工

李丹丹(PB07007026)

长白山史称“不咸山”,神山之意。自古就有很多关于长白山的美丽传说,那些优美的文字不仅记载了长白山的文化历史,也记载了她的沧桑变化。徜徉在这些文字中你就会不知不觉陶醉于她那婀娜的身姿,飘渺的身影,如梦如幻的景致。

神秘的传说

长白山的形成早在喜马拉雅运动之前,大约是在更新世纪与上新世纪之间。因地壳断裂的推动作用逐渐隆起一片平地,后来又经过多次的火山喷发活动形成了天池火山通道的庞大火山锥体,距今至少有1200万年的历史了。我国最早的一部地理学著作《山海经·大荒北》中记载说:“大荒之中有山,名不咸,在肃慎之国。”不咸,在蒙古语中是神仙之意。在东北居住的少数民族都景仰这座东北境内最大的高山并将之神化,许多关于天女不孕而生的神话都产生在这里。元代诗人王结在其所著长诗《辽东高节妇》中也着力描写了长白山亦真亦幻的瑰丽风光:“天东长白近蓬瀛,缥缈仙人玉雪清。凤去紫箫声已绝,青鸾独跨上瑶京。”诗中把长白山比作海上的仙山与瀛洲,说有玉洁冰清的仙人常在其上出没,多么浪漫与神奇。

在《北史列传·勿吉》篇中又有记载:“国南有从太山者,华言太皇。俗甚敬畏之,人不得山上溲污,行经者以物盛去。上有熊罴豹狼皆不害人,人亦不敢杀。”由此可见东北人民对长白山的崇敬。

而更具浪漫传奇色彩的要数曹雪芹《红楼梦》中对长白山的描

述，含蓄幻化，神韵空灵。在《红楼梦》开篇有一段神话，说女娲氏在大荒山无稽崖炼石三万六千五百零一块，都用来补天，单单剩下一块未用，弃之于青埂峰下，后来此顽石幻化成人，号神瑛侍者。他在灵河岸三生石畔遇到一棵绛珠仙草，成就了他们一段凄美的爱情故事。而大家只要仔细想想，就不难发现大荒山就是指长白山，而顽石就是豁峰下那块补天石，那棵绛珠仙草指的就是长白山上号称“百草之王”的人参草。

如上那些美丽的文字，是不是让你感受到了长白山的传奇浪漫呢？

短暂造就的永恒

在亿万年以来的地质史上，长白山地区经历了“沧海桑田”的变化。最初这里是一片汪洋大海。后来由于地壳的上升，海水退去，地表重新露出表面，并在多种外力作用下，长白山形成了今天的地貌景观。

在距今约 3000 万年前，即第三纪的时候，地球进入了一个新的活动期，在大约 2500 万年的时间里，长白山地区经历了四次火山喷发活动，玄武岩浆从上地幔出发，沿着地壳中的巨大裂隙不断上涌，以巨大的能量喷出地表（在地质学上称为裂隙式火山喷发）。携有强大冲击力的岩浆，将原来的岩石及岩浆中先期凝固的岩块及火山灰、水蒸气等喷向空中，然后在重力和风力的作用下降落到火山口周围或一侧，堆积成各种火山地貌。在距今约 60 万年至 1500 万年（第四纪中、晚更新世）中长白山又经历了一个地壳活动期，地质上称为白头山期，这个时期共发生四次火山喷发，爆发方式主要以中心式为主，并因此形成了火山锥体地貌景观。

第一次火山喷发形成的距今 60 万年左右的喷出物构成了长白山火山锥体底板；第二次火山喷发在距今 40～30 万年，此次喷发持续时间较长，岩层分布面积广、厚度大；第三次喷发在距今 20～10 万年，最后完成了长白山火山锥体形态；第四次喷发在距今 8 万年左右，以小规模火山活动为主，熔岩流覆盖在火山锥体某些部位之上，至此长白山主峰形成了。此后长白山进入了相对稳定时期。

第四纪全新世时期，火山再次复活。在火山停止作用后，火山口接受大气降水和地下水的不断补给，逐渐蓄水成湖，形成火山口湖，这就是闻名遐迩的长白山天池。

当长白山主体形成后，该区进入了火山爆发的间歇期，地壳相对稳定。

据史料记载，自1597年以来，长白山曾有三次小规模的间歇式活动。

第一次喷发是在1597年8月26日（明万历二十五年）。据目击者记载，当时有“放炮之声，仰见则烟气张天，大如数搂之石，随烟折去，飞过大山后不知去处”。

第二次喷发是在1668年（清康熙七年）。长白山区下了一场“雨灰”（即火山灰）。

第三次喷发是在1672年4月14日（清康熙十一年），据史料记载：“午时，天地忽然晦暝，时或赤黄，有同烟焰，腥臭满室，若在烘炉中，人不堪熏热，四更后消止，而至朝视之，则遍野雨灰，恰似焚蛤壳者。”又据《长白山江冈志略》记载，长白山附近有“炭崖”，“崖底出木炭甚多，猎者每拾以为炊，土人因其出于地中，故以神炭呼之”。

在地质运动的历史长河中，长白山的地质演化只是短暂的一瞬间，长白山火山喷发的历史就更加短暂了。但就是这样短暂的运动造就了长白山今日的多娇！

灵动天池

长白山火山喷发造就的一大灵物便是长白山天池。如果你没有去欣赏过天池，那么你也就不算去过长白山。天池是火山喷发形成的我国最大的火山口湖，也是松花江、鸭绿江、图们江三江之源。因为它所处位置高，水面海拔2150米，所以被称为天池。天池呈椭圆形，周围长约13公里，它南北长4.85公里，东西宽3.35公里，平均水深204米，在长白山周围环绕着16个峰，天池犹如在群峰之中的一块碧玉，湖水深幽清澈。长白山气候瞬息万变，使得天池呈现出了“水光潋滟晴方好，山色空蒙雨亦奇”的绝妙景色。在晴日，湖水湛蓝，微微涟漪，水质清澈，犹如一面晶莹剔透的镜子，湖面呈宝石蓝色，倒映着朵朵白云，更时有天鹅在池边嬉戏，宛如到了仙境。

长白山天池上还生长着雍容华贵的长白杜鹃与婀娜多姿的高山罂粟，以及由第四纪冰川时期推移过来的长白越桔、松毛翠等，还有高山菊花、倒根草、高山百合，它们使天池熠熠生辉，富有生机，灵动而美妙，共同编织了天池的绚丽风光。

结尾篇

长白雄东北，嵯峨俯塞州。
迥临泛海曙，独峙大荒秋。
白雪横千嶂，青天泻二流。
登峰如可作，应侍翠华游。

——吴兆骞《长白山》

人说“桂林山水甲天下”，和长白山相比桂林山水太秀气；人说“五岳归来不看山”，和长白山相比五岳还不够大气。她那独特的地理构造，绮丽迷人的景观，主峰环抱的天池，飞流直下的瀑布，险峻的大峡谷，幽静的鸳鸯泡，星罗棋布的温泉群，温文尔雅的银环湖，宛如仙女下凡的圆池等都美不胜收。百闻不如一见，还是由您亲自来到长白山，感受一下亦真亦幻的仙境吧！

五岳之尊
——千年风韵在

孙欢(PB06210326)

很久很久以前,听说你的雄浑和博大;很久以前,瞻仰过你的雄浑和博大;而今天,我又在传播着你的雄浑和博大。

为你写一篇赞歌,是我渴望去做却做不好的事情,因为前人已留下太多关于你的壮丽诗篇,再增添我平淡的几笔,也只会显得无足轻重。我只愿在前人的足迹中,揭开你的面纱,传古人之轶事,播家乡之胜景。

"望岳"篇

我们的首任校长郭沫若先生登游泰山时称之为国宝,并挥笔写下了"千年风韵在,一亩石坪铺"的诗句,那么被称为"国宝"的泰山,究竟如何呢?

我们在中学时代就学过诗圣杜甫的《望岳》,这首诗向我们展示了一个绵延不绝、高峻伟岸、气势磅礴的名山:

岱宗夫如何,齐鲁青未了。
造化钟神秀,阴阳割昏晓。
荡胸生层云,决眦入归鸟。
会当凌绝顶,一览众山小。

泰山位于山东泰安市北,又称岱山、岱宗、岱岳、东岳、泰岳,为"五岳"之首,有"五岳独尊"之称。泰山主峰玉皇顶高程为1532.7米,高大雄伟,气势磅礴。"岱宗夫如何,齐鲁青未了"。登高望去,就能看到那绵延不绝的青苍山峦,横跨齐鲁大地。

泰山不仅广袤无际，而且富有灵秀之气。“造化钟神秀”，这种神清俊秀好像是大自然的宠赐，几千年来，历代帝王也乐于借“宠赐”封禅祭祀，留下了大量的文物古迹。文人墨客慕名登临，也留下了大量的人文景观和文学作品。

泰山亦具有极其美丽壮观的自然风景，其主要特点为雄、奇、险、秀、幽、奥，令人有“登泰山而小天下”（孔子《丘陵歌》）和“会当凌绝顶，一览众山小”的感慨。在泰山上看日出是最惬意不过的事情了，清代文学家姚鼐就写下有名的《登泰山记》：“道中迷雾冰滑，磴几不可登。及既上，苍山负雪，明烛天南，望晚日照城郭，汶水、徂徕如画，而半山居雾若带然。戊申晦，五鼓，与子颍坐日观亭，待日出。大风扬积雪击面，亭东自足下皆云漫。稍见云中白若樗蒱数十立者，山也。极天云一线异色，须臾成五采。”泰山的人文杰作与自然景观完美和谐地融合在一起。

“察岳”篇

那么如此雄伟壮观的泰山是怎么形成的呢？

泰山的形成，历经了自太古代至新生代各个地质时代的演变过程。泰山地层，属华北地台典型基底和盖层的双层结构，地质构造以断裂为主，受掀斜式断块抬升控制。断裂活动使其隆起，与广袤的华北大平原形成强烈对比。泰山南部受断裂影响，上升幅度大，其基层在上升风化过程中，异峰突起，陡峭峻拔，露出大片基底杂岩；北部上升幅度小，岭低坡缓，谷宽沟浅，保存着典型的古生代盖层。难怪诗人杜甫会说“阴阳割昏晓”，如此形成的泰山，怎能不高峻伟岸？它高耸入云，遮蔽了日照，将同一山区切割成了明暗不同的两部分，山南是明朗的清晨，而山北却似晦暗的黄昏了。

泰山地区，属温带季风性气候，具有明显的垂直变化：山顶年均气温 5.3 摄氏度比山麓泰城低 7.5 摄氏度；年均降雨量 1124.6 毫米，相当于山下的 1.5 倍；山下四季分明，山上春秋相连。泰山冬季较长，结冰期达 150 天，极顶最低气温－27.5 摄氏度，形成雾凇雨凇奇观。夏秋之际，云雨变幻，群峰如黛，林茂泉飞，气象万千。

泰山地貌分为冲洪积台地、剥蚀堆积丘陵、构造剥蚀低山和侵蚀构造中低山四大类型，在空间形象上，由低而高，造成层峦叠嶂、凌空高耸的巍峨之势，形成由多种地形群体组合的地貌景观。

泰山杂岩有25亿年的历史，是世界最古老的岩石之一，对研究中国东部元古代地质构造、岩浆活动及板块构造，具有重要科学价值。泰山西北麓张夏、崮山、炒米店一带的灰岩和砂页岩发育典型，是北方寒武系地层的标准剖面，是古生物许多种属的命名地或模式标本原产地。20世纪80年代，在山前中溪发现的辉绿玢岩脉圆柱节理，已引起国际地质学界的重视。

“敬岳”篇

上千年来，人们始终将泰山作为一种精神的象征和寄托，以致影响着人们的社会活动，作为泰山化身的东岳大帝、碧霞元君，成为人们崇拜的神祇，泰山庙会就是我国民间由庆贺东岳大帝和碧霞元君的诞辰而产生的融宗教文化、商业贸易为一体的综合性活动。泰山庙会滥觞于唐，定制于宋，鼎盛于明清，衰落于民国，再兴于今日。由最初的宗教性祭祀活动，愉悦神灵，发展到今天和集市交易融为一体，成为人们敬祀神灵、交流感情和贸易往来的综合性社会活动。完成了泰山崇拜从帝王封禅到民间庙会的转变这一过程，构成了独具特色的宗教文化景观，并且成为泰山周围特有的地方民俗现象。

后记

子曰：“智者乐水，仁者乐山；智者动，仁者静。”每一次游历泰山，都会从中感悟到那份宽博和雄浑，都会领略到仁者的神韵和姿态，而那份神韵和姿态，也正是我们所需要的。

“九曲柔胜”
——古诗词与黄河

李恭平(PB02000606)

翻开任何一张中国地图,北方那条蜿蜒奔流向海的大河都会引起你丰富的遐想,那就是黄河。五千年来黄河作为中华民族的“母亲河”,哺育了亿万中华儿女,孕育了灿烂的中华文明,她已经成为文明和文化的象征,也是华夏精神的象征。可以说,没有黄河就没有中国的历史、现在和未来。历代赞美黄河的诗词不胜枚举,唐太宗李世民为三门峡题有《砥柱山铭》:“仰临砥柱,北望龙门,茫茫禹迹,浩浩长春。”《大河赋》更是有“览百川之弘壮,莫尚美于黄河”。然而她又有着独特的性格,时而温柔似慈母,时而激怒似严父,她既给我们带来了肥沃的河口三角洲,又曾经无数次改道决口,犹如凶猛的黄龙,夺走了人们用汗水换来的果实。祖先既品尝过丰收的喜悦,也饱尝了失去家园的泪水。这些我们从历代古诗词都可见一斑。

黄河,古称“河”,是中国第二大河,由于其来自于神秘的青藏高原,古代人们都认为黄河来自天上的银河。李白《将进酒》:“君不见,黄河之水天上来,奔流到海不复回。”写出了黄河这从天上直到大海、源远流长的宏伟气魄。更典型的还有唐代诗人刘禹锡的《浪淘沙》:“九曲黄河万里沙,浪淘风簸自天涯。如今直上银河去,同到牵牛织女家。”其实黄河发源于青海省巴颜喀拉山脉雅拉达泽山麓的马曲和各姿各雅山麓的卡日曲,向东流经青海、四川、甘肃、宁夏、内蒙古、陕西、山西、河南、山东等省区,现在于山东省北部注入渤海。黄河全长5464公里,流域面积75.24万平方公里,支流有洮河、湟水、无定河、汾河、渭河、洛河、沁河等。

黄河以其河水含沙量大而著称,现在其年平均年输沙量约16亿吨，年平均含沙量高达 37.6 千克/米^3。含沙量最多时，每立方米河水中，就有 746 千克，简直成了泥浆！

黄河水之浊，古已有之。早在春秋时期，已有诗文记载河水不清了，《左传》中襄公八年（前 565 年）郑国的子驷就引《逸周诗》说："俟河之清，人寿几何！"可见那时黄河水已相当混浊了。虽然也有说她清的，如《诗经》的《魏风·伐檀》一诗就有"河水清且涟猗"的诗句，但这可能只是在比较特殊的时候。而自从汉朝之后，河清现象就很难见到了，因为这之后的"河清"已开始成为国家的祥瑞，记之于史，君主更是乐不可支。可见东汉之后黄河含沙量大大增加，混浊更甚了，汉朝中期治水名人张戎曾言："河水重浊，号为一石水而六斗泥。"这是在汉早期没有人说过的现象。"黄河"之名也正是从此时见诸史书的。这之后对黄河之"黄"的描写也越来越多了，第二段中刘禹锡的"九曲黄河万里沙"就可见一斑，孟郊的《泛黄河》中也有"谁开昆仑源？流出混沌河"，这些都说明唐朝时黄河含沙量有增无减。这之后又有宋代王安石《黄河》："派出昆仑五色流，一支黄浊贯中州"，欧阳修的《黄河八韵寄呈梅圣俞》："河水激箭险，谁言航苇游。坚冰驰马渡，伏浪卷沙流"，清代查慎行的《渡黄河》："地势豁中州，黄河掌上流。岸低沙易涸，天远树全浮"。可见历史上的黄河水基本都是黄的。然而黄河为什么会变黄呢？《尔雅·释水》说："河出昆仑，色白，所渠并千七百，一川色黄。"说明那时人们认为河水色黄是由于所并入的河流太多的缘故。这接触到一点地质条件，但不完全，因为她没有归因于黄土高原的水土流失问题。其实黄河上源本是一条清净的河流，当她穿行在海拔 4000 米的青海草原地区的时候，只是一条流速缓慢、水流清澈的小溪，流出青海草原，汇合大通河、湟水和洮河以后，水量才大大增加。经过河套平原，到了内蒙古河口镇以下，黄河进入中游。这一段黄河穿行于晋、陕两省之间的黄土高原峡谷中，水量剧增，急流滚滚，沿途冲刷着黄土，再加上大支流带进来的大量泥沙，使河水变浊，成为世界上著名的"泥河"。但这种泥沙填海也给人们带来了肥沃的黄河三角洲，黄河平均每年约有 12 亿吨泥沙送出河口填海，而 300 多万年来，黄河填海造陆，为中原大地和华北大平原的形成，起到了主要作用。直到今天，她一方面侵蚀黄土高原，另一方面又以每年填海造陆 28 平方公里的惊人速度向渤海挺进！新中国成立后几十年来，已填出 1000 多平方公里的肥田沃地。现已成为胜利油田的重要组成部分。

然而另一方面，由于约有 4 亿吨泥沙沉积在河道中，因而河床逐年增高，当河床高于地面时，河流就自然改道。为防黄河改道之害，自古以来，筑堤拦水，水高堤高，河道成了高出地面的“悬河”。黄河一旦决堤，北可淹到天津，南可波及淮河与长江。据记载，从公元前 602 年到 1938 年的 2540 年中，黄河决溢次数多达 1590 次，史称“黄河三年两决口”，有关这些灾难的记载读了让人心酸，杜甫曾有诗：“二仪积风雨，百谷漏波涛。闻道黄河坼，遥连沧海高。职司忧悄悄，郡国诉嗷嗷。舍弟卑棲邑，防川领薄曹。尺书前日至，版筑不时操。难假鼋鼍力，空瞻乌鹊毛。燕南吹畎亩，济上没蓬蒿。螺蚌满近郭，蛟螭乘九皋。徐关深水府，碣石小秋毫。白屋留孤树，青天失万艘。吾衰同泛梗，利涉想蟠桃。赖倚天涯钓，犹能掣巨鳌。”犹可见当时的洪水之汹涌，损失之惨重。乾隆二十二年(1757 年)四月初，弘历乘船北上，弃舟登陆徐州。时值灾后不久，饥民遍野，瘟疫流行，一派凄惨景象。他于《灾余》诗中写道：“灾余疠必行，古人言之矣，将为徐州行，大吏云宜止。去去关民瘼，宁忍复避此。”可见祖先早已认识到大灾之后总要伴有疫情，也更可见黄河泛滥带来的灾难之深。

同时黄河下游更是饱受黄河改道之苦，黄河历史上重大改道 26 次，大型迁徙改道 7 次。其中多次都有古诗佐证：“东临碣石，以观沧海。水何澹澹，山岛竦峙。”这两句出自三国时曹操的《观沧海》，诗中所提到的碣石正是古黄河入海口处，据考碣石即为山东省最北部无棣县的马谷山，其东北濒临渤海。

苏东坡有诗云：“郁郁苍梧海上山，蓬莱方丈有无间。旧闻草木皆仙药，欲弃妻孥守閴。”诗中的“苍梧山”就是指江苏省连云港的“云台山”，可见当时的云台山四周还是汪洋大海，而现在云台山东部却与大海相连，这正是由于黄河改道，泥沙逐渐淤塞造成的。江苏省响水县黄圩乡云梯村境内云梯关原为明清时代防倭重镇，而从清人龚自珍的诗“宣室今年起故侯，衔兼中外辖黄流。金銮午夜闻乾惕，银汉千寻泻豫州。猿鹤惊心悲皓月，鱼龙得意舞高秋，云梯关外茫茫路，一夜吟魂万里愁”却可见当时云梯关已距海相当远了，而这也正是黄河夺淮入海的泥沙淤积造成的。从上述诗句中黄河改道史已可见一斑，下面让我们看一下具体史实：

次数	时间	入海地点	改道原因
第一次	公元前 602 年	沧州入渤海	自然
第二次	公元 11 年	滨县，利津入渤海	自然，人为
第三次	公元 1048 年	北流由天津入渤海，南流由无棣笃马河入渤海	自然
第四次	公元 1194 年	清江口，云梯关入海	自然，人为
第五次	公元 1494 年	淮河入海	自然，人为
第六次	公元 1855 年	利津入渤海	自然，人为
第七次	公元 1938 年	淮河入海	人为

古诗词中还有无尽的内容等待发掘，因所掌握的诗词量有限，暂止于此，最后以一篇极具概括性的唐诗结束本文：

何处发昆仑，连乾复浸坤。波浑经雁塞，声振自龙门。
岸裂新冲势，滩余旧落痕。横沟通海上，远色尽山根。
勇逗三峰坼，雄标四渎尊。湾中秋景树，阔外夕阳村。
沫乱知鱼响，槎来见鸟蹲。飞沙当白日，凝雾接黄昏。
润可资农亩，清能表帝恩。雨吟堪极目，风度想惊魂。
显瑞龟曾出，阴灵伯固存。盘涡寒渐急，浅濑暑微温。
九曲终柔胜，常流可暗吞。人间无博望，谁复到穷源。

——薛能《黄河》

[1] 辛德勇. 黄河史话[M]. 北京：中国大百科全书出版社，1998.

[2] 张宗祜. 九曲黄河万里沙：黄河与黄土高原[M]. 广州：暨南大学出版社，北京：清华大学出版社，2000.

[3] 王启兴. 校编全唐诗[M]. 武汉：湖北人民出版社，2001.

[4] 唐圭璋. 全宋词[M]. 北京：中华书局，1965.

追梦长江

游小渤(PB06007112)

“朝辞白帝彩云间,千里江陵一日还”,古人的脚步顺着奔腾的江水蜿蜒而下,将这大自然的杰作记载在历史的诗卷上,在天真的孩童咿咿呀呀的朗诵中成为永恒的经典。而那条哺育了千万代中华儿女的河流,对炎黄子孙的梦,又是怎样的伟大承载,没有人会给我们直接的答案。也许是她蕴涵的实在太多,我们只能面对一张张发黄的纸页和一串串沧桑的文字,去发掘,去感悟,去遐想,去品味……

> 大江东去,浪淘尽,千古风流人物。故垒西边,人道是,三国周郎赤壁。乱石穿空,惊涛拍岸,卷起千堆雪;江山如画,一时多少豪杰!
>
> 遥想公瑾当年,小乔初嫁了,雄姿英发。羽扇纶巾,谈笑间,樯橹灰飞烟灭。故国神游,多情应笑我,早生华发。人生如梦,一樽还酹江月。
>
> ——苏轼《念奴娇·赤壁怀古》

长江滚滚,不知淘尽了多少千古风流人物。她降生在雪山之上,是晶莹纯洁的象征;她奔腾着东流入海,哺育了亿万中华儿女,又赋予了这个民族多少生机与动力。长江,这条中华第一江,不知带给了一代又一代的文人墨客多少吟诗咏怀的豪情壮志,不知又有多少双敏锐的眼睛和聪颖的大脑对她产生了无尽的思考,擦出数不尽的智慧火花。

概述

长江是我国第一大河,也是世界著名大河之一,她全长 6300 千米，总落差5400米左右。长江发源于海拔6621米的唐古拉山脉主峰各拉丹东冰峰西南侧的冰川。巨大的冰川下蕴藏着丰富的矿产和生物资源，银装素裹、云遮雾绕的圣地便是长江的温床。冰川融水成为万里长江第一河——沱沱河的源流，位于东经90°7′，北纬33°28′，属格尔木市辖区——唐古拉山区。山坡和山脚下是一望无垠的大草原，从此处开始，一个壮丽富饶的长江在她的源头涓涓而流，进而奔腾起来，将她绚丽的色彩和豪迈的气概展示在世人面前。

问君能有几多愁，恰似一江春水向东流。

——李煜《虞美人》

不同的历史，不同的诗人，不同的意韵，都写出了从古到今长江奔流不变的自西向东。辽阔的中华大地地势西高东低，这给了长江充足的空间和便利的条件，将自己的身躯随着无限的气概尽情舒展。长江流域横跨我国西南、华中、华东三大地区，干流流经青海、西藏、四川、云南、重庆、湖北、湖南、江西、安徽、江苏、上海等11个省、市、自治区，在上海汇入东海。支流还布及甘肃、陕西、河南、贵州、广西、广东、福建、浙江等8省（自治区）。全流域集水面积约为180万平方千米，约占全国总面积的18.75%。长江流域内地势最高峰是位于四川西部的贡嘎山，高程7556米，最低为上海的吴淞零点。流域内，山地、丘陵、盆地、高原和平原等众多地貌类型齐聚，季风、寒潮、梅雨、洪汛、干旱这样的丰富气候现象并存。可以说，任何一位将毕生献与游历探险的地理学者都无法有着与她一样的见识和经历，任何一位知识渊博的智慧老人在她面前都会不禁奉上虔诚的虚心。正如歌里唱的一样"你从雪山走来，春潮是你的风采。你向东海奔去，惊涛是你的气概。你用甘甜的乳汁，哺育各族儿女。你用健美的臂膀，挽起高山大海"，这是一种赞美，也是对长江的真实写照！

追溯

古往今来，勤劳智慧的中华儿女尽情享受着长江的亲情哺育，从未停止对长江的观察和钻研。长江流域在祖国远古时期就被开发成经济较发达的地区，所以，我国古代人民很早就注意了解她的上源。

成书于战国时期《尚书·禹贡》中已经提到“岷山导江”了，这原本是说禹治理长江，施工曾达岷山，但也包含着认为长江发源于岷山之意。这与古希腊和埃及最早记载非洲尼罗河源的时间，处于同一个时期。由于《尚书·禹贡》在古代被列为“经书”，所以，它的“岷山导江”之说影响很久远。秦汉时期，由于已在金沙江流域设置郡县，人们在金沙江流域的政治、经济和交通往来比以前增多的条件下，对金沙江也就有了更多的认识。《汉书·地理志》记道：“遂久（今云南省永胜县北），绳水（金沙江）出徼外（指青藏高原一带），东至僰道（今四川省宜宾）入江（长江）”，便是对其非常准确的概括和描写。

自三峡七百里中，两岸连山，略无阙处；重岩叠嶂，隐天蔽日，自非停午夜分，不见曦月。

至于夏水襄陵，沿泝阻绝，或王命急宣，有时朝发白帝，暮到江陵，其间千二百里，虽乘奔御风，不以疾也。

春冬之时，则素湍绿潭，回清倒影。绝巘多生怪柏，悬泉瀑布，飞漱其间。清荣峻茂，良多趣味。

每至晴初霜旦，林寒涧肃，常有高猿长啸，属引凄异，空谷传响，哀转久绝。故渔者歌曰：“巴东三峡巫峡长，猿鸣三声泪沾裳！”

——郦道元《水经注·江水·三峡》

可以看出此文对长江三峡的描写生动到了极点，不仅是对三峡的描写，《水经注》无论是在湖泊等天然水体的成因、河流的区分，还是对水体水质的分析与命名的记载都是我国古代对水文勘探与记录文献的杰出典范。成书于汉末三国时期的《水经》，是我国第一部描写水系分布的专著。它一改前人按政区为纲记述水系的方法，而以大河流为纲，记述了黄河和长江等 137 条河流，在发源地、流向和归宿，以及流域分布方面都有完整而系统的讨论与反映。从那时到北魏的 200 多年间，又有对水系分布知识的大量积累，前人著作的局限性随着更多现象的发现、探究便凸显出来。郦道元于是根据自己的考察资料，并取众多古书，包括《水经》之长，采取为《水经》作注的形式进行创作。他对水系“脉其枝流之吐纳，诊其沿路之所躔，访渎搜渠，缉而缀之，经有谬误者，考以附正。文所不载，非经水常源者，不在记注之限。”(《水经注·序》)。由于他锐意攻坚,坚持不懈,终于成就了闻名中外的《水经注》。为祖国水文地理学宝库增添了光辉的篇章,在世界水文地理学史上,放出了夺目的光彩。

隋唐时认识江源的活动又有了进一步的发展。据魏征等编的《隋书·经籍志》中“《寻江源记》一卷”可知自汉朝以后至隋朝,有“寻江源”的考察活动。

历朝历代,总是有勇者前赴后继地奔忙在长江探源与发现的第一线,关于长江源的争论也长期不休。明代的徐霞客便是站在高山之巅的一位。徐霞客之所以受到胡谓的无理抨击,是由于他敢于正视客观实际而违背“经书”的错误记述,鲜明地主张把金沙江作为长江正源。他写道:“岷之入江,与渭(渭河)之入河(黄河)”一样,只是“支流”而已,“故推江源者,必当已金沙(江)为首”;“牧斋以为(徐霞客论江源)能补‘桑经’,‘郦注’及汉宋诸儒疏解《禹贡》所未及。”

关于水系演变方面,我们的祖先也带给了后辈无数令人惊叹的瑰宝。《管子·度地篇》记道:“水之性……杜曲则捣毁,杜曲激则跃,跃则倚,倚则环,环则中,中则涵,涵则塞,塞则移,移则控,控则水妄行。”其意是:河水流到河床弯曲处,就会冲击河岸使之崩塌(“杜曲激则跃”);水跃动则流向会偏斜(“跃则倚”),偏斜而产生环流和旋涡(“倚则环”);环流和旋涡又会冲刷河床(“环则中”,“中”通“冲”字),由于冲刷河床而使水容挟泥沙(“中则涵”);这些被容挟的泥沙,在流速减弱的河床中会发生沉积和堆积作用,从而阻塞河道(“涵则塞”),阻塞而使水道迁移(“塞则移”);在这迁移过程中还会受到新的阻碍(“移则控”),由此继进,就使河水不遵旧道而妄行了(“控则水妄行”)。可以看到,2000 多年前的古人竟然对河水冲击对河道产生的物理作用有着如此细致的观察和形象的描绘,它代表着钟灵毓秀的神州大地的灿烂文化,为无数后人所景仰。

归宿

自然的力量是不可抗拒的,人类虽尽力地保护自己,却无法躲避自然所带来的灾害。以最近百年来为例,1905 年宜宾至重庆干流区间，岷、沱江及嘉陵江支流涪江同时有较大的降雨产生。这次降雨面积广、强度大，造成长江上游出现近百年来少有的大洪水。据文献记载，金沙江中下游于六月间就“连降大雨”，七月上旬“大雨倾盆”，许多地方“山水爆发，冲坏民房，田禾淹没”。在云南省城昆明“七月初八、九等日大雨倾盆昼夜不止”，“城外金汁、盘龙等河堤同时漫决，势等建瓴，顷刻过肩灭顶，东南西城外数十里民房田亩被淹没”，“城东南各隅水深数尺及丈余不等。蒙化厅（巍山县）禀该厅六月中旬连日大雨，新兴州禀该州属七月初大雨倾盆，河水暴涨，堤多冲决”，泸周州“七月初八夜四更后大雨如注，初九晨江水暴涨”，“内外江浸溢混合成巨浸，泸城东南北各门浸水，瞬及丈余”。1935 年在湖南，由于长江与洞庭湖水系的洪水发生遭遇，使洞庭湖区也受到惨重的洪水灾害。据载：“二十四年夏，滨湖各区水势大涨，益阳雨水倒溢，田禾概付东流，人民死亡达数万。”

大面积高损失的洪涝灾害总是让人心惊，1998 年特大洪灾，中华儿女记忆犹新。有资料显示，目前在全球各类自然灾害所造成的损失中，洪涝灾害就占 40%，几乎占所有损失的一半。诚然，“厄尔尼诺”和“拉尼娜”两大天灾跟中国气候与环境开了个不小的玩笑，但细细看来，人类的“贡献”却大得令人震惊！看一个数据：1998 年入汛以来，长江一些河段的洪水流量比 20 世纪 50 年代少 10000 多立方米/秒，水位却高出几十厘米甚至一二米！什么原因？正是人类往昔肆意地对植被的破坏而造成严重水土流失的恶果。据 1957 年调查统计，长江流域森林覆盖率为 22%，水土流失面积为 36.38 万平方千米，占流域总面积的 20.2%。仅仅 30 年之后，1986 年，森林覆盖率就减少了一半多，仅为 10%，水土流失面积却猛增了一倍，达 73.94 万平方千米，占了流域总面积的 41%，而更令人担心的是，水土流失恶化趋势明显，全国平均每年新增水土流失面积 10000 平方千米，新增沙化土地 2460 平方千米，就是说一个中等县在短短的一年时间便由沃野千里变成了一片沙地。八百里洞庭湖因此美景不在，鄱阳湖上空变得阴霾。我们依恋长江，但当长江因我们的胡作非为变得不再和蔼可亲时，为时已晚的后悔与唏嘘还有什么用呢？只有自然的关怀，我们才拥有未来。所以，即时行动吧，保护长江，让她风韵永存，让“千里澄江似练”成为一代又一代的后辈可同古人一样亲身体验的壮美风光！

再述一点

无论人们想出什么样的高级办法来更加真实地接近与认识自然，无限的自然总是有让渺小的人类自叹不如的未解之谜。直至今天，对祖国第一大江的追求与探索仍吸引着一批又一批的有识之士。游览长江、拥抱长江也是我最真切的梦想。衷心希望这条千万年奔腾的母亲河继续生机，与人们和谐共处。

［1］ 王俊，王善序．长江流域水旱灾害［M］．北京：中国水利水电出版社，2002.
［2］ 中国科学院自然科学史研究所地学史组．中国古代地理学史［M］．北京：科学出版社，1984.

从古诗词看长江中下游的泥沙淤积及演化

管习权(PB03007135)

中华民族,悠悠五千岁,传承百余代,中华文化更是源远流长,灿若繁星。作为我国文化瑰宝的古诗词更是其中灿烂的一页,其中吟唱长江的数不胜数。“不知江月待何人,但见长江送流水。白云一片去悠悠,青枫浦上不胜愁”,“此时相望不相闻,愿逐月华流照君。鸿雁长飞光不度,鱼龙潜跃水成文”(张若虚《春江花月夜》),还有“余霞散成绮,澄江静如练”(谢朓《晚登三山还望京邑》)等等,都是其中的千古绝唱。

读崔颢的《黄鹤楼》:

昔人已乘黄鹤去,此地空余黄鹤楼。
黄鹤一去不复返,白云千载空悠悠。
晴川历历汉阳树,芳草萋萋鹦鹉洲。
日暮乡关何处是,烟波江上使人愁。

在诗的注解中有“鹦鹉洲:原在黄鹤楼的东北的江中,现已和汉阳陆地连接起来了。”崔颢是盛唐的诗人,距今才1200多年,这时间对于地质作用来说不过是一瞬间,何以江中的小洲会与汉阳(武汉汉阳区)连接起来了?而且又为什么与汉阳北岸连接起来,而不是长江的南岸呢?

我起初估计可能有下列原因:一、由于长江水量的减少使鹦鹉洲与汉阳陆地连接处露出水面。二、由于地质构造运动使长江北岸抬升。三、由于常年的泥沙淤积,填补了沙洲与陆地的空白地带。当然其中或许还包含着许多不得而知的人为因素。

长江是以雨水补给为主的河流,由于季风环流的不稳定性所造成的降雨在时间上的多变性，必然反映到径流的季节变化和年际变化上来，汛期和枯水期有很大的差别，鹦鹉洲不可能与汉阳陆地仅由于水量的减少而完全吻合地连接起来。地质构造作用仅抬升北岸的机会也很少。因此最有可能的是长江泥沙的淤积。

我国山地面积广大，地势起伏大，再加上受人类活动的影响深刻，植被破坏，大江大河的流水侵蚀与堆积作用普遍强烈。虽然以雨水补给为主的长江因植被较好，含沙量并不大，但由于长江的水量大，总输沙量仍很大，宜昌年输沙量多年平均约 5.28 亿吨。

武汉汉阳属于长江(宜昌—湖口)的中游冲积平原。这里江面宽阔，水流缓慢，河道迂回曲折，尤其在湖北枝江到湖南城陵矶一段(通常称荆江)更为突出，素有“九曲回肠”之称。由于水流缓慢，泥沙淤积旺盛，以至逐渐形成沙洲、浅滩，最终与陆地连接起来，鹦鹉洲就是这种情况。

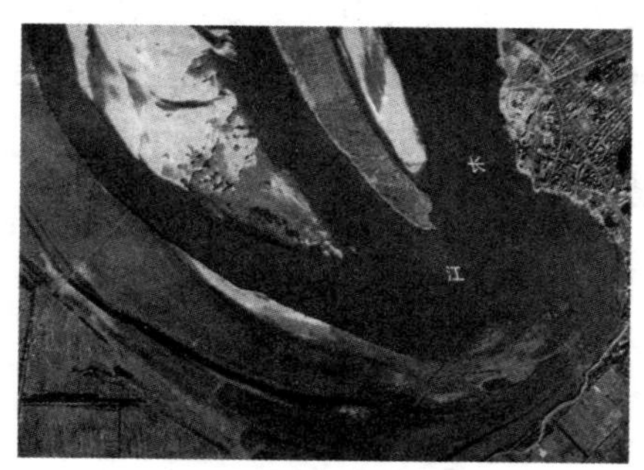

荆江石首河湾段泥沙冲淤

不仅在汉阳段有这种情况，“风急天高猿啸哀，渚清沙白鸟飞回”(杜甫《登高》)的里夔洲江面沙洲；“三山半落青天外，二水中分白鹭洲”(李白《登金陵凤凰台》)的南京西南长江江面的白鹭洲……长江口三角洲也是由泥沙的物理沉降化学凝聚形成的。

由于堆积作用还可使河床淤高，沿岸湖泊淤浅，湖面日益缩小，大大削弱了调节长江洪水的能力，尤其在洞庭湖区。据统计每年净输入泥沙约 1.89 亿吨，使湖床每年抬升 4 厘米，加上不合理的围垦，使素有“八百里洞庭”之称的大湖分裂成东洞庭、西洞庭、南洞庭、大通湖等许多小湖。而据孟浩然诗载：

八月湖水平，涵虚混太清。
气蒸云梦泽，波撼岳阳城。
欲济无舟楫，端居耻圣明。
坐观垂钓者，徒有羡鱼情。

——《望洞庭湖赠张丞相》

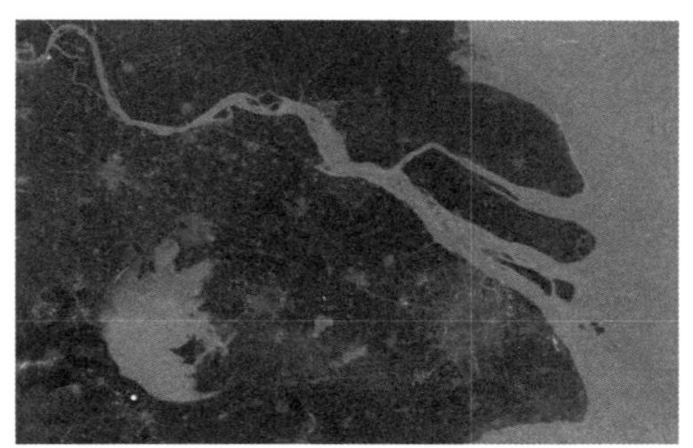

长江三角洲

“云梦泽”为洞庭湖的前身，原为古代两个巨大的湖泊沼泽，在今湖北长江南北岸，一直到达湖南的南部，地域辽阔，但由于长期的堆积作用现已大部分变为陆地，余下的湖区就形成了现在的洞庭湖。

20 世纪 40 年代前的洞庭湖

20 世纪 70 年代末的洞庭湖

现在的洞庭湖

但是为什么鹦鹉洲会和北岸连接起来呢？长江对两岸的冲刷和堆积作用应该一样啊。这是偶然的因素造成的吗？

长江在汉阳段流向大致为自西向东，由于在北半球水流会向右偏向，笔者认为这与地球的自转偏向力和地质构造运动有关。

水东南偏向，则北岸水流相对舒缓而南岸水流相对急促，对南岸的冲刷作用较大，而在北岸的堆积作用则比较明显。事实上，枯水季节的长江，往往是北半面河床先露出水面，而南岸河堤基部陡峭，小面积崩塌时有发生，南岸的防汛护堤任务要大于北岸，这是水流对两岸作用力不同的明证。再者，长江中下游地区属于扬子准地台，新生代阶段，江汉平原、洞庭湖和鄱阳湖平原向小型断陷盆地发展，使地壳沉积中心南移，平原地势表现为北高南低，江面和沿江大型湖泊的位置不断南移，则使江中的沙洲与北岸相连，洞庭湖位置不断南移，南岸形成许多的沼泽和水洼湿地。甚至对于早期形成的长江亚三角洲现已经与北岸连成一片，成为江淮平原的组成部分。

综上所述，长江中下游沙洲，湖泊，及三角洲地区由于受泥沙的堆积，地球自转偏向力和地质构造的影响，不断地南向偏移，其中伴随着“洲—滩—陆地”不断演化的过程。

［1］ 叶桂刚，王贵元. 中国古代律诗精品赏析［M］. 北京：北京广播学院出版社，1993.

［2］ 金启化，臧维熙. 古代山水诗一百首［M］. 上海：上海古籍出版社，1980.

［3］ 赵济. 中国自然地理［M］. 2 版. 北京：高等教育出版社，1984.

长江涨落关天下

刘少辰(PB06007214)

我国是一个多水的国家，各种江河纵横交错，大小湖泊俯拾皆是。很早以前，我国的文人就对各种水文现象进行了比较普遍的观察和比较深入的研究，而且做出了或是细致，或是深入的记述，甚至有部分成为当代研究水文的历史资料。自古荆楚大地就是南方集权的中心地之一，资源丰富、土地富饶，养育了众多的文人墨客，而长江之地大多又是南北交通要冲，北方贬谪之人和南方升迁之人必经此处休整。面对大好江河有感而发，虽大多是为人心所悟，但中间也穿插不少的地学现象，特别是水位的变化。

苏轼《后赤壁赋》里的“山高月小，水落石出”是千百年来人们耳熟能详的名句。长江是我国最长、水量最大的河流，世界第三长河，是中国古代文明的发源地之一。长江水势浩大，江长水深，向来是文人不惜笔墨极力描绘的对象，描绘自然长江壮阔与雄浑的文字更是不可胜数。水位的升降出现在诸多古文中，一方面文人进行了认真细致的观察，发现了一个大自然的普遍规律，一方面又是各种迁客骚人对自然变化、世事无常、人生苦短的无奈。“逝者如斯”“盈虚者如彼”就是从对自然的观察上升到哲学思考的喟叹。一个简单的地学现象竟引发古人如此多的关注，不能不说明地学现象在审美和生产生活中的重要性。同时，长江中下游是古时的重要产粮之地，素有“湖广熟，天下足”一说，因此政府对这个区域的各种水文变化都是极其关心的，故正史等文献也有广泛的记载。

长江的水位变化关系着沿江百姓的日常生活，可以说长江的水位线就是人民的生命线。文献对水位变化的记录史就是一部百姓的灾难史。单次灾荒等级划分的早期雏形见于先秦文献中，《管子》书中的灾害划分办法为五分法，这是一种根据水位变化情况而进行的灾害划分办法："十仞见水不大潦，五尺见水不大旱。十一仞见水轻征，十分去二三，二则去三四，四则去四，五则去半，比之于山。五尺见水，十分去一，四则去三，三则去二，二则去一。三尺而见水，比之于泽。"水灾旱灾是最常见的两种自然灾害，我国是一个农业大国，这点从我国长期以来的传统——重农轻商就可以看出来，这两种自然灾害又是影响一个农业国家的财政收入至关重要的因素之一。"民以食为天，王以民为天"，一个王朝的覆灭不单单与统治者的管理有关，没有好的天时，就会让百姓受苦，国家当然不稳定。各朝的统治者都十分关心自己的天下是否风调雨顺，而水位的高低是一个决定性的指标，因此我国对水位的官方记载从很早就开始了，同期开始的还有各种水利建设。

古中国的水史可以回溯到远古时代，大禹治水"居外十三年，过家门不入"是我国广为流传的传说，可见水在中国历史上的重要性。虽然当时的人们还认为长江之地是南蛮之地，远离中原(黄河下游流域)，但已经认识到了长江大地的富饶，"湖广熟，天下足""江南乃鱼米之乡"，所以历代政权都对长江有着特别的关注。孙叔敖、伍子胥、李冰、杜预等都是历史上有名的水利功臣，他们留下的胥浦、胥溪、都江堰等水利工程即使在现在对控制长江水位仍发挥着重要作用。《管子》中的河流分类，《诗经》及《书经》《竹书纪年》《穆天子传》中的丰富水文信息，《吕氏春秋》及《黄帝内经》中的水循环论述等，都是中国先秦时期的水文瑰宝。这里面不乏对水位的记载。

例如，《竹书纪年》中的"夏帝癸十年，伊洛竭"为黄河支流伊洛河发生枯水现象的最早记载；"长江、汉江雨雹成灾，周孝王七年，冬，大雨雹，江、汉水，牛马死"，这是长江流域雨雹成灾的最早记载；还有"笃公刘，既溥既长，既景乃冈，相其阴阳，观其流泉，其军三单，度其隰原"等。

这些对水文水位的记载都是抽象而模糊的，真正开始的水位记载应该是都江堰首创的石人测水位：秦昭襄王五十六年，秦蜀郡守李冰兴建都江堰，将岷江水引入成都平原。都江堰早期以航运为主，兼有灌溉的功能，后来逐步演变为以灌溉为主的水利工程。至迟魏晋时，已具备分水、溢洪、引水三大主要工程设施的雏形。除工程设施外，李冰还在白沙邮（渠首上游约一公里处，今为镇）作三石人，立于水中“与江神要（约定），水竭不至足，盛不没肩”，以控制干渠引水量。这种石人水尺直到东汉建宁元年（168 年）仍在采用。到宋代，“离堆之趾，旧镵石为水则，则盈一尺，至十而止，水及六则，流始足用”。宋嘉祐元年（1056 年）已改在宝瓶口右侧离堆石壁上刻画“水则”共十则（一则合今 31.6 厘米），要求侍郎堰底以四则为度，堰顶高以六则为准。则数既用来控制堰体的修筑高度，又作为河道的疏浚标准，从而达到调节控制宝瓶口进水量的目的。明清以来仍以水则作为宝瓶口的水位计，只是按水位来调节控制引水量和作为维修工程的标准越来越较前精密，致使都江堰工程二千余年至今不衰，成为中国古代运用岷江水文特性兴建水利工程和巧妙地利用水位控制工程运行的创举。

自秦以降，汉、三国、两晋、南北朝都是把长江的水位记载研究和控制作为治国之要。《水经注》等许多的水文著作都是在这个时候写成的。东汉时许慎（约 58～147 年）《说文解字》一书中对“测”字解释为“深所至也”。段玉裁（1735～1815 年）注释：“深所至谓之测，度其深所至亦谓之测。”前一句指测水位，后一句指测水深。“测”字从水，则声。嗣后观读水位的设备以“水则”命名。从这时候开始，水位的测量有了真正的属于自己的名字。汉朝在建宁元年重造已毁的李冰造的三个石人用以测量长江水位变化。

晋朝对水位变化的记载是很详细的：“黄初四年六月二十四日，辛巳，大出水，举高四丈五尺（约合 10.9 米），齐此已下”“魏文帝黄初四年六月，大雨霖，伊、洛溢，至津阳城门（古洛阳城），漂数千家”“六月，益、梁八郡水，杀三百余人，没邸阁别仓”“永嘉三年，三月，大旱，江、汉、河、洛皆竭，可涉”“五月，大旱，……河、洛、江、汉皆可涉”“海西太和六年六月，京师大水，平地数尺，浸及太庙”……

等到了中国最鼎盛的唐朝，对水位的关注又到了一个新的高度。民间对水位的关注也渐渐开始了。为了方便农业生产，三峡先民很早就利用礁石上的石鱼进行了三千余年的水位水文观察，积累了大量的第一手资料，著有文字和诗词。长江上游川江涪陵城下，江心水下岩盘上有石刻双鱼，双鱼位置相当于一般最枯水位。岩盘长约1600余米，宽15米，名白鹤梁。白鹤梁大部分时间都沉寂于江水之下，只有到了冬春交替的季节，长江进入枯水期，才会水落石出，现出真容。每年出水的时间一般最多二十几天，最短的时候只有几天。梁上双鱼侧有石刻题记："广德元年（据考证应为二年）二月，大江水退，石鱼见，郡民相传丰年之兆"。这两条神秘的石鱼最早刻于唐代，也就是围绕着这两条石鱼，古人在白鹤梁留下了一千多年来关于长江水文资料的真实记录。古人以这种独特的方式记录下了长江水位的变化，还从中发现了长江水位变化对农业生产的影响。他们观察到，每当长江水位在枯水期落到石鱼以下的位置，第二年就常常是一个风调雨顺的丰收年，所以自古就有"石鱼出水兆丰年"的说法。在白鹤梁大量关于水文记录的题刻中，可以看到不少关于"石鱼出水"的记载。764～1949年间石上共刻有72年特枯水位题记。川江枯水石刻除涪陵白鹤梁外，尚有江津莲花石、渝州灵石及云阳龙脊石等多处。莲花石在江津川江主航道北侧礁石上，1978年曾出露。灵石在重庆朝天门嘉陵江、川江汇口脊石上，有汉、晋以来17个枯水年石刻文字。龙脊石在云阳城下江心，有自宋至清题刻170余段，有53个特枯水位记录。这是中国，也是世界上历时最长的实测枯水位记录。这种重心的转移是和当时经济的转移息息相关的。

至于宋、元、明、清，可以想象水位的变化更是帝王关心的重点中的重点。甚至设立了专门的官吏——都水监来记录和处理相关信息。郭守敬就是历史上一个出名的都水监。徐霞客、徐光启也是同时代著名的水文学者。并且开始使用"水历"记水位，宋代自元丰元年起已开始使用"水历"记水位。除三峡外在明朝还立浙西诸水则碑，据明代张国维《吴中水利全书》载："宋宣和二年，立浙西诸水则碑。凡各陂、湖、径浜、河渠，自来蓄水，灌田通舟，……并镌之石云云。然则碑之立，正在此时。且立者甚多，惟长桥独存耳。"（浙西指今太湖流域及其以南一部分）。明嘉靖四十三年（1564年），沈倍编著《吴江水考》时，对长桥水则碑作了调查，记有："二碑石刻甚明，正德五年（1510年）犹及见之。……至今石尚存，而宋元字迹与横刻之道尽凿无存。""二碑"为左、右水则碑。其中右水则碑于1964年被发现时，仍立于长桥垂虹亭旧址北侧岸头踏步右端。在碑面刻有“七至十二月”的六个月份，每月又分三旬的细线，还有“正德五年水至此”、“万历卅六年五月水至此”等题刻字迹四处。左水则碑早于明清之际就被损毁。自此以后，范成大在浙江通济渠立水则(《元史·范大成传》)、济宁至临清置水闸立水则《明太宗实录》、绍兴立山会水则(《山会水则》)等各种各样的对水位的测定工作越来越多。对于水灾的记录来也越来越详细和准确，甚至出现了对各个水域洪水的监测和警戒水位预报，对长江、黄河等都进行过多次报汛。

清朝乾隆帝曾提出自堤顶量水位法，江南河道总督李奉翰六月奏报水情：“徐城水志长水三尺四寸，连前涨至八尺六寸，……溜势涌急。”乾隆帝考虑河床冲淤的影响，对所奏水情产生疑问，因而提出：“向来量水，惟从河底至水面为准，今思应另从堤顶量至水面为量法，方得为实。……着传谕李奉翰亲身前往探查，由堤顶至水面详细测丈。”七月，李奉翰奏报：“徐城志桩现水一丈一尺四寸，堤顶高出水面七尺三寸，是依圣谕另一量法，从堤顶至河底一丈八尺七寸，较前河底刷深四尺七寸，水势畅行也。”当时水志记录，无统一高程基准，河床又冲淤不定，故不同年份水情难以对比分析，以石堤顶作为固定点，向下量至水面测水情，以作改进，可见朝廷至为关注。

长江位于亚热带季风区，有明显的枯水期和多水期，虽然发源于雪山脚下，但它的水量大多是由沿江降雨所补给的，有很明显的季节性差异，这是由其所处的亚热带季风气候所决定的。这也是造成我国的降水不均匀的最主要原因之一。从古人对长江的水位变化的记录中，我们可以看到数千年来我国对水文现象的关注，这对我们现阶段研究长江流域的生态、水文有极其重要的意义。

“四渎长江为长，五湖洞庭为宗”，洞庭湖在中国古代也是占有重要地位的。“八月湖水平，涵虚混太清。气蒸云梦泽，波撼岳阳城”“岳阳城下水漫漫，独上危楼凭曲阑。春岸绿时连梦泽，夕波红处近长安”中都记有水位变化。就像对长江的描绘一样，文人对洞庭的水位变化的描述也是有其深层含义的。而在地学角度古亦有“洪水一大片，枯水几条线”“霜落洞庭干”之说。洞庭湖是雪峰山脉的陷落部分，称作“断陷湖盆”。长江以及湘、资、沅、澧四水从上游流到这里，由于地势低洼、河道迂回，形成了巨大的水乡泽国。因为水路相通，其水位高低的变化也是和长江相近的。冬春少而夏秋多，雨热同期。在八九月份的洞庭有“夏秋水涨，方九百里”“江水下洞庭，起波涛，舟航一日不能济”的记载。可见其水势变化之大，与季节相应。这也是由其所在的亚热带的季风气候所决定的。古人对洞庭湖的水位变化规律总结是有道理的。

长江两岸，尤其是洞庭湖和江汉平原是古来的鱼米之乡，其水位的涨落这个地学问题对两湖以至全国的粮食供给和王朝兴衰都至关重要。所以其地学价值、经济价值和人文价值历来都是丰富多彩的。

[1] 许慎，段玉裁. 说文解字注[M]. 上海：上海古籍出版社，1998.
[2] 姚汉源. 中国水利史纲要[M]. 北京：水利水电出版社，1987.

探寻长江

陈才(PB05207072)

巨川之源

为了哥德巴赫猜想，全世界的数学家都在劳心焦思，绞尽脑汁；为了寻找长江的源头，几千年来，我国不知有多少人历尽千辛万苦，甚至耗尽毕生的精力和心血。

早在两千多年前的战国时代，我国有一部地理著作名叫《禹贡》。在这本书里，有着“岷山导江”的说法。这里所说的“岷山”，不是四川的岷山，而是指甘肃省天水市境内的一座山。《禹贡》的作者认为长江就发源于这里，这个考证与实际情形差之千里，因为这里只是长江支流嘉陵江的发源地。

到了明代初年，有一个和尚，他从西域取经归来的时候，途经昆仑山麓，于是认为昆仑山就是黄河与长江的分水岭：山北之水是黄河的源头，山南之水就是长江的正源。

到了明代末年，我国著名的地理学家徐霞客遍游祖国名山大川，历尽艰辛到达金沙江畔。他在《徐霞客游记》里指出，金沙江才是长江的正源。他在《溯江纪源考》中首次提出了“推江源者，必当以金沙为首”的论断。很可惜，由于当时的条件所限，这位伟大学者的考察范围只限于四川和云南，而未能深入青海，他连通天河都没见到。

到了1720年，清朝的康熙皇帝也曾派使臣考察长江之源。这位使臣到达青藏高原后，面对密如渔网的众多河流，不知所以，只有望水兴叹。他在奏章里写道：“江源如帚，分散甚阔。”换句话说，那里的河流多得像扫帚一样千头万绪，百支千条，不知长江的源头究竟在哪里。

当然，那时候，既没有火车、汽车，没有罐头、压力锅，也没有登山羽绒服，更没有先进的测量仪，所以，我们对于先辈们所作的努力也就无可厚非了。

新中国成立后，有关部门多次组织力量对长江源头地区进行测绘。到 1974 年，终于在地形图上比较准确地标明了这个地区山脉和水系的情况。但是，长江的正源到底是哪一条河，仍然没有得到确认。1976 年夏天和 1978 年夏天，长江流域规划办公室又先后两次组织大规模的江源科学考察，对这个地区进行全面的、综合的调查研究。人们终于找到了长江源头的准确所在地。它在青藏高原的腹地，西面是乌兰乌拉山，东面是巴颜喀拉山，北面是昆仑山，南面是唐古拉山。这是一块由西向东倾斜的高原，长 500 千米、宽 400 千米，平均海拔 5000 米。

在这块辽阔的高原上，存在着几十条现代峡谷冰川。这些冰川和周围的雪山构成了一个巨大的固体水库，取之不尽，用之不竭。由于常年的日照，这些冰雪在无声无息地消融着，掉下一滴一滴的水珠。在这个高原上，还有无数的泉眼，日夜不停地向地面冒出涓涓的泉水。消融的雪水、冰水加上泉水，就汇成了大小不等、纵横交错的水流，无所谓河，也无所谓溪，这样组成了长江源头的水系。这种形态独特、密集如麻的河流在地貌学中有一个形象的名称——辫状水系。

这些涓涓之水分别流进了源头地区的五条主要的河流。它们是楚玛尔河、沱沱河、朵尔曲、布曲和当曲。楚玛尔河发源于可可西里山的东麓。在江源地区的众多河流中，它的流域面积最广。它流经许多湖泊和沙丘，最后在曲麻莱县的西边汇入通天河。当曲，它发源于唐古拉山脉的东麓。在江源地区的众多河流中，当曲的水量名列第一。沱沱河发源于唐古拉山脉的主峰各拉丹东雪山的西南侧。这里有一个雪山群，它们怀抱着两条巨大的冰川，这两条冰川分别躺在姜根迪如雪山的南侧和北侧。南边这条冰川的源头就是万里长江真正的起跑线。如果说楚玛尔河是长江的北源，当曲是长江的南源，那么，最长的沱沱河就是长江的正源了。

金沙江

距今约2亿年前，长江流域的绝大部分地区都处在古地中海中。发生在1.8亿年前的印支造山运动，使山脉突起，高原呈现。在横断山脉、秦岭和云贵高原之间，形成断陷盆地和凹地，当中湖泽相连，流入古地中海，形成与今天的长江流向相反的古长江。距今300万年前，长江流域西部地势进一步抬高，东西两条古长江终于贯通一气，浩浩荡荡流入东海，形成了今天的万里长江。

如果长江是一条忽高忽低、忽曲忽直、忽细忽宽的漫长跑道，那么金沙江所跑的路，更是陡坡接着陡坡，拐弯接着拐弯。它不是从高到低往下滑，而是猛地跳下来，猛地冲下去。也许正因为征途如此艰险，所以金沙江显得格外刚毅顽强，豪放潇洒，可以说它是一位充满着浪漫主义色彩的运动员。

金沙江曾被古人称为“丽水”“神川”。明代宋应星写过一部名叫《天工开物》的书，书中写道：“金沙江……回环五百里，出金者数载。”这样看来，这条“丽水”、“神川”曾出产金沙，所以才名为金沙江。

横断山脉绵延千里，神秘莫测，一个世界上绝无仅有的自然奇观就孕育在其中。沿着横断山脉，怒江、澜沧江和金沙江三条大江自西北向东南平行流淌了170多千米，三条大河最短的直线距离只有19千米，形成了江水并流而不交汇的独特自然地理景观。2003年，这一地区正式被列入世界自然遗产名录。那么，是什么原因造就了如此奇观呢？

距今4000万年前，喜马拉雅开始了强烈的造山运动。在地壳相互挤压过程中，产生了一系列西北东南走向的大断裂，它们引导着峡谷中的各条水系按照与山脉平行的走向前行，最终形成了“三江并流”的奇观。

强烈的地质运动在三江并流区内留下了深刻的印记，也让这个区域成了众多科学家眼中地球演化的历史教科书。在众多的地理奇观中，岩层中含有大量氧化铁的丹霞地貌最令人震撼。这片总面积近250万平方千米的地质景观，是目前中国最大、发育最完整的丹霞地貌群。

这里是长江水流速度最快的地方，30米左右的宽度、16千米的长度，在这样狭小的空间里，金沙江纵身跳下了213米，从江面到两岸的山顶之间3900多米的高差，形成世界上最深峡谷之一的虎跳峡。

湍急的江水在崇山峻岭间劈开一个缺口，两岸的玉龙雪山和哈巴雪山就像拉开的帷幕，冲出虎跳峡的金沙江，势不可挡地向东奔去。狭窄的河面和汹涌的激流，使金沙江在历史上几乎成了不可逾越的天险。

金沙江唯一可以横渡的地方在距虎跳峡二十多千米的上游。在这里，远古的造山运动迫使向东南流淌的金沙江改道，拐了一个将近90度的大弯，也使奔流不息的江水放慢了脚步。金沙江在这里形成的江流急转的奇观，也就是著名的“长江第一弯”。三国时期，金沙江称之为泸水，诸葛亮“五月渡泸，深入不毛”，可能就是选择金沙江畔的石鼓作为渡口渡过了金沙江，开始了南征，七擒孟获，并最终平定南方的叛乱，为其后的北伐奠定了后方的基础。公元1253年，忽必烈率领十万大军征战云南，他们用剥下的完整牛羊皮做成皮筏，渡过了金沙江，统一了中国，这次军事行动被称为“元跨革囊”。

金沙江，在跑完了2308千米的路后，终于在四川的宜宾与岷江会师，一道汇入浩浩荡荡的长江。

庐山独秀

1957年毛泽东在登庐山时，有过这样豪迈的诗句：

一山飞峙大江边，
跃上葱茏四百旋。

有人也许会问：在一望无际的平原上，怎么会单独耸立这样一座独灵山呢？

古老的民间传说是这样回答的：有一天，秦始皇捡到一条神鞭，他猛然一抽，把陕西的骊山抽掉一只角，于是出现一座独立的子山，秦始皇将它驱赶到鄱阳湖畔的长江边，从此，它在那里落了户。这就是今天见到的庐山。

其实，根据地质学的知识回答，庐山早在几千万年前就已经形成了。那时地球上经历了强烈的地壳运动，使得位于淮阳山脉顶端的庐山，受到南北方向的挤压，断块不断上升，本来是一座小小的山，一跃成为海拔一千多米的雄伟大山了。到了几百万年前，庐山又受到第四纪冰川的洗礼，冰川运动把庐山打扮得更加峻伟奇秀了。今天庐山那些多姿多态的飞瀑流泉无不与冰川运动有关。许多冰川擦痕至今在庐山上还能看得到，正是冰川这把锋利无比的刻刀，给庐山增添了无限的秀色。

庐山多云雾。这与它处于江湖环抱的地理位置是分不开的。由于雨量多，湿度大，水汽不易蒸发，山上经常被云雾所笼罩，一年之中，差不多有190天是雾天。大雾漫漫，云海茫茫，更给庐山增添了一抹神秘的色彩。历代名人在庐山留下了大量的诗文和古迹。的确，庐山是我国不可多得的历史文化名山和旅游、避暑的胜地。

要看雄伟的长江，还是先到庐山小天池下的望江亭去吧。极目远望，浩浩长江犹如一条银白色长龙，在你眼前滚滚东流而去。“一生好入名山游”的唐朝大诗人李白，大概在这里触景生情，写下了如此壮丽的诗句：

登高壮观天地间，
大江茫茫去不还。
黄云万里动风色，
白波九道流雪山。

庐山云雾，使无数诗人为之倾倒。它给人以神秘莫测之感，最为壮观的是瀑布云。每当春秋时节，雨过天晴，能看到大片似波涛滚滚的云雾，云流连绵不断，真所谓“剪不断，理还乱”。此时此景，方能更深切领会苏东坡的名句：

横看成岭侧成峰，
远近高低各不同。
不识庐山真面目，
只缘身在此山中。

1931年，首次登上庐山的李四光发现了第四纪冰川遗迹。随着他的研究专著的相继发表，他的这一重大发现震惊了中外地质界。庐山许多著名的自然景观，或山或水，都是衍生于第四纪冰川的遗迹。在庐山丰厚的科学价值之中，尤以第四纪冰川遗迹最为重要，联合国教科文组织将庐山列为首批“世界地质公园”。

“庐山的历史遗迹以其独特的方式，融汇在具有突出价值的自然美之中，形成了具有重大美学价值的、与中华民族精神和文化生活紧密相连的文化景观”——世界在这样评说着庐山。1996 年，庐山被评为“世界文化景观”。

[1] 孙立广. 地球与极地科学[M]. 合肥：中国科学技术大学出版社，2003.
[2] 中央电视台《话说长江》摄制组[M]. 上海：上海科学技术出版社，2006.

消失的云梦泽，消失的梦

汤媛媛(PB02206274)

读过孟浩然的《望洞庭湖赠张丞相》："八月湖水平，涵虚混太清。气蒸云梦泽，波撼岳阳城。欲济无舟楫，端居耻圣明。坐观垂钓者，徒有羡鱼情。"尽管这是写洞庭湖的诗，可是让人难忘的却是另一片美丽的水——云梦泽。如梦的她已经消失在人们的眼中，只存在于我们的梦中，像一个笼罩着神秘面纱的女子，神圣不可侵犯。只留给我们无尽的遗憾和美丽的遐想。

古书中有很多关于云梦泽的记载，可关于云梦泽的具体位置，还未有定论，只能说在今天的湖北湖南一带。在《史记》《周礼》《尔雅》等古书上都有"云梦"的记载。梦，是当时楚国方言"湖泽"的意思，与"漭"字相通。《春秋左氏传》载昭公元年"王以田江南之梦"。《汉阳志》说："云在江之北，梦在江之南。"合起来统称云梦。当时的云梦泽面积曾达 4 万平方千米，《地理今释》载："东抵蕲州，西抵枝江，京山以南，青草以北，皆古之云梦。"司马相如的《子虚赋》说："云梦者方八九百里。"到战国后期，由于泥沙的沉积，云梦泽渐渐分为南北两部，长江以北成为沼泽地带，长江以南还保持一片浩瀚的大湖。这就是现在的洞庭湖。两千年间，沧海桑田。云梦泽化成一些绚烂而又惆怅的文字，留在人们的心中。

简单几个字"泥沙沉积"就造成了云梦泽的消亡？其中"人"也"发挥"了一点作用。云梦泽全盛时的水面总面积达 26000 平方千米，成为长江和汉江洪水的自然调蓄场所。因此，当时长江中下游的洪水过程不明显，江患甚少。每年汛期，长江和汉江洪水进入云梦泽的同时，江水携带的大量泥沙也被带到了云梦泽，由于水流流速减缓，泥沙也就淤积了下来。随着时间的推移，先淤出小的洲滩，再逐渐淤出大的洲滩。自春秋战国以来,开始逐步垦殖开发。东晋永和年间(公元 345 年),人们为了保护已开垦出的土地不被洪水淹没,在今江陵县城南开始修筑堤防。到南朝时期(公元 500 年前后),洲滩围垦日多,使得云梦泽的水面面积锐减近半,逼使荆江河段水位抬升,江水自城陵矶开始倒灌入洞庭湖,从此,洞庭湖进入了发展与扩大阶段。宋庆历八年(公元 1048 年)和金明昌五年(公元 1194 年),黄河先后两次大的决口,迫使人口大量南迁。这一时期,江湖不分的云梦泽已不复存在,取而代之的是大面积洲滩和星罗棋布的江汉湖群,人们在荆江北岸分段修筑的堤防,形成了今天荆江和荆江大堤的雏形,当时荆江两岸尚有九穴十三口分流荆江洪水,“北岸凡五穴六口,南岸凡四穴七口”,通江的大小湖群的水面总面积仍在 1 万平方千米以上。《湖北通志》记载:“荆江九穴十三口分泄江流,宋以前诸穴皆通,故江患甚少。”在九穴十三口分流洪水的同时,大量泥沙又淤塞了九穴十三口,分流作用越来越小,人们在分流河道淤塞的先决条件下,将九穴十三口先后堵口筑堤,进一步扩大了耕地面积。明嘉靖年间(公元 1524 年),最后一个位于北岸的“郝穴”被封堵。至此,形成了连成一线的荆江大堤,也形成了单一的荆江河槽和广阔富庶的江汉平原,云梦泽全部消亡。

我们无法评论云梦的消亡是自然法则的作用,还是应该更多地归罪于人类。因为人类要生存,要幸福的生活,对自然作一些改造是无可非议的。人与自然的接触是必然的,无法避免的。可以说我们在抗争,也可以说是在破坏……

而今,洞庭——云梦的女儿,似乎也在走与母亲相同的道路。

由于荆江洪水的倒灌,洞庭湖逐步扩大,替代云梦泽成为了调蓄长江洪水的天然场所。每年的洪水期,更多的江水自城陵矶倒灌入洞庭湖,迫使洞庭湖“南连青草,西吞赤沙,横亘七八百里”,洪水期湖面面积达到 6000 多平方千米。洞庭湖进入了全盛时期,也成为了我国第一大淡水湖泊。从 1524 年荆江北岸最后一个“郝穴”堵口后,荆江大堤连成一线,到 1860 年荆江南岸藕池溃口前的 300 多年间,江湖关系处于相对稳定状态,湖区农业生产稳定发展,人口由约 20 万增长到 150 万左右,这真是一段幸福的时光呀!

可是，好景不长，到了清咸丰二年（公元 1852 年），荆江南岸的藕池溃口，因当时朝政腐败、财力拮据而未能修复；清咸丰十年（公元 1860 年）发生特大洪水，将原溃口扩大并冲出一条藕池河。清同治九年（公元 1870 年），又一次历史上罕见的特大洪水使荆江南岸松滋溃口，当年堵复，由于堵口不牢，同治十二年（公元 1873 年）再溃，洪水又冲出一条松滋河。从 1873 年开始，形成了荆江洪水从松滋口、太平口（虎渡口）、藕池口、调弦口等四口分流入洞庭湖的局面。1860 年到 1873 年的 14 年间，是洞庭湖由兴变衰的转折点。四口分流，不但加剧了洞庭湖区的洪水灾害，而且将大量泥沙带入洞庭湖，洪水从城陵矶又汇入长江，而泥沙却淤积在洞庭湖。据近年实测，平均每年有 9800 万立方米泥沙淤积在洞庭湖，水面面积以平均每年约 18 平方千米的速度锐减。1650 年至 1852 年间，湖水面积约达 6000 平方千米，容积约在 400 亿立方米以上；到 1949 年，湖面已缩小到 4350 平方千米，容积约为 293 亿立方米；到 20 世纪 90 年代初期，湖面又缩小到 2691 平方千米；全国第一大淡水湖泊的地位只得尴尬地让位给鄱阳湖（水面面积 5030 平方千米）。随着洞庭湖容积的一天天减少，洞庭湖调蓄长江洪水的能力也在一天天减弱，洞庭湖正在一天天萎缩。

随着洞庭湖的萎缩，另一个令人头痛的是出现了——长江的洪魔。1998 年的洪水还在让我们的心隐隐作痛。我们真的不能再做把头埋进沙里的鸵鸟了。自然与人微妙的平衡在不断被破坏。洞庭湖会不会重蹈云梦泽的覆辙？昔日的“八百里洞庭”，而今……

现在，我们正在努力与自然和谐，有太多的事是在人们的意料之外的。沧海桑田，要退到云梦泽时代去是不可能的。可是正有一个新的云梦泽在酝酿之中。一个把古云梦泽从洞庭湖移到三峡的宏伟计划开始实施。人们对它投入了很多的心血和更多的期望。对于三峡，我们是乐观的。

人工的云梦泽，这将是人与自然的历史上不可磨灭的一笔，我们不能用赢来形容，因为我们没有必要也没有能力与自然抗争。人是一种脆弱的动物，又有着无限潜力。在与自然的相处中，我们在思索着……

彭蠡秋连万里江
——浅谈鄱阳湖的演变

朱寅(PB04001022)

小时候就读过杜牧的《寄唐州李玭尚书》:

累代功勋照世光,
奚胡闻道死心降。
书功笔秃三千管,
领节门排十六双,
先揖耿弇声寂寂,
今看黄霸事摐摐。
时人欲识胸襟否,
彭蠡秋连万里江。

当时懵懵懂懂,并未十分明了诗中所蕴含的真意,但是却对"时人欲识胸襟否,彭蠡秋连万里江"这句颇有感觉。"彭蠡秋连万里江",可以想象气势是何等的磅礴,何等的摄人心魄。至今我仍对少时那一刻的激动记忆犹新。再一次遇到"彭蠡"这个词是高中时读到苏轼的《石钟山记》,直到那时才真正了解了"彭蠡"的大致情况。但是少时的那份冲动早已荡然无存。所以,趁此良机,特撰写此文,不但为地球科学概论这门课做一个总结,也借此纪念一下那个永远不会再回来的无忧无虑的纯真年代。

事实上,古代地理专著上对于"彭蠡"的论述着墨颇多。最早出现是在《尚书·禹贡》中:"彭蠡既潴""过九江,至于东陵,东迤北会於汇""东汇泽为彭蠡"。这便道出了彭蠡由来的玄机。

当时长江出武穴后,呈分汊水系,《禹贡》概谓之"九江",传说中的禹疏九江,也就是对这些分汊河道进行疏导整治,使汇注于彭蠡泽。司马迁在《史记·封禅书》中记载汉武帝元封五年(前106年)南巡:“浮江,自寻阳出枞阳,过彭蠡”。汉时寻阳在今湖北黄梅西南,枞阳即今安徽枞阳,均在长江北岸。可见古彭蠡泽为江水所汇,其范围约相当于今长江北岸鄂东的源湖,皖西的龙感湖、大官湖及泊湖等滨江诸湖区,几乎与今日鄱阳湖平原相当。由此可见,当时的古彭蠡泽也已水天一色,烟波浩渺,比“秋连万里江”的气魄更胜一筹。可是杜牧在诗中所写的并非是这一时的壮景,因为古彭蠡泽早在六朝时期就已经消失了。

为何如此壮景消失得这么快呢?因为古彭蠡泽是长江新老河段在下沉中受江水潴汇而成的湖泊,以赣江为主的南北分汊水系所挟带的泥沙,在水下新老河段之间脊线上逐渐沉淀,最后露出水面形成自然堤,使彭蠡泽和长江水道分隔开,在长江发育过程中完成了江湖的分离。到西汉后期,分汊水系已“皆东合为大江”。脱离长江水道以后的彭蠡泽,随着每年汛期江水泛滥泥沙沉积而日渐萎缩,最后被分割成若干大小不一的陂池。古彭蠡泽为六朝时期的雷池、雷水等所取代。以后又逐渐演变而成为今天的龙感湖、大官湖等滨江诸湖。

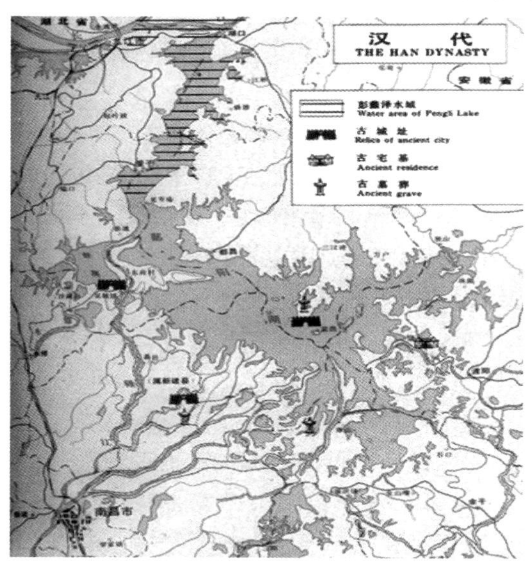

汉代时的鄱阳湖水域

那么杜牧诗中所说的到底是哪一处的景色呢？据《汉书·地理志》记载："彭泽，《禹贡》彭蠡泽在西"。汉时豫章郡在今南昌市，彭泽县在今湖口县东南十五公里，东汉时班固为了附会《禹贡》彭蠡之说，把江南的湖口断陷水域误指为《禹贡》的彭蠡泽。由于班固的误解，彭蠡泽这个古老的名字便被指为今天的鄱阳湖。古彭蠡泽的名称就这样被继续沿用下来。由此我们可以了解到杜牧指的其实是江南的新彭蠡泽。

江南的新彭蠡泽，根据《汉书·地理志》的记载推断，其南缘不过今星子南面的婴子口（又称彭蠡湖口），其最大宽度不过 10 公里。汉代豫章郡蠡阳县在今都昌县东南的四望山（又称四山），当时还是一片河网交错的平原区，赣江即在鄡阳平原上汇合诸水由婴子口注入彭蠡泽。《水经·赣水注》载："其水总纳十川，同臻一渎，俱注于彭蠡也。……东西四十里，清潭远涨，绿波凝净，而会注于江川。"可见北魏时，彭蠡泽已越过婴子口，在都昌县西北一带，形成一片开阔的水域。隋炀帝时，"以鄱阳山所接，兼有鄱阳之称"。

因此，真正把鄱阳湖和彭蠡泽联系起来还是在隋唐年代，也可以这么说：鄱阳湖就是彭蠡泽的残迹，她实际上是因鄱阳山得名的。

而且，特别值得注意的是唐代正是鄱阳湖的风华正茂之年。我们从唐代的国粹中便可窥见一斑。

"虹销雨霁，彩彻云衢。落霞与孤鹜齐飞，秋水共长天一色。渔舟唱晚，响穷彭蠡之滨……"，王勃在《滕王阁诗序》中便将一个碧波万顷、水天相连、渺无际涯的鄱阳湖呈现在世人眼中。晴日浮光跃金，舟发鸟翔；雨时云水茫茫，风急浪高；朝晖夕阴，气象万千。孟浩然的《广陵别薛八》："士有不得志，凄凄吴楚间。广陵相遇罢，彭蠡泛舟还。樯出江中树，波连海上山。风帆明日远，何处更追攀。"也展示了古人对于鄱阳湖的流连忘返、依依不舍之情，可见鄱阳湖巨大的吸引力。

还有李白《入彭蠡经松门观石镜，缅怀谢康乐题诗书游览之志》中的"谢公之彭蠡，因此游松门。余方窥石镜，兼得穷江源。将欲继风雅，岂徒清心魂。前赏逾所见，后来道空存。况属临汎美，而无洲渚喧。漾水向东去，漳流直南奔。空濛三川夕，回合千里昏。青桂隐遥月，绿枫鸣愁猿。水碧或可采，金精秘莫论。吾将学仙去，冀与琴高言”，白居易《彭蠡湖晚归》中的“彭蠡湖天晚，桃花水气春。鸟飞千白点，日没半红轮。何必为迁客，无劳是病身。但来临此望，少有不愁人”，刘禹锡《登清晖楼》中的“浔阳江色朝添满，彭蠡秋声雁送来。南望庐山千万仞，共夸新出栋梁材”，无不向世人展示了一幅宜人景色，令人心旷神怡，心向往之。

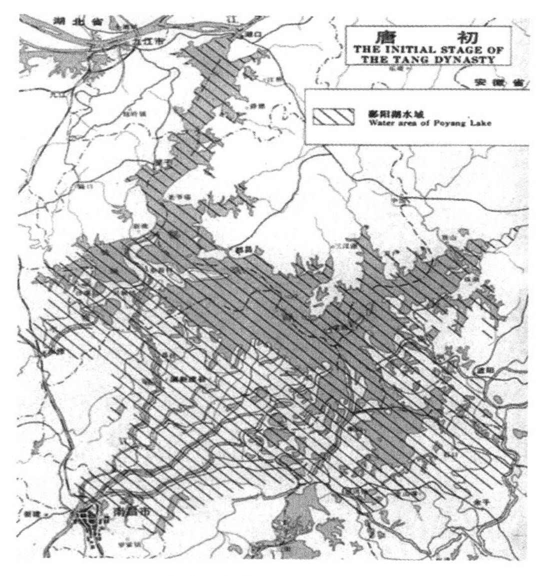

唐初时的鄱阳湖水域

为什么唐代会成为鄱阳湖的黄金时代呢？这与唐代的环境地理条件是分不开的。

唐代在我国历史上处于高温多雨时期，长江干支流的径流量相应增大，江水由湖口倒灌入湖，加之赣江来水的顶托，造成彭蠡泽的扩展，从唐末、五代以至北宋时期，鄡阳平原已完全沦为湖区，不仅原鄡阳县所在地的四望山为湖水所包围，湖水还浸入鄱阳县境。湖区的东界已达今莲荷山与波阳县城之间，南界达康郎山之南的邬子寨，西界则濒临松门山与矶山一线，湖的南端还有族亭湖及日月湖两个汊湖。形成“弥茫浩渺，与天无际”的景象，大体上奠定了今天鄱阳湖的范围和形态。元、明两代，随着湖区的沉降，鄱阳湖逐渐向西南方扩展，赣江三角洲前缘的矶山已“屹立鄱阳湖中”，族亭湖也并入鄱阳湖。湖区向南伸展至进贤县北境的北山，日月湖泄入鄱阳湖的水道，也扩展成为南北向的带状的军山湖。清初，松门山以南的陆地也相继沦没，松门山成了都昌县南二里湖中的岛山。进贤西北的河汉地区，也因沉降而形成另一个仅次于军山湖的大汉湖——青岚湖。鄱阳湖的发展至此达于鼎盛。

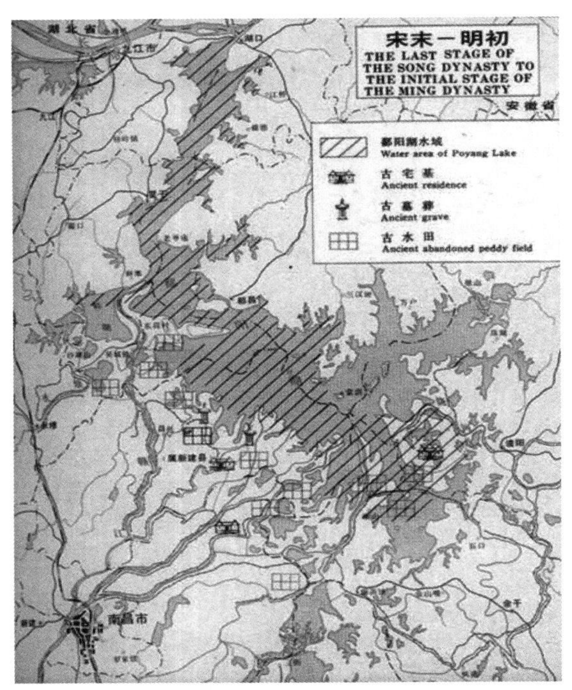

宋末明初时的鄱阳湖水域

但是随着国力的日渐衰弱，鄱阳湖和洞庭湖、太湖等都避免不了一个由盛转衰的过程。自清代后期以来，鄱阳湖区在地质构造上，总的趋势由下沉转为上升。根据地质资料分析，从一千多年前开始，由于地壳变动，湖区曾出现幅度较大的下降，沉积了一层灰黑色肥黏土层，滨湖海昏县的故城至罩鸡一带即下沉入湖，民间有“沉了海昏，起了吴城"之说。但近代湖区又以每年六至十毫米的速度急剧上升,至今肥黏土层已高出湖面五米左右,罩鸡一带原沉降时被淹没的建筑物废墟,又重新露出湖面六至七米。近年来,湖的南部仍处于缓慢的上升之中,湖心有逐渐北移的趋向。

以赣江为主的入湖诸水挟带泥沙不断淤积,使湖底日益抬高,并在河流入口处形成洲地。据江西省水利厅推算,每年修、赣、抚、信、饶五河挟带的泥沙,在湖内的沉积量达 1120 万吨,赣江占其中绝大部分。本来赣江下游主泓在吴城附近,赣江大量泥沙直接由鄱阳北湖输入长江,因而鄱阳南湖得以向西南扩展。但自清后期以来,赣江下游北由吴城入湖的主支宣泄不畅,而北、中、南三支分流的径流量增大,其所挟带的泥沙,由于松门峡出口狭窄,不易向鄱阳北湖宣泄,大量泥沙在鄱阳南湖河口堆集,发育成鸟足状三角洲,使鄱阳南湖西南部日趋萎缩。

目前,在赣江入湖的三大分流中,南支泄洪量最大,它与南边的抚河、信江联合形成的三角洲,由南向北推进,使原来在湖中的康郎山已与瑞洪相连,成为突出于湖中的陆连岛。泄洪量居赣江第二位的中支,在河口形成的三角洲也正向东北方向扩展。因而,鄱阳湖面临着自南向北继续萎缩的总趋势。

此外,新中国成立前官绅劣豪在湖滩上筑堤围垸,争相围垦,也是使湖区范围日益狭小的人为因素。20 世纪 60 年代至 70 年代前期,片面强调"以粮为纲",不适当地围湖造田,也加速了湖面的萎缩。1954 年鄱阳湖洪水湖面是 5050 平方公里,1957 年为 4900 平方公里,到 1976 年急遽缩小到 3841 平方公里。在短短的 22 年间,洪水湖面就以惊人的速度缩小了 1200 多平方公里。

但是总的来说,鄱阳湖的情况较之于洞庭湖、太湖和南四湖等污染较重的内湖来说是比较乐观的,而且鄱阳湖在中国五大淡水湖中污染也是最轻的。

鄱阳湖的泥沙淤积情况远较洞庭湖为小,其萎缩趋势相对来说也不若洞庭湖的迅速。它已取代洞庭湖而居我国淡水湖的第一位。鄱阳湖不像洞庭湖那样与长江有四口相通,它的湖盆地势又比长江略高,所以它只是修、赣、抚、信、饶五水的总汇,并由湖口入江。长江洪水一般很难倒灌入湖，它没有洞庭湖那样调蓄长江洪水的作用。但是，由于鄱阳湖湖面辽阔，容积量大，五河之水通过它调蓄后方注入长江，滞洪期可达一个月之久。如1954年洪水期五河入湖最大流量为每秒45800立方米，经湖泊调蓄后，由湖口入江的最大流量为每秒22400立方米，仅为总流量的一半，大大减轻了长江中、下游的洪水威胁，对和缓长江汛期的洪水，起着一定的作用。今后如能采取措施，控制赣江南、北、中三支分流的流量，恢复由吴城入湖主支的泄洪量，使赣江来沙直接经由鄱阳北湖输入长江，以减少入湖泥沙量，将大大延缓其萎缩过程。

而且，现在在鄱阳湖已经开始了“人工控湖，湖水北调”工程。鄱阳湖实现人工控湖后，湖泊环境将发生巨大变化，水位变幅减小，洪水灾害得到根治。稳定的大水面，将大大提升航运、供水、旅游、农业灌溉等产业的发展起点，促使湖区经济的全面发展。一个富饶美丽，经济发达的鄱阳湖区，在不久的将来，一定会成为现实。

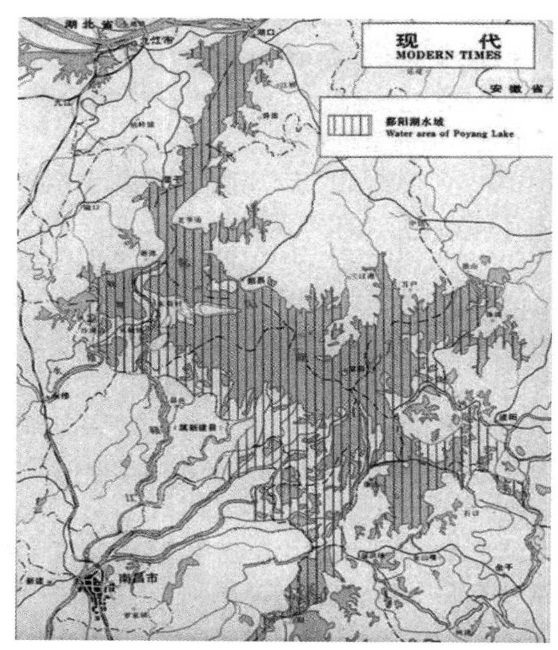

现代的鄱阳湖水域

在鄱阳湖周围，到处都有迷人的景物。历史上就以独具湖光山色之秀而著称于世。苏东坡曾慕名来此游览，留下了《过都昌》一诗：

鄱阳湖上都昌县，灯光楼台一万家。
水隔南山人不渡，东风吹老碧桃花。

但是鄱阳湖的秀美景色不仅在于她的碧波万顷。她的山鸟奇观也是天下一绝，这里的山指的就是赫赫有名的石钟山和庐山，而鸟指的就是以白鹤为首的几百种珍奇候鸟。

据《石钟山志》序所写“石钟山居大门之滨，上下两山屹然相对，以扼九江，以展半壁，以砥中流而雄”，石钟山实际上不是一座山，而是两座山。两山都由石灰岩构成，下部均有洞穴，形如覆钟，面临深潭，微风鼓浪，水石相击，响声如洪钟，故皆名为“石钟山”。两山分据南北，相隔不到二里。南面一座濒临鄱阳湖，称上钟山；北面一座濒临长江，称下钟山，两山合称“双钟山”。登两山远眺，襟带江湖，波光浩渺，天高水远，洲渚回合，展现出“水分林下清冷浪，山峙云间峭峻峰”的独特景观，气势雄伟磅礴。

石钟山以其雄奇秀丽的景色，吸引着历代众多的文人墨客慕名而至，留下了许多诗文题记。宋代大文豪苏东坡为探究石钟山得名的真正缘由，携儿子苏迈，于月夜乘舟亲临绝壁之下，发现石钟山下多洞穴裂缝，微风鼓浪，江湖之水涌灌洞内，冲击洞顶、洞壁，轰然发声如钟鸣。考察归来，苏东坡拈笔展卷，趁兴疾书，写下了名传千古的佳作《石钟山记》，成为后来脍炙人口的佳篇名记。由此，胜景名文，相得益彰，令人心驰神往。

在每年秋末冬初，从俄罗斯西伯利亚、蒙古、日本、朝鲜以及中国东北、西北等地，飞来成千上万只候鸟，和原来定居在这里的野鸭、鹭、鸳鸯等一起度过冬天，直到翌年暮春逐渐离去。如今，保护区内鸟类已达 200 多种，上百万只，其中珍禽 20 多种，已是世界上最大的鸟类保护区。尤其可喜的是在这里发现了当代世界上最大的白鹤群以及白枕鹤、白头鹤、灰鹤等，总数达 4000 只以上，1989 年发现白鹤竟达 2600 余只，占全世界白鹤总数的 95%。

因此，鄱阳湖被称为“白鹤世界”，“珍禽王国”。白鹤是珍禽中的珍禽，属于世界性稀少鸟类。它是一种大型涉禽，体长达 135 厘米，通身羽毛洁白，只有翅的前端是黑色，故又称“黑袖鹤”。它有棕黄色长刀状的嘴，粉红色的长腿，遵循“一夫一妻”，寿命长达七十多岁，故被中国人神化为“仙鹤”，成了幸福吉祥的象征。白鹤以三只为一家族，这是因为一对成年白鹤每年产卵两枚，由于出生后的两只幼雏互相间不断地斗殴，直至强者消灭弱者方休。传说这是白鹤自身的一种淘汰方式，习惯过“独生子女”生活。这样，白鹤的父母便带着一只幼鹤飞越五千余公里，来到鄱阳湖越冬。每当晴空日丽，数以百计的白鹤从湖面腾空而起，一对对啼鸣追逐着起舞，有时，它们排成一字长蛇阵，长达一二百米，其状如白衣仙女般优美动人。

白鹤

另外，鄱阳湖的其他珍禽还有白鹳、黑鹳、大鸨、小天鹅、白琵鹭、鸳鸯、鹈鹕、白额雁等珍稀鸟类。由于保护区内鸟类密集，时常可见“飞时遮尽云和月，落时不见湖边草”的壮观美景。因此，这里成了中外游客冬季观鸟旅游的最佳地方。

天高云淡之时，鄱阳湖碧水蓝天，风帆浮隐，直接长空；排筏连绵，宛若游龙，宋代王安石曾写下如此诗句：

中户尚有千金藏，漂田种粳出穰穰。
沈檀珠犀杂万商，大舟如山起牙樯。

足见鄱阳湖的丰饶。

鄱阳湖是我国第一大淡水湖泊，是镶嵌在母亲河——长江上的一颗璀璨的明珠。虽然她现在可以算是风采依旧，但是，如果我们不善待她，那么就可能成为第二个洞庭湖或者太湖。正如老子所说“知止不殆，可以长久”，只要我们真正做到天人和谐，以湖为友，知道适可而止地克制自己的欲望，那么我相信“彭蠡秋连万里江”的气势早晚会重现世人眼前的。

[1] 王育民. 中国历史地理概论[M]. 北京：人民教育出版社，1988.
[2] 邹毅麟. 中国历史人文地理[M]. 北京：科学出版社，2001.
[3] 陈振鹏，章培恒. 古文鉴赏辞典[M]. 上海：上海辞书出版社，1997.

忆往昔之丽，忧来日之魂

——记洞庭变迁

陈玉姣(PB03018018)

洞庭湖，原名云梦泽，位于现今湖南省东北隅，长江中游荆江段南岸，在地质构造上，原属于江南古陆背斜构造的一部分，在 7000 万年前的燕山运动时期发生断裂陷落，形成湖泊。

衔远山、吞长江，浩浩荡荡，横无际涯，朝晖夕阴，气象万千。

——范仲淹《岳阳楼记》

八月湖水平，涵虚混太清。气蒸云泽梦，波撼岳阳城。

——孟浩然《望洞庭湖赠张丞相》

由上可见洞庭湖曾经风光壮丽，气势磅礴。屈原第一个来此吟哦，李白“将船买酒白云边”，杜甫“昔闻洞庭水，今上岳阳楼”，却倚着栏杆与巴陵古城同醉于洞庭春色，刘禹锡“遥望洞庭山水翠”，把群山看成“白银盘里一青螺”。刘海戏金蟾、东方朔盗饮仙酒、舜帝二妃万里寻夫、柳毅闯龙宫救小龙女的民间传说亦起源于此。然而，好风光却没能免去被破坏的命运。

湖之困

汉代大文人司马相如在《子虚赋》中写道“云梦者，方八九百里”，《地理今释》也记载它曾是“东抵蕲州，西抵枝江，京山以南，青草以北，皆古之云梦”。然而，百里的洞庭湖正在萎缩。明末清初时，洞庭湖的面积约为 6270 平方公里。但当时为了保全长江北边(今湖北一带的地方)，极力将水往长江南面排放，致使洞庭湖逐年淤积。到 1932 年时，洞庭湖面积约为 4700 平方公里。新中国成立之后，因高洲围垦、并垸合流等人为因素影响，湖面迅速缩小至 1997 年的 2700 平方公里，并分割演变为西洞庭湖、南洞庭湖和东洞庭湖这首尾相接的三个部分。如今湖区泥沙淤积十分严重，居我国湖泊之首位。湖泊严重的泥沙淤积，诱发了湖区湿地的大规模垦殖活动，使湖面面积变为目前的 2625 平方公里，退居鄱阳湖之后，变为我国第二大淡水湖泊。

洞庭湖的萎缩严重削弱了它调洪泄洪的功能。据统计，新中国建立以来洞庭湖容纳入湖洪峰的能力平均每年下降 153 立方米/秒，加之江湖关系调整、长江洲滩围垸和干流变迁，以及长江中游地区沿江湖泊相继建闸控制，引发了江湖水位不断升高，湖区出现“平水年景，高洪水位”的异常现象。直至 1998 年，长江流域出现特大洪灾，洞庭湖面临的严重问题才凸现在公众面前。之后，当地政府开始采取“退田还湖”等一系列积极应对措施，但因积重难返，曾经广为宣传的“四三五零工程”（将洞庭湖面积恢复至 1949 年的 4350 平方公里）收效甚微。

鱼之殇，鸟之亡

洞庭湖的鱼类共 12 目 23 科 114 种，其中属国家一级保护的有中华鲟、白鲟两种，属二级保护的有鳗鲡和胭脂鱼两种。如今，这些珍稀鱼种已难觅踪迹，甚至连江河半洄游性鱼类的四大家鱼——鲢鱼、鳙鱼、青鱼、草鱼在洞庭湖也越来越少。鱼类的减少直接导致了鸟类的减少。

中国于 1992 年加入国际湿地公约——《拉姆萨尔公约》之后，东洞庭湖、南洞庭湖和西洞庭湖先后被列为国际重要湿地。地处低纬度，冬季比北方温暖，水草丰美的洞庭湖是候鸟度冬的重要栖息地。仅 19 万公顷的东洞庭湖一处，每年冬天就有近 100 万只、约 300 种鸟类前来过冬，其中国家一级保护鸟类有白鹤、白头鹤、东方白鹳、黑鹳、大鸨、中华秋沙鸭、白尾海雕 7 种，是亚洲最主要的候鸟栖息地之一。然而，在此栖居的候鸟越来越少。“良禽择木而栖”，可见，候鸟的离去正是栖息地发生转变的信号。

地质新说

最近地质专家称：洞庭湖区总体呈下沉趋势，但不同地域有不同的沉降速率，湖区湖盆中心区的沉降速率大于湖盆周边区的沉降速率，湖盆中心平原区沉降速率平均每年可达10毫米左右，沉降速率最大地带集中于湖区东北方向的砖桥漉湖断裂带与岳阳—湘阴断裂带控制带之间，沉降速率每年可达10～25毫米。专家进一步指出：根据湖区地面沉降所具有的地质条件及已出现的地面特征，可以推断，洞庭湖区将会进一步扩大，而不会像近年所预测的那样，逐年缩小甚至最后消失。而如今客观存在的湖区不断"萎缩"和"地上悬河"现象恰恰是湖区多年围垸造田，现有湖区被堤防所固，泥沙淤积所致。如此说来，上天并不想洞庭湖灭，使洞庭湖灭的正是人类自己啊。

后记

几年前我看到的洞庭景象使我无法把它和古人所描写的"洞庭秋月""远浦归帆""平沙落雁""渔村夕照""江天暮雪"等"潇湘八景"相联系。今闻湖区"见缝插针种杨树，挺进湖中千余米"，使"生态平衡受威胁，湿地景观将不复"，真是让人心疼。希望当局能够采取有效的措施，改善湖区现状，给大家呈现一个古人诗中的洞庭。

孙立广．地球与科学导论[M]．合肥：中国科学技术大学出版社，2003.

骚人西子两风流

杨培伟(PB03010009)

自古称“上有天堂，下有苏杭”，提到杭州，不可不提西湖。古老的神话中有“西湖明珠自天降，龙飞凤舞到钱塘”的说法，西湖因此有了“明珠”这个雅号。

根据竺可桢在他的《杭州西湖生成的原因》一文里的说法，西湖早在一万二千年以前还只是一个与钱塘江相通的浅海湾。耸峙在西湖南北的吴山和宝石山，是环抱这个海湾的两个岬角。后来，在潮水的不断冲击下，泥沙逐渐淤塞，把海湾和钱塘江分隔开来。大约到了西汉(公元前 206 年至公元 25 年)时期，西湖才基本定型，等到西湖真正固定下来已经是在隋朝(公元 581 年至 618 年)了。地质学上把这种由浅海湾演变而成的湖泊叫潟湖。此后西湖承受山泉活水的冲刷，再经过历代由白居易、苏东坡、杨孟瑛、李卫、阮元等发动的五次大规模的人工疏浚治理，终于从一个自然湖泊成为风光秀丽的半封闭的浅水风景湖泊。宋代才子杨万里对西湖大作赞美之词，挥手写下“毕竟西湖六月中，风光不与四时同。接天莲叶无穷碧，映日荷花别样红”这样的千古绝唱，使西湖美名声振海内，至今此句还是宣传西湖的绝佳广告词。

唐朝时的西湖

公元 823 年，白居易来到了杭州，当上了杭州刺史。他上任的时候，正是西湖(当时叫做钱塘湖)日渐淤塞，湖水干涸，农田苦旱，人民生活和城市发展受到严重影响的时候。

西湖当时的淤塞状况正是一个潟湖演化过程中“湖泊沼泽化”的

问题。西湖从海湾、潟湖而至于湖泊以后，自然发展的过程并不就此结束。对于一个天然湖泊，因为注入该湖泊的溪水河流有泥沙冲积作用，在长期的发展过程中，必然要出现泥沙淤积从而使湖底不断变浅的现象。在泥沙不断沉积和湖面不断缩小的同时，习惯生长于水洼地里植物也迅速地发展起来，使湖面出现了沼泽特有的景观，最终由湖泊而沼泽，由沼泽而平陆，这就是湖泊的沼泽化的过程。西湖本是一个天然湖泊，自然也会渐渐沼泽化。实际上我们如今看到的西湖也只是当年潟湖的中心部分而已。

为了改善杭州百姓的生存状况，白居易本着为官一任，造福一方的宗旨，冲破重重阻力，疏浚西湖，筑堤建闸，使湖堤比原来的湖岸高上数尺，增加了蓄水量，以供农田灌溉，并重新浚治六井（六处蓄水池，蓄水用瓦管或竹筒从西湖引来，为市民提供饮水），保证了城里居民的正常用水。面对自己的成绩，白居易在欣喜和自得之余，用诗句记下了当时西湖的盛况：

孤山寺北贾亭西，水面初平云脚低。
几处早莺争暖树，谁家新燕啄春泥。
乱花渐欲迷人眼，浅草才能没马蹄。
最爱湖东行不足，绿杨阴里白沙堤。

——白居易《钱塘湖春行》

诗人的欣喜和自得是有理由的，白居易修整后的“钱塘湖”有10.8平方公里之广。西湖的疏浚，不仅起到了解民倒悬的作用，也为西湖留下了千古名胜——白堤，也就是诗中提及的由诗人亲自修建的“白沙堤”。

白居易于公元824年五月底离开杭州赴洛阳任所，临行所作《西湖留别》表达了自己对于亲手修复的西湖的强烈感情，同时也表达了对于西湖可能会再度陷入整修之前困境的隐忧。

征途行色惨风烟，祖帐离声咽管弦。
翠黛不须留五马，皇恩只许住三年。
绿藤阴下铺歌席，红藕花中泊妓船。
处处回头尽堪恋，就中难别是湖边。

宋代时的西湖

苏轼于公元1069年第一次来杭州任通判之职，公元1072年卸任离杭，公元1088年，苏轼因反对王安石变法被贬为杭州知州，虽然相隔不过十六年，但西湖的沼泽化速度在这段时期中却是很惊人的。根据苏轼的观察，对比他在十六年前离杭时的情况，他说：“熙宁中，臣通判本州，则湖之葑合，盖十二三耳；而今才十六七年之间，遂堙塞其半。父老皆言，十年以来，水浅葑合，如云翳空，倏忽便满，更二十年，无西湖矣。”（苏轼《乞开杭州西湖状》）

伟人谋议不求多，事定纷纷自唯阿。
尽放龟鱼还绿净，肯容萧苇障前坡。
一朝美事谁能纪，百尺苍崖尚可磨。
天上列星当亦喜，月明时下浴明波。

——苏轼《观开西湖次吴左丞韵》

苏轼主持的这次疏浚工程是规模空前的，他拆毁地主富豪们在湖中私围的葑田，对全湖进行了挖深，然后把挖掘出来的大量葑泥在湖中偏西处筑成了一条沟通南北的长堤（苏堤），最后又在全湖最深处即今湖心亭一带建立石塔三座，禁止在此范围内养植菱藕以防湖底的淤浅。

西湖整修一新之后，苏轼与朋友来到湖上饮酒庆功。他满怀着与二百六十多年前白居易相同的激动心情，写下了这首被后人传为千古绝唱的名诗《饮湖上初晴后雨》：

水光潋滟晴方好，山色空濛雨亦奇。
欲把西湖比西子，淡妆浓抹总相宜。

到南宋时，杭州成为首都。西湖作为杭州的唯一水源，其重要性不言而喻，它的沼泽化因此而得到了遏止。据有关资料，这时的西湖大约为9.3平方公里。

由于经济文化中心的南移，西湖被迅速开辟成为一个风景区，王室贵族、官僚大臣、城市富商等等，竞相在西湖建设宅院、园苑、亭台楼阁等各种建筑，大型的娱乐场所如勾栏、瓦子等，也都在湖山各处开始营业，也正是在这一时期，西湖诞生了千古流传的白娘子与许仙的爱情故事。南宋林升的《题临安邸》深刻地讽刺了南宋王朝偏安一隅时西湖周边歌舞升平的“盛况”：

山外青山楼外楼，西湖歌舞几时休。
暖风熏得游人醉，直把杭州作汴州。

元明清三代时的西湖

公元 1276 年，蒙古铁骑攻入临安城，宋恭帝献表投降，南宋就此灭亡。而西湖则遭遇了乱世红颜皆为祸水的命运——元统治者将南宋亡国的罪因归于西湖头上，于是对西湖“废而不治”，这种局面一直延续到明初，先后达两百多年，导致西湖终于发生了近五百年来最大的淤浅。

斜日长堤迴，村烟接帝京。
路从溪外转，人在树中行。

——吴惟英《西湖长题》

诗人生活于明朝前期，此时他看到的西湖已经再没有往日的繁华景象，而是沦落为一个衰败的、杂树丛生的水塘了。

明正德三年（公元 1508 年），西湖的又一个救星来了，杭州知府杨孟瑛“锐情恢拓，力排群议”，冲破重重阻力，重新疏浚西湖，开挖湖中被富豪霸占的 3000 多亩良田，加高苏堤，恢复了“湖上春来水拍天，桃花浪暖柳荫浓”的唐宋旧观，并以浚湖淤泥堆筑长堤 6 里，后称杨公堤，为西湖再添胜景。据考证，这个时期的西湖已经大约只有 7.4 平方公里。

十几年后，明代大文豪袁宏道来杭游览西湖时，这里已经恢复了生气，成为比较有规模的旅游胜地。应朋友要求，他即兴赋诗一首：

龙井饶甘泉，飞来富石骨。
苏堤十里风，胜果一天月。
钱祠无佳处，一片好石碣。
孤山旧亭子，凉荫满林樾。
一年一桃花，一见一白发。

南高看云生，北高见日没。
楚人无羽毛，能几到吴越。

——袁宏道《西湖总评》

然而西湖毕竟还是在不断的沼泽化，尤其是明清交替之时，官府无力顾及这些“分外之事”，西湖很快又陷于困境。到清雍正二年（公元 1724 年）时，杨公堤终因里湖不断淤浅、田桑扩大而废去。于是闽浙总督李卫再次修缮西湖，复增西湖十八景。清嘉庆五年（公元 1800 年），浙江巡抚阮元疏浚西湖，历时两年。他命人将淤泥在西湖“湖心亭”北堆成一个小岛，后人称“阮公墩”。可惜好景不长，鸦片战争后，由于国力渐渐衰弱，官府不能再维持以前的疏浚工作，西湖又渐渐地沼泽化了。

民国以来的西湖

民国时期，由于国内政治混乱，军阀纷争，西湖的窘境一直都未有改观，到 1949 年 5 月前后，西湖污泥淤塞，湖床增高，湖水平均深度仅为 0.55 米，蓄水量仅 300 余万立方米，湖底遍生水草，湖西南部更是几乎成为陆地。新中国政府自 1951 年起开始全面浚湖，历时 8 年，于 1959 年竣工，耗资 454 万元，共挖淤泥 720.88 万立方米。湖水深度平均达到 1.8 米，最深处 2.6 米，蓄水量增至 1000 多万立方米。

这就最终形成了我们今天看到的西湖：苏堤和白堤将整个西湖划为外湖、北里湖、岳湖、西里湖、小南湖等五个湖面。外湖的小瀛洲、湖心亭及阮公墩三个人工岛屿，恰似神话中的蓬莱三岛，鼎足而立，各显风姿。这时的总面积大约为 5.68 平方公里，南北长约 3.2 公里，东西宽约 2.8 公里，绕湖一周近 15 公里。

纵观西湖的变迁史，虽然有记载的西湖疏浚治理工程达二十余次之多，但是从总体上看，西湖的湖面在逐渐缩小。从唐朝的 10.8 平方公里，至宋元时约 9.3 平方公里，再到明朝约 7.4 平方公里，到现在仅剩下 5.68 平方公里！特别是近 300 年来，由于保护不力，加上人为摧残，西湖“节节败退”，水域面积迅速缩小。如今西湖已经丧失了自我净化的能力，只能靠人为疏导的支持才能保持下去。

当然，在今天的社会制度和技术条件下，我们既不忧湖底淤泥，也无虑葑草成灾。但是，现代社会有现代社会的问题，例如，西湖环境保护的问题，特别是西湖湖水富营养化的问题，已成当务之急。五十年以前，湖底虽浅，而浅水的透明度在零点五米以上，清澈见底，但现在透明度已经降低到零点三米以下，严重影响了湖光山色之美。古代人可以直接取西湖水饮用，而如今的水质，恐怕……谁也不敢对此乐观吧。

［1］竺可桢. 竺可桢文集［M］. 北京：科学出版社，1979.
［2］许小富. 杭州历史大事记［M］. 北京：方志出版社，2006.

普陀往事觅潮音

林洁(PB01203075)

“兰山摇动秀山舞,小白桃花半吞吐”,这是宋朝大诗人苏东坡的《送冯判官之昌国》中的一句,诗中的“小白”指的就是有“海天佛国”美誉的普陀山。普陀山又名白华山,生于舟山的我从小就知道她是舟山的骄傲,也算是近水楼台先得月吧,我曾多次到那里游玩,也一次又一次地被那块圣土所折服。普陀以山名而兼海之胜,风光独特,四时景变,晨昏物异,其景点数以百计,真可谓风光无限好。还记得爱好书法的我每次去普陀山都要坐在“海天佛国”前临摹明代抗倭名将侯继高笔力遒劲的石刻,手稿至今还被我珍藏,翻开看时,觉得简直就是我个人学书历程的一个完整的记载了;也还记得紫竹林南海观音铜像给我带来的那种庄严神圣的感觉,觉得那左手托法轮,右手持无畏印的妙壮慈祥的观音像简直可以同西方的“维纳斯”媲美;也还曾暗自祈祷能有前辈鉴真和尚和孙中山先生的幸运,亲眼观看到普陀山那奇幻又短暂美丽的海市蜃楼……

选修了孙老师的地球科学概论,这门课的一个要求就是写一篇以“在古文诗词中寻找地球环境事件的记录”为题材的短文,正感叹无东西可写的时候,突然灵光一现,想到了家乡的普陀山,想到了那些曾经也算苦背过的乡土教材中的古文诗词,觉得那时对中考中新增的令人头痛的乡土文化知识,如今竟然成了我最好的资料来源了。最重要的是,这又是一次让我解读普陀山的机会,从古诗文中了解我曾自以为了解的普陀山。也许以前去了很多次但并没有真正的了解它,而这次是“纸上谈兵”,无论成功与否,都在一个截然不同的视角让我对它有了新的认识,也让我因此而产生了“只缘身在此山中”感慨。

普陀山位于舟山群岛东部海域,与舟山本岛隔海相望,距著名的渔港沈家门几千米之遥。普陀山岛呈菱形，南北走向，地势西北高峻，东南平缓，为我国佛教四大名山之一，因地理位置独特而以海天佛国闻名于世；又以宜人的海洋性气候成为著名的旅游避暑胜地。岛上的寺庙庵院、亭碑、摩崖石刻、雕塑等具有浓郁宗教气氛的人文景观和金沙、碧海、奇石、潮音、古洞、名树等壮丽独特的自然风光融为一体，交相辉映。宋王安石有诗："山势欲压海，禅宫向此开。鱼龙腥不到，日月影先来。"全山以普济寺、法雨寺、慧济寺为中心，已开放的寺院计有34处，常年香火不断。每当农历二月十九、六月十九、九月十九，即观音诞辰、出家、得道三大香会期，海内外佛家信徒和山胜爱好者纷至沓来，形成旅游旺期。前人也曾把普陀山胜景与西湖美景相比，"以山而兼湖之胜，则推西湖；以山而兼海之胜，当推普陀山"，可谓点睛之笔。普陀山有古洞潮音、天门清梵、荷池夜月、法华灵洞、磐陀夕照、华顶云涛、梅岑仙井、朝阳涌日、茶山夙雾、千步金沙、短姑圣迹、光熙雪霁十二大景观。林木花卉多彩，全山有百龄以上的古树千株，又藏有众多珍贵的历史文物，其中包括历代佛教文物，各种雕刻品及今古名人游山题咏字画等，如孙中山、康有为、九世班禅、郭沫若等人的手迹。总而言之，普陀山给人的感觉是一座脱离尘世的仙山，有着无数传奇的故事，到处古木参天，怪石嶙峋，在幽幽森林处隐现一座座古色古香的庙宇，更有奇特的景观——海市蜃楼，虽不为多见，但自唐以来就有文字记载了。

1916年8月25日孙中山先生游览普陀山时写下了《游普陀至奇》一文。"则见寺前恍然矗立一伟丽之牌楼，仙葩组锦，宝幢舞风，而奇僧数十。窥其状，似来迎客者。殊讶其仪规之盛，茁举之捷，转行近益了然，见中有一大圆轮，旋极速，莫识其成以何质？运以何力？方惑间，忽杳然无迹，则已过其处矣"，孙中山先生惊诧万分，询问同游之人，竟然均无所睹。

孙中山先生有幸目睹了海市蜃楼的奇观，海市蜃楼虽转瞬即逝，但在历史上却并不鲜见，自唐以来就有了普陀蜃景的文字记载。在平静无风的海面上，突然看到山峰、船舶、楼台、亭阁、集市、庙宇等出现在远方的空中，的确会让人感到无比奇特，给普陀山又添了一道神秘的色彩。古人不明白产生这种景象的原因，对它作了不科学的解释，认为是海中蛟龙（即蜃）吐出的气结成的，因而叫做“海市蜃楼”，也叫蜃景。其实这是一种很正常的现象，知道了原因后就无什么神秘可言了。由于夏天白昼海表大气温度的差异导致大气折射率的差异，海面上的空气可看做是由折射率不同的许多水平气层组成的，其中下层空气温度低，密度大，折射率也大，远处的山峰、船舶等反射的光线射向空中时，由于不断被折射，上层空气的入射角不断增大，以致发生全反射，光线反射回地面，人们逆着光线看去，就会看到远方的景物悬在空中。普陀山四面临海的独特环境，为海市蜃楼的发生提供了良好的条件。这样看来，我那个在有生之年希望能看到海市蜃楼的愿望还是大有可能实现的。

潮音洞在岛东南紫竹林庵前，洞半浸海中，纵深几十米。此处海岸曲线往复，怪石层层叠叠。洞底通海，定有两处缝隙，称为天窗。潮音洞口朝大海，呈张口状。日夜为海浪所击拍，潮水奔腾入洞内，势如飞龙，声若雷鸣。若遇大风天，浪花飞溅，浪沫直冲“天窗”之上。如是晴天，洞内七彩虹霓幻现，叹为奇观。明代卢元选有诗《潮音洞》：

灵窍何年著化工，嶙峋倒插水云中。
浪花翻瀑晴飞雪，海月浮光夜见虹。
石壁雨余泉出窦，旃檀秋老树吟风。
虔诚欲叩如来面，双鹤盘旋下碧空。

以短短56个字形象地描绘了潮音洞的奇幻景观。和潮音洞并称两洞潮音的梵音洞也历来被吟游诗人所称颂，清代诗人孙渭有诗描绘梵音洞的景色，甚切实际，读后能在读者心中起到重现梵音洞景致的效果。其诗云：

普陀山左涧壑深，悬崖拍浪峰嶔嵚。
历级上下四五折，手扪足蹑时惊心。
水石搏激无昼夜，不断轰雷成古今。
何年斧劈两壁分，日暮风雨蛟龙吟。
洞门直下百千尺，望之杳冥生寒阴。
霞光倏眼照石壁，俯首瞥见观世音。
石栏匍伏叹灵异，仪容端静披红襟。
有时鹦鹉鸣洞口，视之未久无追寻。

从诗中就可以知道梵音洞苍崖兀起，洞腰部中嵌横石如桥。两陡壁间架有石台，欲观梵音洞者，先要从崖顶迂回顺石阶而下，所以会不由“手扪足躩时惊心”了。据说顺石阶而下处为一观佛阁，在这里观佛，人人看到的佛都不同，即使是同一个人，也会随看随变。当然这种说法是没有什么事实根据的，也许是宛如苍龙口中宝石的洞腰横石，独具特色的潮音，给了人们无限的想象力吧。

两洞潮音是普陀山的两个让人拍案叫绝的景致，无论在何时都有着巨大的感染力，无论是佛教信徒还是普通的游客诗人到此处都不由感慨造物者的伟大。深究起来，潮音洞和梵音洞都属于海蚀洞。海蚀洞大都是面向开敞海域的山地或谷地，梵音洞和潮音洞也不例外，在与海面相交的部位，由于若干年受到波浪侵蚀，沿着节理、断层和层理面等地质薄弱面，形成向陆内凹的浪蚀壁龛。又因水位的不断变化，加速了岩石风化和浪蚀过程，使壁龛逐渐扩大成为海蚀洞。海蚀洞的形成需要成千上万年的时间，但究竟梵音洞和潮音洞是从何时大致成型，那就实在无从得知了。从诗句的考证中只能知道大约在明代两洞就已经具有现在的大体样子了，而且一直以来两洞的体积还随着海水的侵蚀在不断地扩大着。

佛顶山东南有一光熙峰，又名“莲石花”“石屋”。从远处望去，翠绿丛中，峰石耸秀。“光熙雪霁”指的是光熙峰的雪后景色，大雪后的光熙峰银装素裹，山色浑一，海天低与冻云齐平，十分美妙，与海市蜃楼等并称普陀山十二景观。

千仞冰霜皎，晴光豁两眸。
琉璃凝宝地，寒焰动珠楼。
玉累孤峰顶，花开万树头。
独传梅信早，岭外暗香浮。

——冯天贵

飞花六出满光熙，见绒犹知造化奇。
世界三千奇色相，莲台十二现牟尼。
天排玉垒难寻路，鸟向琼林特借枝。
看到彤云消欲尽，上方无地不琉璃。

——能仑和尚

但是，今天我们已经不太可能有前人的幸运了，只能借着古人笔下的“千仞冰霜”“飞花六出”来凭吊、想象“光熙雪霁”的琉璃胜景了。随着全球气候的变暖，就舟山本岛而言，自从我小学二年级的那场大雪之后，几乎没有碰到过什么大雪了，就连那些一碰到地面就化的小雪花都能引起行人们的一阵欢呼，小孩子的一阵骚动。刚到合肥上大学第一学期，看到那么大的雪觉得好开心，还特意为此留影。这样看来，“光熙雪霁”的景观怕是要消失了。不过没有关系，就算没有雪，光熙峰一样美不胜收，正是“心境真开阔，悠然见太虚。光熙峰上立，不动自如如”。

这一次的写作历程虽然多少有些艰辛，前后经历了几周之久，但无论是查找资料的过程还是成稿的经历，都是很愉快的，让我又有机会仔细阅读了不少古诗文，并且思考其中的含义，搜寻暗藏的信息，从一个崭新的角度再一次的解读我所认识的故土，不由暗叹原来文学中也有那么多自然科学的知识，那么精彩的地球故事了。

古风余韵，楚地沧桑

朱钰(PB04007138)

占天下交通之利，有“九省通衢”之美誉的江汉地区是我国历代文人骚客驻足的地方，他们的传世诗文不仅记录了楚地优美的自然风光，也不经意间留下了这里地理变迁的痕迹。本文将从这些痕迹出发，探讨人为因素及工程地质作用对自然环境的影响。

云梦泽与洞庭湖

气蒸云梦泽，波撼岳阳城。

——《临洞庭湖赠张丞相》

水落鱼梁浅，天寒梦泽深。

——《与诸子登砚山》

以上两句诗均出自山水诗大家孟浩然之手，描写的都是古代云梦泽的景色。从诗句中不难看出，在我国古代云梦泽曾是一个烟波浩渺、非常壮观的大湖泽。事实上，《史记》《礼记》《尔雅》《左传》等许多典籍上都有对已消失的“云梦泽”的记载。汉代大文人司马相如在其名作《子虚赋》中写道：“云梦者，方八九百里。”而实际上，全盛时的云梦泽曾是“东抵蕲州，西抵横江，京山以南，青草以北，皆古之云梦”(《地理今释》)，保守估计其面积也应在一万平方公里以上。

然而，盛极一时的云梦泽却逐渐萎缩了，其中固然有多种原因，但不可否认的是，人工围湖垦田、发展农桑是云梦泽退化的一个重要原因。自战国后期开始，云梦泽就分裂为南北两泽，北泽现已消失，成为现在江汉平原的一部分，南泽就是现在的洞庭湖。即便如此，作为云梦泽“后代”的洞庭湖也不乏壮观，宋代名相范仲淹在其著名的散文《岳阳楼记》中曾不吝笔墨地描述洞庭湖“衔远山，吞长江，浩浩汤汤，横无际涯”，足见湖区面积仍然不小。可是到了近代，洞庭湖彻底地衰落了。长期的围垦加上上游长江泥沙含量的增加让“八百里洞庭”一去不复返。据统计，洞庭湖每年泥沙淤积高达 1.29 亿立方米，湖床每年抬升 3.7 厘米。专家估计，照这样下去，不出百年，洞庭湖就会成为另一个罗布泊。

更严重的是，由于湖的容量锐减，洞庭湖的蓄洪能力急剧下降。1998 年特大洪水，尴尬的洞庭湖只能眼睁睁看着城陵矶水位一步步上涨而不能充分发挥其应有的分洪蓄洪作用，真是可悲可叹！

唐代诗人李群玉有一首《洞庭干》诗，其中有两句深刻地道出了人为因素影响与洞庭湖式微的关系：“伤心云梦泽，岁岁作桑田。”荣枯自有天道，人为的影响若是只见眼前利益而不顾后人福祉，那只会令人类自己伤心慨叹、悔恨不已。

从云梦泽到洞庭湖，一个大湖的悲剧，一个人类的悲剧。

再看今昔三峡

两岸猿声啼不住，轻舟已过万重山。

——李白《早发白帝城》

即从巴峡穿巫峡，便下襄阳向洛阳。

——杜甫《闻官军收河南河北》

一位诗仙，一位诗圣，没有任何约定，却都以迅捷的速度穿过三峡并留下了这些脍炙人口的诗句。长江三峡上起夔州白帝城，下到峡州南津关，全长二百余里，由瞿塘峡、巫峡、西陵峡组成。三峡水既深且窄，两岸耸立着的近千米的高峰峭壁，夹着宽不过百余米的江面，水流十分湍急。元稹《楚国十首》中有“三峡连天水，奔波万里来。风涛各自急，前后苦相推”，白居易在《初入峡有感》中写道“苍苍两崖间，阔狭容一苇”，足见三峡之险。

不过现在，我们恐怕再也无法领略这“山随平野尽，江入大荒流”的险峻之美了，代之的是“高峡出平湖”的壮观。毛主席曾预言“更立西江石壁，截断巫山云雨”(《水调歌头 · 游泳》)，而现在已成功实现截流的三峡大坝坝高175米，总库容高达393亿立方米，相当于黄河一年的总流量。假如这些水顷刻下泄，流量将是1998年长江洪峰最大值的37倍！如此浩大的工程，其影响必然是多方面的。三峡工程首要目的就是防洪和发电，束缚住长江这条不肯驯服的苍龙。三峡工程设计建设时间17年，但是，对于其可行性的论证调研却经历百年。人力的伟大与自然的不可抗拒在工程地质领域里从来就是一对矛盾，人类往往能用几十年上百年的时间完成地球外动力需几十万年才能完成的地文景观的改变，但由此带来的亦有可能是自然疯狂的报复。埃及阿斯旺大坝工程浩大，经济效益显著，但带来的三角洲退化、生态平衡破坏等问题令人担忧。水库地震也是地质工程师们不得不面对的难题，我国广东新丰江水库就曾诱发6.1级大地震，造成严重损失。还有泥沙淤积、物种保护等诸多问题都必须考虑。

百年的谨慎不是多余，激烈争论换来的是三峡工程的Ⅶ等级抗震水平以及库区的生态环境保护建设，咆哮的长江不仅被彻底驯服还被处处保护，正成为新的地文景观和新的生态建设区域。今昔三峡的对照让我们看到，人类完全可以在用钢筋混凝土改变自然景观的同时造福人类自身，而这需要的是人类自身的智慧与远见。

《孙子兵法》有云：“兵者，……存亡之道，不可不察也。”人类与自然的关系好坏，决定着人类自身的兴衰存亡。在提倡科学发展观的今天，读一读古诗文，再看一看现实景，我们会发现，悖逆自然的狭隘发展只能是一厢情愿；反之，充分发挥人类智慧潜力、尊重自然的发展才是真正的可持续发展大计。

古风余韵飘香来，阅楚地沧桑巨变。撷苑中芳华，问天人共处。和谐之道，在审慎远谋之间……

沙·泉·漫话敦煌

王琛(PB07007112)

驼铃悠悠，秃鹫呜呜，羌笛哀哀，孤烟袅袅，一株株胡杨点缀着漫漫黄尘，敦煌啊敦煌……说不尽道不完的千年沧桑。

——题记

敦煌

征蓬出汉塞，归雁入胡天。
大漠孤烟直，长河落日圆。
——王维《使至塞上》
长风几万里，吹度玉门关。
——李白《横吹曲辞·关山月》
绝域阳关道，胡沙与塞尘。
——王维《刘司直赴安西》

这些是诗人们笔下的敦煌，黄沙满目，鲜见人烟，多风。敦煌的风是凛冽的，仿佛塞外的豪情与壮伟隐隐夹杂在敦煌的黄尘里。

“敦，大也。煌，盛也”，敦煌位于甘肃省西北部。东经 92°13′～95°30′，北纬 39°53′～41°35′。它南枕气势雄伟的祁连山，西接浩瀚无垠的塔克拉玛干大沙漠，北靠嶙峋蛇曲的北塞山，东峙峰岩突兀的三危山。南北高，中间低，自西南向东北倾斜，平均海拔不足 1200 米。发源于祁连山的党河流经敦煌，为这片沙漠绿洲提供了养分。敦煌属暖温带干旱性气候。年降雨量只有 39.9 毫米，而蒸发量却高达 2400 毫米。日照充分，无霜期长。由于土质肥沃，灌溉条件好，适合各种农作物生长。同时，境内矿产资源丰富，主要有芒硝、石棉、钒、金、锰等4大类26个品种，其中位于方山口的钒矿探明储量125.86万吨，位居全国第四。

敦煌不但文化遗产驰名宇内，还拥有独特的自然风光，阳关、玉门关前唱不尽的词曲，鸣沙山月牙泉畔不禁的惊叹，党河两岸无数的传奇，一切的一切，使我们驻足流连……

阳关、玉门关

渭城朝雨浥轻尘，客舍青青柳色新。
劝君更尽一杯酒，西出阳关无故人。

——王维《渭城曲》

不识阳关路，新从定远侯。
黄云断春色，画角起边愁。

——王维《送平澹然判官》

黄河远上白云间，一片孤城万仞山。
羌笛何须怨杨柳，春风不度玉门关。

——王之涣《凉州词》

古往今来，"两关"前总是伤心离别之地，《折杨柳》痛断人肠，《阳关三叠》催人泪下。玉门关，俗称小方盘城，位于敦煌市西北90公里处。相传西汉时西域和田的美玉，经此关口进入中原，因此而得名。阳关，位于敦煌市西南70公里南湖乡"古董滩"上，因坐落在玉门关之南而取名阳关。两关均始建于汉武帝元鼎年间，古书云"列四郡、据两关"，两关作为通往西域的门户，又是丝绸之路南道的重要关隘，是古代兵家必争的战略要地。

而今，岁月悠悠，几度轮回，两关已然只剩下断壁残垣。

现在的汉玉门关遗迹，是一座四方形小城堡，耸立在东西走向戈壁滩狭长地带中的砂石岗上，南边有盐碱沼泽地，北边不远处是哈拉湖，再往北是长城。昔日的阳关城早已荡然无存，仅存一座被称为阳关耳目的汉代烽燧遗址，耸立在墩山上。在山南面，有一片一望无际的沙滩，沙丘纵横，密布一道道沙梁，沙梁之间为砾石平地，当地人称为"古董滩"。在古董滩沙丘之间的砾石平地上，散布着许多古代的钱币、兵器、陶片等古遗物。除此之外，这里还残存部分房屋、农田、渠道等遗址，当大风过后，这些遗址清晰可见，引人瞩目。

我们有理由相信，这是大自然的杰作。地表在外动力的作用下，经过了风化、剥蚀、搬运、沉积，即便铜墙铁壁也会被磨成碎石烂瓦，甚至零落成泥碾作尘，在沙漠戈壁上这种作用尤为明显。同时在玉门关一带，砾漠中的砾石在风所挟带的沙的磨蚀下，形成具有棱角的风棱石，风棱石表面有褐色的铁锰氧化物壳，这层壳称为荒漠漆，是砾石中水分蒸发时所溶解的矿物质沉淀于砾石表面而成。

鸣沙山

雷送余音声袅袅，风生细响语嘤嘤。

——苏履吉《敦煌八景咏·沙岭晴鸣》

（鸣沙山）流动无定，峰岫不恒，俄然深谷为陵，高崖为谷，或峰危似削，孤岫如画，夕疑无地。

——《沙州图经》

鸣沙山，距甘肃敦煌市南郊七公里，面积约 200 平方公里。鸣沙山沙峰起伏，山“如虬龙蜿蜒”，金光灿灿，宛如一座金山。更有趣的是，那流动的细沙不是向下流，而是由下向上流淌，就像湖水因风皱面，荡起一圈圈柔和优美的涟漪，可见鸣沙山的迷人之处。对于鸣沙山流沙鸣响的原理，人们曾进行过种种推测，主要的论点可归纳为静电发声、摩擦发声和共鸣放大发声三种说法。

静电发声说认为，通过人力或风力推动沙粒向下流泻，含有石英晶体的沙粒互相摩擦产生静电，静电放电即发出声响，众声汇集，即成大声。摩擦发声说认为，天气炎热时，沙粒特别干燥，而且温度增高，稍有摩擦，即可发出裂爆声，众声汇合，便有大声。共鸣放大发声说认为，沙山群峰之间形成壑谷，是天然的共鸣箱。沙山下泻时发出的摩擦声和放电声引起共振，经过“共鸣箱”的共鸣作用，放大了音量，于是形成了巨大的声响。

月牙泉

沙夹风而飞响，泉映月而无尘。——《敦煌杂钞》

亘古沙不填泉，泉不涸竭。

晴空万里蔚蓝天，美绝人寰月牙泉，银山四面沙环抱，一池清水绿漪涟。

月牙泉位于敦煌市西南5公里处，位于鸣沙山脚下，古称沙井，俗名药泉，自汉朝起即为“敦煌八景”之一，因其弯曲如新月，得名“月泉晓彻”。一湾清泉，涟漪萦回，碧如翡翠。泉在流沙中，干旱不枯竭，风吹沙不落，蔚为奇观。

为何月牙泉亘古不涸呢？有人认为，这一带可能是原党河河湾，是敦煌绿洲的一部分，由于沙丘移动，水道变化，遂成为单独的水体。因为地势低，渗流在地下的水不断向泉中补充，使之涓流不息，天旱不涸。飞沙不落月牙泉，是因为风的作用，风把沙子带过背风面，因而风吹沙石而不落。

但是令人忧心的是，月牙泉的近况不容乐观，20世纪70年代中期当地垦荒、造田抽水灌溉，近年来周边植被破坏、水土流失，导致敦煌地下水位急剧下降，从而使月牙泉水位急剧下降。月牙泉存水最少的时间是在1985年，那时月牙泉平均水深仅为0.7至0.8米。当时泉中干涸见底竟可走人，而月牙泉也形成两个小泉，不再成月牙形。这使得“月牙泉明日是否会消失”成为许多人关注的焦点。此后，敦煌市采取了给月牙泉补水等多种方式，挽救月牙泉的风貌，但是，月牙泉已经不再是那个“天然去雕饰，清水出芙蓉”的月牙泉了，不禁让人扼腕叹息，痛心疾首。

党河

党河分水到十渠，灌溉端资立夏初。
不使北流常注海，相期东作各成潴。
一泓新涨波浪浅，两星平排树影疏。
最爱春来饶景色，寒水解后网鲜鱼。

——苏履吉

党河位于甘肃省敦煌市与肃北县境内。党河来源于祁连山冰川，并且是其唯一的地面河流，年平均径流量为2.98亿立方米。

祁连山属于山岳冰川(又称山地冰川或高山冰川),冰川运动速度有季节变化,夏快冬慢,夏季运动速度一般要比冬季快50%(均指冰舌而言),因而夏季党河河水充盈,可以看到清清水质,波光粼粼,附近还有一眼自喷泉,水珠晶莹四溅,水面上不时有受惊的黑颈鹤仓皇飞过,清新自然。

然而近年来,祁连山冰川缩减,融水比上个世纪70年代减少了大约10亿立方米。冰川局部地区的雪线正以年均2至6.5米的速度上升,有些地区的雪线年均上升竟达12.5至22.5米。加之党河上游阿克塞县实施“引党济红”工程,分水500万立方米,月牙泉治理回灌年用水600万立方米,以及人口和耕地面积的急剧增加,人畜饮水、工业用水呈上升趋势,几度造成党河断流。

敦煌人民忧心忡忡,敦煌市政府公开招标,实施党河灌区续建配套与节水改造,又大力建设党河风情水体线,合理优化用水配置,保障这条敦煌的生命河、母亲河畅通无阻,现在已小有成效。

后记

敦煌美,敦煌美,历经沧桑,几度盛衰,步履蹒跚地走过了近五千年漫长曲折的历程。悠久历史孕育的敦煌灿烂的古代文化,使敦煌依然辉煌;神奇的自然造就了敦煌千姿百态的沙漠清泉,造就了他的奇山异水,使这座古城流光溢彩,使他愈发生机勃勃……

而今西部大开发的春风吹过,虽然带来了生态破坏、水土流失的不和谐音符,但我相信经历了这些沉痛的教训,敦煌人民定将意识到自然的不可抗拒性,在可持续发展的呼声里敦煌一定能再次返老还童,绿洲葱葱,像一块青翠欲滴的翡翠镶嵌在金黄色的大漠上,定将更加美丽,更加辉煌!

我希望有一天我也能踏上敦煌的土地,听一听驼铃,听一听羌笛,感受沙、泉的别样魅力……

渐行渐远渐消之
——沧桑几度塔里木

李继尧(PB06007127)

“塔里木”在古突厥语中,意为“注入湖泊、沙漠的河水支流”。“塔里木河”一名见于《清史稿》,系维语,有“无缰之马”和“田地、种田”的双重含义。就前者而言,塔里木河流淌在塔克拉玛干沙漠北缘的干道,河道含沙量大,冲淤变化频繁,河流经常改道,在中游地区造成南北宽达百公里左右的冲积平原,河道曲折,汊流众多,芦苇水草丛生,浩浩荡荡形成一派“水上迷宫”景象。就后者而言,它自西向东,蜿蜒于塔里木盆地北部,加上塔河两岸胡杨林浓荫蔽日,形成天然绿色长廊,沃野千里。历史上曾有“一望草湖,村舍不断,缩芦为室,水鸟群飞”这样的诗句来描写塔里木河的壮丽景色。《西域水道记》中也称塔里木河“河水汪洋东逝,两岸旷邈弥望”。然而今天的塔里木河却在人们长久以来的破坏中分崩离析,趋于瓦解。

塔里木河的现状

今天塔里木河崩解情况首先表现为上游四大支流已成为独立河流,或只有洪水期才有余水流入。其次是支流的长度也在变短,支流上的一些湖泊已经消失。第三是孔雀河分离独立,罗布泊消失。第四是渭干河不断流入塔里木河。第五是中游段期满到河流命名的塔里木段也成为季节性河流,也就是说塔里木河正在干涸,也正在解体。

塔里木河的瓦解

最早解离的源河是喀什噶尔河。《汉书》以葱岭为河水正源，在《水经注》中就有记载："河水自葱岭分源"。又说："北河自疏勒径流南河之北"，即喀什噶尔河为北河源河，东流为塔里木河的主流。这种情况，直到清初还是如此，如乾隆《河源纪略》卷二称："河水巴尔楚克，又八百里至噶巴阿克集境，西南来之叶尔羌河会。"但是这时正是喀什一带大力开发垦耕时期，因此，到了光绪以后，即见缺水记载，如《新疆全省舆图》上已绘上断流河道。19 世纪末期即有不通过叶尔羌河，改入巴楚灌渠记载，即喀什噶尔河断流在百年之内。宣统《新疆图志》还记述了"巴楚州南境，湖荡分歧，新旧各渠，纵横如缕，南北河纡屈往复，出没隐现，令人猝不可辨"，也就是说直到清末还和塔里木河有水沟通。

总之，喀什噶尔河在清末成间歇河后，到今天已全部断流。解放初期还间歇有水沿干河流下，20 世纪 70 年代后，由于兴建水库众多，河水在特大洪水时期也不能流入塔里木河。

第二条解离的源河是和田河。这河在柯什拉什以下才名为和田河，以上分为墨玉河和白玉河，墨玉河长 781 公里。《史记・大宛传》认为"汉使穷河源，河源出于置"。则当时和田已有探测，并且是条大河，并未断干。唐代以后，才有断流记录，如《大唐西域记》称："(瞿萨旦那国)域东南百余里有大河西北流，国人利之，用于溉田，其后断流。"《通典・于阗国》称："首拔河一名树拔河，或云即黄河也，北流七百里入计戎水，一名计首水。"从这里可以看出，唐代虽然有局部改道，但是和田河仍然是一条未断大河。现在和田河解离形态明显，在柯什拉什以北，河谷已不清楚，流量也大为减小，只有洪水期才有水入塔里木河。

第三条要解离的源河是叶尔羌河。《汉书・西域传》说它也是河源之一。并说它向东北流入和田河。可见当时是一条大河，常年有水，到东汉《水经》仍是如此记载，其长 1200 公里。水量多处平均为 64 亿立方米。因此，它被视为塔里木河正源。自从喀什噶尔河解离之后，百年来，它仍为主流河道，但也在解体之中。因为在清代《乾隆内府舆图》即绘上叶尔羌河有两源，并把提孜那甫河作东源。但是到了宣统《新疆图志》七卷就说“盖提孜那甫河支渠太多，水力耗散，故不能与西源汇”。又说：“新疆新图二源并东流，听杂阿布河尾支渠无数，到麦盖提而不与泽普勒会”。《西域水道记》成书于道光元年，其时仍说两源，可见道光后，叶尔羌河已解离成一支源流了。

叶尔羌河沙泥多，平均为 4.56 公斤/立方米。所以河道易淤，改道常常发生，如乾隆《一统志》即说：“分为二道，绕叶尔羌城南北，又东行复合之一。”但现在只有城东一支了。新中国成立以后，由于在绿洲区修建大小水库（如小西海），巴楚以下又筑了拦河大坝，将河水引入灌溉渠道，叶尔羌河基本断流，沿河床只有深槽才有积水，非特大洪水，已无水量下泄。卓尔湖以下地图已绘成间歇河。卓尔湖已无水源。塔里木河在 10 月到第二年 6 月基本上靠阿克苏河供水（占 90％以上），其余为泉水及地下水。

在平原部分本有四条古河道，现只余一条，即现新大河，被称为阿克苏河。阿克苏河虽然水量众多，但是由于灌渠不断开掘，本身亦有解体现象。嘉庆、道光年间，水宽里许，因《西域水道记》称：“东支流以浑巴什军三十余里，是为浑巴河，水宽里许。”并指出它是“五月河流未盛，已有浩淼之思矣”。其西为老大河，即阿瓦提县所在。再西又有羊瓦力克到乌鲁桥古河道，到旱三角洲西还有艾西曼湖区古道。

塔里木河由于四大源流都有解离或缩小之势，严重威胁到河川本身的存在。在今天不合理规划下，引灌水量大增，春季枯水期在塔里河中、下游经常断流。河床中只有不多的矿化度大浅层地下水积贮。1883～1885 年，普尔热瓦尔斯基还认为塔里木河可通航汽船，现在已成为一个幻想，因为 1952 年建成塔里木河大坝后，伊沙迹河即断流，阿克苏河枯水期水量可全部引灌，使阿拉尔到尉犁县卡拉间，也常出现断流现象。

塔里木河的瓦解也见于中游河段，如本来流入塔里木河的支流渭干、开都河等，现都和塔里木河分离。而塔里木河的下游由于没有水源补给，已断流二十多年。

瓦解的原因

自然原因:塔里木河位于远离海洋的中国最大的内陆盆地——塔里木盆地,这里有世界上最大的流动沙漠——塔克拉玛干大沙漠,气候极端干燥,大部分地区年降水量在50毫米以下,干燥度在16~64范围。由于大量的蒸发和渗漏,塔里木河中游减水达640立方米。

人为原因:从汉代开始人们就在这里垦荒屯田,到了清朝末期,因绿洲扩大,据《新疆图表》统计,源流引水干渠增至563条,支渠1887条,灌溉农田面积60.1万亩,人工渠道增多,引水量增加,使喀什噶尔河在清末、渭干河在解放初就失去和塔里木河的联系。孔雀河在清朝直至本世纪初期,仍从铁门堡流向阿拉干,是塔里木河下游主要补给水源。1949年以后,上游三源流灌溉面积由35.1万亩扩大到1995年的77.7万亩,为灌溉这些土地,修建大型干渠5985千米,包括支、斗、农渠总计渠系长度达到58732千米,同时还修建各种渠道建筑物84413座,年引水量达148亿立方米,占三源流多年平均总径流量的75.5%。这就使得叶尔羌河从20世纪80年代以后再无水补给塔里木河,和田河季节断流时间更长,阿克苏河只有在洪水期有水下泄,枯水期全部通过塔里木河拦河闸引入阿拉尔灌区。塔里木河干流枯水期全部是回归水和农田排水,洪水期只能流到恰拉和大西海子水库,大西海子水库以下从20世纪80年代以后基本断流,只遗留320千米的干河道。对比没被人类干扰之前的塔里木河,可以得出结论:人为因素在塔里木河瓦解中影响远大于自然因素。

让生命之河水长流

世界上恐怕再也没有一条河流像它这样独具魅力:它源自于绵延挺拔的天山山脉和昆仑山脉,却扎根于浩瀚的塔克拉玛干沙漠。无论是千古绝唱的楼兰遗址、响彻云霄的十二木卡姆激越的鼓点,还是罗布老人斑驳的记忆以及活化石一般的胡杨林,在沙尘滚滚的历史岁月里,它坚守着自己始终如一的品格,在广袤的大地上恣意驰骋，它是一条与沙漠共生的河流，赋予了死亡气息笼罩的沙漠以活力和激情，两种截然不同的生存方式，自然天成地胶合到了一起，构成了今天塔里木河别样的风采。塔里木河，就是这样一条不可思议的河流。生命与死亡在这里交替交融，造就了震撼人心的美丽景色。

塔里木河蜿蜒着从沙漠中流过，养育了新疆最干旱的绿洲，滋润着两岸广阔的胡杨林以及肥沃的农场和果园。所以新疆民歌《塔里木河》唱到："塔里木河，故乡的河，我爱着你啊，美丽的河……"

为了不让塔里木河彻底地枯竭，为了拯救河流沿岸的森林、草场，为了南疆大片的农田和村庄、道路不被流沙掩埋，为了不让绿色走廊成为历史，我们应该善待它，保护这沙漠中珍贵的生命之源。希望政府和新疆的各族人民都能采取有效措施，改善塔里木河现状，让它重新展现"母亲河"的风采。

[1] 中国科学院自然科学研究所地学史组．中国古代地理学史[M]．北京：科学出版社，1984.

[2] 曾昭璇，曾宪珊．历史地貌学浅论[M]．北京：科学出版社，1985.

走进罗布泊

周静如(PB05000644)

始自元朝的传说

在很久很久以前,出身显赫的蒙古族青年罗布诺尔不愿继承王位,要去龟兹学习歌舞。当他走到塔里木盆地东部边缘时,饥渴劳累使他昏倒在地。三天后,当他醒来时,竟发现身旁坐着一对青年男女。男青年叫若羌,姑娘叫米兰,他俩是风神母收养的同胞兄妹,因忍受不了风神母的残暴虐待离家到库车学成技艺,不料返回途中在此与罗布诺尔相遇。米兰对罗布诺尔一见钟情。风神母发现女儿与凡人相爱,勃然大怒,便刮起黑风暴惩罚他们。砂石打瞎了罗布诺尔的眼睛,摔断了米兰的双腿,风神母又将他们三人刮到东、南、西面的荒漠上。哥哥惦念妹妹,米兰思恋着情人。三人哭得悲天怆地,泪流成河,汇集之后,变成一望无际的湖泽。后人遂将此地称为罗布泊。

传说并非全都是虚假的,你可以想象么,现如今的这片干涸之地,这片风沙四起的黄沙大漠,这片有着种种未解之谜的中国四大成片无人区之一的罗布泊,在历史上确有过星罗棋布的湖泊,似点点珍珠一般散落其间……

古之罗布泊

春秋战国时期的《山海经》第一次记载了罗布泊的来历:“敦薨之水,西流注入泑泽,盖乱河流,自西南注也。”“泑泽”即指罗布泊。所谓“乱河”者,是指当时的河流纵横成网交织出一片美丽壮阔的景观。

北魏郦道元的《水经注·河水篇》中记载有:“《山海经》曰:敦薨

之水，西流注于泑泽。盖乱河流，自西南注也。河水又东，经墨山国南，治墨山城，西至尉犁二百四十里。河水又东，经注宾城南，又东经楼兰城南而东注，盖墢田士所屯，故城禅国名耳。河水又东，注于泑泽，即《经》所谓蒲昌海也。水积鄯善之东北，龙城之西南。龙城故姜赖之虚，胡之大国也。蒲昌海溢，荡覆其国，城基尚存而至大，晨发西门，暮达东门。浍其崖岸，余溜风吹，稍成龙形，西面向海，因名龙城。地广千里，皆为盐而刚坚也。行人所经，畜产皆布毡卧之。掘发其下，有大盐，方如巨枕，以次相累，类雾起云浮，寡见星日，少禽，多鬼怪。西接鄯善，东连三沙，为海之北隘矣。故蒲昌亦有盐泽之称也。《山海经》曰：不周之山，北望诸毗之山，临彼岳崇之山，东望泑泽，河水之所潜也。其源浑浑泡泡者也。东去玉门阳关千三百里，广轮四百里。其水澄渟，冬夏不减。其中洄湍电转，为隐沦之脉，当其澴流之上，飞禽奋翮于霄中者，无不坠于渊波矣。即河水之所潜而出于积石也。”

清代《河源纪略》卷九中载：“罗布淖尔为西域巨泽……在西域近东偏北，合受西偏众山水，共六大支，绵地五千里，经流四千五百里，其余沙碛限隔，潜伏不见者无算。以山势揆之，回环纡折无不趋归淖尔，淖尔东西二百余里，南北百余里，冬夏不盈不缩……”罗布淖尔即指罗布泊，“罗布淖尔”系蒙古语音译名，意为多水汇集之湖。

清代《西域水稻记》中记载罗布泊虽“山阳平沙”，“沙地旷远”，但仍有很多地方仍然是“胡桐众生，结成林箐”。

19 世纪末至 20 世纪初，瑞典探险家斯文·赫定带着大队人马在这里考察，他记述了这里生长着茂密的森林，河岸、湖旁的芦苇密集成一堵堵墙，飞禽猛兽成群结队，河道、湖泊里的鱼群到处可见。明清时期罗布泊湖岸上的人们靠采伐树木、狩猎捕鱼、用野麻织布等，过着自给自足的生活。

成因

罗布泊洼地的形成是在距今二百万年以上的第三纪晚期，它是塔里木盆地东部的一个复合性洼地，隆起切割而成高低不一其形各异的雅丹地貌，是天然的露天大迷宫。

自太古代造山时期到古生代中期，地壳开始隆起，直到新生代早期地壳再次发生了巨大变迁，促使罗布泊北部天山山脉、库鲁塔格山脉和东南部的阿尔金山山脉继续加速抬升，促使罗布泊洼地下沉。

罗布泊被四周断裂隆起接壤，北接北山褶皱断裂带和南北走向的地堑，沟谷流向洼地的水夹带着阿尔金山、昆仑山、天山等山脉大量的风化物，埋在洼地的底部，形成湖相沉积盆地。洼地自东向西呈阶梯状，渐次下降，被称为罗布泊断阶。

自新生代以来，青藏高原急剧隆起，对塔里木盆地和它周边的山脉有着极大的影响。它和它两侧构造的地块处于反方向运动，两侧山地强烈的断块隆起。原中间地势较低的塔里木盆地也变成了由西南向东北倾斜的地势。这种变化使东部的罗布泊洼地成了塔里木盆地最低部分和积水的中心地带。阿尔金山、昆仑山和天山山脉等冰雪融化的水，顺着山谷注入罗布泊洼地。在第三纪末第四纪初，浩浩荡荡的罗布泊形成了。

变迁过程

罗布泊洼地有很多条断裂处，整个洼地向南翘起倾斜，北部洼地呈现拱形隆起。罗布泊包括它周边所在的地理位置，新生代第三、四纪以来，一直处于变迁状态。

古罗布泊诞生于第三纪末、第四纪初，距今已有 200 万年，面积约 2 万平方公里以上，在新构造运动影响下，湖盆地自南向北倾斜抬升，分割成几块洼地。汉代，罗布泊“广袤三百里，其水亭居，冬夏不增减”，它的丰盈，使人猜测它“潜行地下，南也积石为中国河也”。这种误认罗布泊为黄河上源的观点，由先秦至清末，流传了 2000 多年。到 4 世纪，曾经是“水大波深必汛”的罗布泊西之楼兰，到了要用法令限制用水的拮据境地。清代末叶，罗布泊水涨时，仅有“东西长八九十里，南北宽二三里或一二里不等”，成了区区一小湖。1921 年，塔里木河改道东流，经注罗布泊，至 50 年代，湖的面积又达 2000 多平方公里。60 年代因塔里木河下游断流，使罗布泊渐渐干涸，1972 年底，彻底干涸。历史上，罗布泊最大面积为 5350 平方公里。民国二十年(1931 年)，陈宗器等人测得面积为 1900 平方公里；民国三十一年(1942 年)，在苏制 1：50 万地形图上，量得面积为 3006 平方公里；1958 年，我国分省地图标定面积为 2570 平方公里；1962 年，航测的 1：20万地形图上，其面积为 660 平方公里；1972 年，最后干涸部分为 450 平方公里。

文明兴衰

在我国历史上，罗布泊地区曾经有过辉煌、灿烂的一页。它是新疆最早有人类活动的地区之一。20 世纪以来，在这里发现了为数甚多的细石器时期的遗址和遗物。

从先秦时期起，它作为丝绸古道上的门户，起着联结内地与西域，促进中西方经济和文化交流的作用。

这里，曾经有一个人口众多，颇具规模的古代楼兰王国。公元前 126 年，张骞出使西域归来，向汉武帝上书时提到：“楼兰，师邑有城郭，临盐泽。”它成为闻名中外的丝绸之路南支的咽喉。

曾几何时，繁华兴盛的楼兰，无声无息地退出了历史舞台；盛极一时的丝路南道，黄沙满途，行旅裹足；烟波浩渺的罗布泊，也变成了一片干涸的盐泽。

未解之谜

有人称罗布泊地区是亚洲大陆上的一块“魔鬼三角区”，古往今来很多孤魂野鬼在此游荡，枯骨到处皆是。

东晋高僧法显西行取经路过此地时，曾写道：“沙河中多有恶鬼热风遇者则死，无一全者……”

许多人竟渴死在距泉水不远的地方，不可思议的事时有发生。

1949 年，从重庆飞往迪化(乌鲁木齐)的一架飞机，在鄯善县上空失踪。1958 年却在罗布泊东部发现了它，机上人员全部死亡，令人不解的是，飞机本来是西北方向飞行，为什么突然改变航线飞向正南？

1950年，解放军剿匪部队一名警卫员失踪，事隔30余年后，地质队竟在远离出事地点百余公里的罗布泊南岸红柳沟中发现了他的遗体。

1980年6月17日，著名科学家彭加木在罗布泊考察时失踪，国家出动了飞机、军队、警犬，花费了大量人力物力，进行地毯式搜索，却一无所获。

1990年，哈密有7人乘一辆客货小汽车去罗布泊找水晶矿，一去不返。两年后，人们在一陡坡下发现3具卧干尸。汽车距离死者30公里，其他人下落不明。

1995年夏，米兰农场职工3人乘一辆北京吉普车去罗布泊探宝而失踪。后来的探险家在距楼兰17公里处发现了其中2人的尸体，死因不明，另一人下落不明，令人不可思议的是他们的汽车完好，水、汽油都不缺。

1996年6月，中国探险家余纯顺在罗布泊徒步孤身探险中失踪。当直升机发现他的尸体时，法医鉴定已死亡5天，既不是自杀也不是他杀，身强力壮的他到底是因何而死呢？至今无人知晓。

挑战“生命禁区”

19世纪末20世纪初，罗布泊环境恶劣，气候干旱，交通困难，令许多探险者望而却步。然而为揭开罗布泊的面纱，古往今来，无数探险者舍生忘死深入其中。

20世纪80年代，我国著名地理学家、中科院院士彭加木同志在罗布泊考察时不幸走失。

20世纪90年代我国著名探险家、当代“徐霞客”余纯顺壮士在穿越罗布泊的途中不幸遇难。

……

在此向这些探险家、科学家致以崇高的敬意！

香格里拉，大自然智慧的结晶

王正(PB07204033)

太阳最早照耀的地方，是东方的建塘，人间最殊胜的地方，是奶子河畔的香格里拉。

——[英]詹姆士《失去的地平线》

香格里拉起初被人们所知道，就是因为这本小说，书中描写的东方胜境曾引起西方人无限的幻想。面对世界性的经济崩溃，他们的渴望越发强烈：世界上真的有这么神奇，这么令人陶醉的地方吗？答案是当然的，根据人们长期的考证，书中的幻境实际上就是指云南的迪庆藏族自治州。

心中的日月

香格里拉藏语意为“心中的日月”，这里有多元文化的交融，有多种民族的共存，这里生活着藏、傈僳、汉、纳西、彝、白、回等13个民族，他们在生活方式、服饰、民居建筑以及婚俗礼仪等传统习俗中，都保持了本民族的特点。不同的宗教在这里交汇，形成了共荣的局面。美丽的自然景色更能吸引人们的目光，使它成为驰名中外的旅游胜地，独特的自然景观值得人们深入探讨。

在香格里拉有伟岸的雪山，还有独具一格的雪山峡谷。这些又是怎么形成的呢？

梅里雪山

1908年法国人马杰尔·戴维斯在《云南》一书中首次使用“梅里

雪山”的称呼。藏区流传的《指南经》说:“卡瓦格博外形如八座佛光赫弈的佛塔,内似千佛簇拥集会诵经……具佛缘的千佛聚于顶上,成千上万个勇猛空行盘旋于四方。这神奇而令人向往的吉祥圣地,有缘人拜祭时,会出现无限奇迹。戴罪身朝拜,则殊难酬己愿……”我们通常会凭直觉认为,梅里雪山就是一座山,其实不然,它是由很多山构成的,平均海拔在6000米以上的有13座,称为“太子十三峰”,主峰卡瓦格博峰海拔高达6740米,是云南的第一高峰。

为什么会在香格里拉形成这么美丽的雪山呢?

梅里雪山是横断山脉中段怒江与澜沧江之间的一段,横断山脉又为何如此神奇,创造出如此美丽的雪山呢?横断山脉位于青藏高原东南部,是川、滇两省西部和西藏自治区东部南北向山脉的总称。处于中国西部地槽区与中国东部地台区之间的康滇地轴。由喜马拉雅运动时期亚欧板块与印度洋板块碰撞,形成褶皱山脉,并形成一系列断陷盆地。区内丘状高原面和山顶面可连接为一个统一的“基面”,“基面”上有山岭,下为河谷和盆地;横断山脉岭谷高低悬殊。就是因为这点,所以才使得山给人以一种畏惧感,有了一种庄严,成为朝圣者的神也不足为奇了。向上仰望总能给人一种目标,“具佛缘的千佛聚于顶上”,由于高不可攀,对山顶的幻想也就由此而生了,神奇也就是由于悬殊的海拔造成的。另外,卡瓦格博峰下,冰川、冰碛遍布,这也是一种威严,这个又是怎么产生的呢?梅里雪山共有明永、斯农、纽巴和浓松四条大冰川,属世界稀有的低纬、低温(零下5度)、低海拔(2700米)的现代冰川,其中最长最大的冰川是明永冰川。我们知道,在高山上,冰川能够发育,除了要求有一定的海拔外,还要求高山不要过于陡峭。如果山峰过于陡峭,降落的雪就会顺坡而下,形不成积雪。所以,梅里雪山给人又会有一种和谐之感,有佛的气质。

虎跳峡

雪山峡,高且狭,刀崖峡谷摩天插,地轴雄奇天下甲,昔人呼之虎跳峡,千寻江浪鼓云端。飞鸟不敢下,行人到此心胆寒;舟楫不可渡,航人闻之裂心肝。裂心肝,心胆寒,神禹疏凿难复难。我欲移居绝壁下，朝朝暮暮，风风雨雨，卧听寒涛泻。

——和柏香《雪山峡》

清末纳西族诗人将虎跳峡的姿态描绘得淋漓尽致，诗中所写的雪山峡就是虎跳峡，江流最窄处仅约三十余米，相传猛虎下山，在江中的礁石上稍一脚，便可腾空越过，故称虎跳峡。峡内礁石林立，有险滩 21 处，高达十来米的跌坎 7 处，瀑布 10 条。为什么又叫雪山峡呢？这个就要从其地理位置和它的产生原因来说。湍急的金沙江流经石鼓镇长江第一湾之后，忽然掉头北上，从哈巴雪山和玉龙雪山之间的夹缝中硬挤了过去，形成了世界上最壮观的大峡谷，峡谷中最窄的地方就是著名的虎跳峡景观。

诗中“舟楫不可渡”可以显现出它的凶猛。当年尧茂书所率领的长江探险队就曾经在此沿江向下游漂流，但是由于过于凶险，尧茂书不幸遇难。1985 年 7 月 24 日，让我们记住他为了国家的荣誉而遇难的时间。

在感受大峡谷壮观景色的同时，人们不禁感受到流水作用的强大，能从如此壮观的雪山之间穿过去，它的巨大力量可想而知。流水对地表岩石和土壤进行侵蚀，对地表松散物质和它侵蚀的物质以及水溶解的物质进行搬运，最后由于流水动能的减弱又使其搬运物质沉积下来，这些作用统称为流水作用。这里流水作用的源泉显然是高山融雪。水流掀起地表物质、破坏地表形态的作用称为侵蚀作用，侵蚀作用还包括河水及其携带物质对地表的磨蚀作用，以及河水对岩石的溶蚀作用。

结尾

由于全球气候变暖，香格里拉的生态日益脆弱，但旅游人数又不断攀升，这使它的未来令人担忧。想让它成为世界历史永远的瑰宝就要从一点一滴做起，切实努力，着眼长远，舍得放弃眼前的经济利益，实现可持续发展，为世界留下一点完美。

鬼斧神工修三峡

王琦(PB03210023)

万里长江从冰峰迭起、雪莲丛生的青藏高原，汇集千河百川，横切深山峡谷，一泻万里。当它流经四川盆地，在吸纳了岷江、嘉陵江、乌江等几条大支流之后，水量骤然增加，形成滔滔巨流，以气吞山河之势，劈开崇山峻岭，冲破巍巍夔门，夺路而下，浩浩荡荡，气势磅礴，形成了举世闻名的三峡。正所谓“西控巴渝收万壑，东连荆楚压群山”！

三峡那壮丽的自然景观和那博大的气势给人以无限的绮思和遐想。如果说郦道元的那一段“自三峡七百里中，两岸连山，略无阙处……春冬之时，则素湍绿潭，回清倒影。绝巘多生怪柏，悬泉瀑布，飞漱其间，清荣峻茂，良多趣味”给我们的是一种浑然天成的自然之趣；那么李白的“两岸猿声啼不住，轻舟已过万重山”则是一种“惊风雨而泣鬼神”的豪爽气势；杜甫的“江间波浪兼天涌”和“三峡星河影动摇”则给我们以不同情调的壮美情怀；还有宋玉的《高唐赋》中“巫山之阳，高丘之岨。旦为朝云，暮为行雨；朝朝暮暮，阳台之下”和《神女赋》中“其始来也，耀乎若白日初出照屋梁；其少进也？皎若明月舒其光……晔兮如华，温乎如莹。五色并驰，不可殚形。详而视之，夺人目精”则给我们以飘渺而绚丽的优美。

船过峡中，环赏两岸景色，仿佛徜徉于彩色画廊之中。两岸山峰更是绮丽多姿，有的在云封雾迷之中，似有若无，宛若一幅淡淡的水墨画；有的乱石穿空，骇浪奔腾，好似一幅色彩浓重的油画；有的绝壁高耸，悬岩欲跌，又像一幅刀锋刚劲、对比鲜明的版画。这一幅幅画面，疏密相间，浓淡有致，毫无雕琢斧凿之痕，却盈天造地设之妙，船动景移，使人目酣神醉，迷不知其所之也。

自古以来，三峡以其独特的自然风光，吸引着无数文人墨客向往于此、留恋于此，因此，在文学史上有关三峡的古文诗篇也是数不胜数。下面就让我们循着文人墨客的生花妙笔来体验三峡，感受她的强大魅力吧！

三峡的形成

关于三峡的形成有很多美丽的传说，《淮南子》中记载“禹治洪水，凿江而通九路，决巫山，令江水得东过”，终于使长江“东流之注五湖之处，以利荆楚、越与南夷之民”。又清代严可均《全上古三代秦汉三国六朝文》中记有传说：“荆有一人名鳖灵，其尸亡去，……蜀王以为相，时玉山出水，若尧之洪水，望帝不能治水，使鳖灵决玉山，民得陆处……委国授鳖灵而去。……鳖灵即位，号曰开明奇帝。”郦道元《水经注》的记载则是：“时巫山峡(狭)而蜀水不流，帝使令(鳖灵)凿巫峡通水，蜀得陆处。望帝自以德不若，遂以国禅，号曰开明。”这些关于三峡形成的美好神话传说反映了古代劳动人民群众在与洪水长期斗争中的强烈愿望。从地质发育看，长江三峡显然不是人工开凿或鬼斧之功，而是强烈的造山运动所引起的海陆变迁和江河发育的结果。

早在距今二亿年前的三叠纪，那时中国的地形是东部高，西部低，现今长江流域的西部地区是一片水域非常辽阔的大海，它与古地中海相通，这个大海从三峡地区一直延伸到西藏、青海、贵州等广大地区。秭归为当时的滨海—潟湖地区，有海陆交替的含煤沉积。

在距今一亿年前的三叠纪末期，地球上又发生了一次强烈的造山运动(即印支运动)，这次运动使三峡地区地壳上升，古地中海向西大规模地退出了三峡地区，现今著名的黄陵背斜也初具规模地露于海平面之上。在它的西面留下秭归湖、巴蜀湖、西昌湖、滇池等几个大水域，除秭归湖之外，它们被一个水系串连起来，从东到西，由南涧海峡流入地中海，这就是西部古“长江”的雏形；在它的东部有当阳湖、鄂湘湖、鄱阳湖及其他众多湖泊，它们也有大河相连，这是古东部“长江”的雏形。

在距今大约七千万年前，我国发生了燕山运动。四川盆地和三峡地区开始隆起，秭归湖消失，洞庭、云梦盆地开始下降。至今，在三峡地区海拔高达1000米的一些山岭上，还可看到过去地质年代里湖底遗留下来的大量卵石和化石。在威力无比的造山运动中，厚层的岩石被挤压得弯弯曲曲，就像大海的波涛一样。三峡地区的巫山、黄陵三段山地背斜，就是在燕山运动中形成的。这些背斜隆起之后，东西两坡上顺着坡面发育的河流，各自形成相反的流向，但还没有形成统一的长江水系。

直到距今三四万年前的喜马拉雅造山运动时，长江流域地面普遍间歇上升，其中上游上升最为剧烈，多形成高山、高原和峡谷；中下游上升稍缓，甚至继续沉降，因而多为丘陵、平原和湖泊低地，于是出现了西高东低的地形。直到现在，三峡地区的地壳还在上升。由于流域的地势西高东低，东坡的河流比西坡的强，三峡的三个背斜终于被切穿，于是，江水贯通一气，永远地“大江东去”了，从此“不尽长江滚滚来”！

巫山十二峰与“巫山云雨”

“放舟下巫峡，心在十二峰”，这两句古诗，道出了游人对十二峰的倾慕之情。巫峡两岸，峰奇峦秀，船行峡中，时而细雨霏霏，竟日难晴；时而云缠雾绕，似若幻境。巫山十二峰和“巫山云雨”都是三峡的胜景，都赋予了三峡强大的魅力，古时的文人骚客吟咏巫峡奇峰、云雨的也颇多。

碧丛丛，高插天，大江翻澜神曳烟。
楚魂寻梦风飔然，晓风飞雨生苔钱。

——李贺《巫山高》

昨夜巫山下，猿声梦里长。
桃花飞渌水，三月下瞿塘。

——李白《宿巫山下》

巫峡迢迢旧楚宫，至今云雨暗丹枫。

——李商隐《过楚宫》

十二巫山见九峰，船头彩翠满秋空。
朝云暮雨浑虚语，一夜猿啼明月中。

——陆游《三峡歌》之一

巫山十二重，皆在碧空中。
回合云藏日，霏微雨带风。
猿声寒度水，树色暮连空。
悲向高唐去，千秋见楚宫。

——李端《巫山高》

更为脍炙人口的是十二峰峰名联句："神女朝云千古谈，聚鹤过江飞集仙。翠屏青葱松峦绿。飞凤登龙掩翠屏，聚鹤集仙披朝云。起云上升凝圣泉，松峦静坛神女峰。"

巫山如此奇观，亦有其原因。长江由西向东横切巫山背斜，出现了百里巫峡。由于巫山是我国著名的暴雨区之一，雨量特大，又系石灰岩地区，在长期风雨侵蚀和河川深切之下，形成了气势峥嵘，姿态万千的座座奇峰秀峦。十二峰就是巫山峰林中引人入胜的佼佼者。

"巫山云雨"是巫山地区的另一典型风貌，它是因为巫峡的峡谷气候使水汽长年不散而形成的。长江三峡处于我国季风气候区的西部，西接四川盆地，东临长江中下游平原，北部为大巴山区，南部为湘黔山地，组成了一个"八"字形的特殊地形，这就构成了三峡地区气候的复杂性，它是一种独特的峡谷气候。巫山地区是长江流域著名的暴雨中心之一。三峡一带，年降水量虽不过 1000 多毫米，但却集中在七八月份的雨季期间。巫山的雾，每年虽然只有 10 天左右，可是由于巫峡两岸群峰矗立，峡谷高深，即使在万里无云的晴朗日子，阳光也不易照射到峡内，这样一来，峡内久久蒸郁不散的湿气，免不了便要形成漫漫云雾了。

近年来，长江巫峡水位的上升，使巫山十二峰中几座峰难见旧日的雄奇壮丽，可却使巫山云雨更加神秘。巫峡水位上升，温度增加，水雾增多，江面上形成层层雾霭，使"巫山云雨"更显神奇色彩。

船行峡中，环赏这两岸的壮美景色，内心定会欢愉舒畅，游目骋怀，寄情于诗词歌赋之中，如此真可称得上是人生一大快事，人们对美的追求永远不会改变，那就让我们付诸行动，为保护三峡的生态环境做出自己应有的贡献吧！

“两岸猿声啼不住”已成往事

诗仙李白的“两岸猿声啼不住，轻舟已过万重山”形象生动，给人一种锋棱挺拔、空灵飞动之感，千古流传。古时的三峡，林木茂盛，野生果实很多，而且由于江流汹涌，滩多水急，来往船只稀少，为猿猴的栖生提供了极好的条件，猿声四时可闻，猿踪四时可觅，而在古诗中，以猿声入诗者也比比皆是。

巴东三峡巫峡长，猿鸣三声泪沾裳。

——郦道元《水经注》

烟霞乍舒卷，猿鸟时断续。

——王融《巫山高》

笛声下复高，猿啼断还续。

——梁简文帝《蜀道难二首》

巫峡苍苍烟雨时，清猿啼在最高枝。
个里愁人肠自断，由来不是此声悲。

——刘禹锡《竹枝词》

风急天高猿啸哀，渚清沙白鸟飞回。
无边落木萧萧下，不尽长江滚滚来。

——杜甫《登高》

目极魂断望不见，猿啼三声泪滴衣。

——孟郊《巫山曲》

昨夜巫山下，猿声梦里长。

——李白《宿巫山下》

瑶姬一去一千年，丁香筇竹啼老猿。

——李贺《巫山高》

朝云暮雨浑虚语，一夜猿啼明月中。

——陆游《三峡歌》

江上荒城猿鸟悲，隔江便是屈原祠。

——陆游《楚城》

所谓猿啼,实是猿语。从猿猴的生活习性看,猿喜群居,或以啼声作为警戒的信号,或以啼声作为感情的交流,其音高亢尖厉,由缓而急,由远及近,回荡于山谷之中,声传数里之外,此起彼伏,所以给游子以"啼不住"之感。

现在,三峡生态环境发生了很大改变,山上草木稀疏,轮船来往频繁,尤其是国家兴建葛洲坝、三峡大型水利工程,生性胆小的猿猴,早已另觅"新居"。现在,我们在峡中行船旅游,再也听不到猿声,更难看到猴影了。曾在中华古诗文中写下重要一笔的猿猴,如今却难以重复昨天的故事了,这不能不说是现代文明的一种悲哀!行船方便了,大型的蓄水、发电工程也已经或正在兴建,可我们在为自己谋利益的同时却并没有考虑到其他生物的利益,它们也是三峡的主人啊!尤其是1998年发生的百年不遇的特大洪水,更是为我们敲响了警钟:在开发利用三峡,享受三峡美妙风光的同时更要重视保护三峡的生态环境!

保护三峡生态环境

三峡的诗话,不同于那些华而不实的词句,有一种自己独特的韵味。这种韵味,须用心去品尝,用心去体会,才能感受到其魅力所在。

三峡的诗话,有着大山、大河的那种宽广,那种豪气。"大江东去,浪淘尽,千古风流人物",试问若不是看到汹涌澎湃的长江,苏轼何来此灵感,何能得此千古佳句!

三峡的诗话,也有着小桥、流水的那种柔情,那种细腻。"东边日出西边雨,道是无情却有情",刘禹锡的这句名诗如今已成为老百姓所传唱的佳话。

三峡的诗话,有着大江汹涌般的豪气,也有着小河潺潺的情思。说不尽、道不完,内容丰富,姿态万千,实已成为灿烂的中华文化中不可或缺的一部分,三峡的诗词感动着我们,也在警示着我们要在利用三峡的同时更要重视保护三峡的生态环境。不止是为了子孙后代,也为了我们的先贤,为了不辱没他们的才情,为了能够再次用心去品尝,用心去体会他们诗话中的韵味,重温三峡的强大魅力。

让我们记住："关于三峡工程的生态环境保护工作永远只有起点，没有终点。"

[1] 王育民. 中国历史地理概论[M]. 北京：人民教育出版社，1988.
[2] 杭侃，郝胜国. 永远的三峡[M]. 上海：上海辞书出版社，2003.
[3] 谷一然. 千家诗[M]. 北京：人民文学出版社，2004.
[4] 长江水利委员会. 三峡大观[M]. 北京：水利出版社，1986.

岩溶山水甲天下

陈小磊(PB02013042)

在人类生息着的地壳上，无论在人类出现之前，还是在人类出现之后，都不停地发生着各种各样的地质作用。在众多的地质作用中，有一种叫做喀斯特作用。这是一种和水对岩石的溶解作用有关的独特的自然过程。凡是可溶性岩石(主要为碳酸盐类)，在一定的条件下遇到水后就会发生这种作用。这种作用不断发生，久而久之，它就像一位手艺高超的工匠一样，在岩石中，在宏大的山体中，甚至在方圆上千公里的辽阔大地上，雕刻出别具一格的奇峰异洞来，这些就是喀斯特地貌。著名学者赵朴初有诗曰："高山为谷谷为陵，三亿年前海底行；可惜前人文罕记，石林异境晚知名"，说的就是云南石林的奇异风景。

云南石林

“喀斯特”是一个外来语，英文为“karst”。在巴尔干半岛有一个高原叫做喀斯特，那里是一片石灰岩裸露的地区，光秃秃的石头呈千奇百怪的形态，表现出与众不同的地貌景观。19 世纪末，著名的南斯拉夫地理学家司威治首先把那里的奇特地貌命名为喀斯特，从此这一地名就变成了地学中的专用科学术语。

中国史料中的喀斯特

喀斯特与我国古代文明的起源与进化有着密切的联系，“上古穴居而野外”(《易传·大壮·系辞下》)，说的是在遥远的上古时期，人类居住在野外的洞穴之中。1921 年，瑞典人安特生首先在北京周口店龙骨山的石灰岩溶洞中发现两颗类似人牙的化石，到 1929 年，我国古生物学家裴文中挖出一个完整的古人类头盖骨化石。龙骨山由中下奥陶统石灰岩组成。早在中奥陶统世末就开始遭受喀斯特作用，发育出一系列的略具规模的溶洞。在溶洞中不仅发现了人类的化石，还发掘出大量的石器、骨器与用火遗迹，表明我们的祖先长期以来就是以喀斯特溶洞为“家”的。

到了封建社会，我国人民在对喀斯特的认识、改造与利用方面，也是一直站在世界前列的。

远在秦汉之前的《山海经》中，就已出现“南禺之山，其上多金玉其下多水，有穴焉，水出辄入，夏乃出，冬则闭”的记述，对喀斯特地貌与喀斯特水的动态作了生动的描述。西汉时期的史学家司马迁、三国时期的吴王孙权、北魏地理学家郦道元、唐代文豪柳宗元等很多历史名人，都进行过一些有益的探索，尤其是孙权派人进行的“入二十余里而返”的溶洞探险，可以说是一次规模很大的洞穴考察。

这个时期，对于喀斯特形态的认识和利用方面，也颇有成就。例如钟乳石，西汉时期编写的第一部本草著作《神农本草经》中已有明确记载：“石钟乳，味甘温无毒，主咳逆上气，明目益精，安五脏，通百节，利九窍，下乳汁。”说明钟乳石已广泛用于医药方面。到魏时，不仅把钟乳石划分为石钟乳和石笋，而且还叙述了“生山谷阴处崖下，溜汁成”，说明已注意到成因问题。又如唐时的《此家州亭记》中记述

“每旱，民如秽其穴，辄涌水荡之，因得灌溉田”，说明那时就已开发与利用喀斯特水了。

到宋、元、明以及清朝前期，对喀斯特的调查，已发展为专门性的、规模遍及全国的活动，而且也开始了基本理论的探索，理论与实践均达到了一定的水平。其中最著名的是南宋的范成大和明代的徐霞客。

范成大，南宋诗人，有关喀斯特的著作有《太湖石志》与《桂海衡志·志岩洞》。在《太湖石志》中写道“石生水中者良，岁久波涛冲激，成嵌空石面鳞鳞作靥”，明确指出太湖石中的孔穴是因水的作用而生成的。《桂海衡志·志岩洞》是作者实地考察了各地的喀斯特洞穴之后，记述各洞的名字、位置、规模、水文与堆积物等，书中还把桂林的喀斯特景观描写得神气活现，如“桂之千峰，皆旁无延缘，悉自平地崛然特立，玉笋瑶篸，森列无际，其怪且多，如此，诚当为天下第一”，提出了“桂林山水甲天下”之说。

说到喀斯特，不得不提到徐霞客。徐霞客是明代著名的旅行家和科学家，从事科学旅游共 34 年，按日记载了自己的所见所闻，后人整理成为《徐霞客游记》。《徐霞客游记》中有关喀斯特的记述有 39 万多字，对各类喀斯特形态的描述十分生动，堪称是一部最伟大的喀斯特巨著。《楚游日记》中描述了峰林为“望芙蓉、烟霞、石廪、天柱诸峰，皆摩霄插云，森如列戟，争奇竞秀，莫肯相下”；《滇游日记二》中描述溶斗与溶洼为：“从岭上东向平行，其间多坠壑成阱，小者为眢井，大者为盘洼”。徐霞客不仅注意观察了各区域喀斯特形态，而且还仔细考察了区域喀斯特发育的规律：“盖入祁阳境，石质奇，石色润；过祁阳，突兀之势，以次渐露，至此随地涌立”（《楚游日记》）；“路依西界北行，遥望东界遥峰下，峭峰离立，分行竞颖，复见粤西面目，盖此从立之峰，西南始于此，东北尽于道州，磅礴数千里，为西南奇胜”（《滇游日记》）。以上是徐霞客在游历广西、云南与贵州喀斯特区域时所考察到的喀斯特景观特征，像徐霞客所进行的区域性考察，在欧洲迟至 18 世纪 70 年代才开始。

北宋以来有关喀斯特的重要著作，还有北宋沈括的《梦溪笔谈》，陆游的《入蜀记》，南宋周去非的《岭外代答》，明代祁露的《赤雅》，清代田雯的《黔书》与陈鼎的《黔游记》《滇游记》等等。这些著作，不仅文辞生动优美，而且反映了古人对喀斯特的认识和探索，都具有较高的科学和科学史价值。这些文献资料说明我国古代劳动人民对喀斯特地形的研究走在了世界的前列，为世界喀斯特科学的发展作出了贡献。

喀斯特地形在我国的分布

喀斯特岩溶地貌在我国有着广泛的分布，这也是我国古代喀斯特研究走在世界前列的重要原因之一。我国的岩溶分布主要集中在华南和西南，这两个地区分别发育了或保留着大面积的热带岩溶，如广西、广东和台湾，均是我国典型的热带岩溶地区；其次是长江中下游的我国中部地区，岩溶程度较弱；再次为华北地区，由于气候的影响，岩溶程度远不及南方。青藏高原海拔 4000 米以上残存的古热带岩溶岩，已受寒冻作用的改造，为一特殊类型的岩溶。

广西气候炎热潮湿，年平均温度在 20 摄氏度以上，年降雨量一般超过 1500 毫米，碳酸盐类岩层发育完善，沉积建造以碳酸盐类岩石为主，岩层总厚度达 3000～5000 米。碳酸盐类岩石的分布面积约占全自治区面积的一半，大致桂东北以泥盆以下石炭统为主，桂中以石炭一二叠系为主。岩性较纯，大部分为石灰岩和白云岩，且多厚层，最利于岩溶的发育，常形成陡峭的峰林。石灰岩和白云岩间的过渡类型岩石的结构和类型不均一，受岩溶作用，岩体变得疏松多孔，故所形成的峰林无悬崖峭壁，洞穴小而多，如柳州、来宾一带的石炭系黄龙灰岩，但此类岩石在广西分布较少。广西典型的峰林地形主要分布于岩性较纯的灰岩地区，而不纯灰岩或灰岩夹非可溶岩的地区，则峰林不明显，甚至呈缓坡丘陵景观。按照岩溶发育过程的特点，广西的岩溶地貌大致可分为峰丛、峰林、孤峰和残丘四种类型。

广东岩溶主要分布于西北部北江、连河和西江流域，面积较小，多成零星小片，彼此相连接，但峰林地貌极为典型。台湾南部许多地方分布有隆起的更新世珊瑚礁灰岩。由于这些灰岩的时代较新，且往往被砾石层掩覆，故岩溶化尚不强烈，一般地表平坦，仅发育了一些浅小的漏斗和溶洞。

广西桂林山水

西南地区包括贵州的中部和南部以及云南东部，这里的岩溶是在第三纪古热带岩溶的基础上继续发育的。故黔南和滇东目前虽已是亚热带气候，尚残留有比较典型的峰林、石林等热带岩溶地貌。

中部地区包括长江中下游各省及浙江，其中尤以贵州北部、湖北西部、湖南西部和四川东部碳酸盐类岩石分布最广，从震旦系至三叠系的碳酸盐类岩层均有出露。在构造上，本区有最为复杂的褶皱地带，长江在这里自西向东，切过褶皱山地，成为著名的长江三峡。以湖北西部来说，碳酸盐类岩石中以白云岩占主要部分，故岩溶化程度一般较弱，与贵州地区相比较，长江宜昌峡地区厚层、中厚层碳酸盐类地层的洞穴体积率是贵州乌江峡谷地区同类型地层的 1/3～1/2。

华北地区碳酸盐类岩石以寒武奥陶系为主，主要分布在北京市的西山地区、山东中南部、山西与河北的太行山、太岳山、吕梁山和燕山以及秦岭、大巴山一带。华北地区岩溶的特征是：地表岩溶形态如大型洼地、落水洞等一般不发育，而以岩溶泉、干谷等为主，大型洞穴及暗河也不如华南、华中那样广泛。在山地与平原和盆地相接触处，常有大型岩溶泉出露。

青藏高原的岩溶发育于海拔 4000 米以上的高寒高原上，是世界岩溶的一种特殊类型。在海拔4800～5000米的遮普山和昂章山上，有低矮的峰林和竖井等。它们显然是第三纪的古热带岩溶形态，当时喜马拉雅山地海拔较低，气候湿热。在目前气候条件下，这些第三纪的热带岩溶形态已受寒冻风化作用的强烈破坏，现在，峰林的基部堆积有大量剥落的石灰岩块。昂章山等处的竖井也已破残。定日东山的一个过去发育的溶洞，洞顶塌下后，洞壁受后来寒冻风化作用破坏，形成了霜蚀“脑纹”。现代岩溶主要是河谷旁的一些小溶洞。西藏东部江达以东，穿洞、天然桥和溶洞甚多。也因地面不断抬升已受寒冻风化的破坏。在青藏高原上，残余峰林分布甚广，东起昌都邦达，西至日土县和班公湖，北起昆仑山，南至喜马拉雅山北麓，分布高程在安多县北达海拔5100米，是目前世界上已知的海拔最高的热带参与峰林。在珠峰地区的亚里村附近波曲河的阶地上，有一个岩溶泉从奥陶系灰岩中流出，形成巨大的扇形石灰华堆积，面积达几平方公里，厚2米以上。

喀斯特岩溶地貌的形成

岩溶作用是一种特殊的地貌过程，即在一定的地质、气候和水文的条件下，主要通过地表水与地下水对可溶性的碳酸盐类岩石进行溶蚀和冲刷，产生一系列特殊的地貌形态和地下各种通道和洞穴，地表水与地下水在水平与垂直循环中穿通一气，共同活动。岩溶的发育过程复杂，涉及的因素很多，不过主要取决于岩性、构造、气候等条件。

岩溶的分布与岩性有密切的联系，只有碳酸盐类岩石分布的地区才有岩溶，因此，中国碳酸盐类岩石的分布在一定程度上也就是中国岩溶的分布。碳酸盐岩石分布面积广，岩性变化小，单层厚度大，最有利于岩溶的发育。

水的溶解力是岩溶发育的必要条件，天然的溶解力多半取决于其中的碳酸含量，即水中游离CO_2的存在量，它与碳酸盐作用而转为重碳酸盐，这样，其溶解度可大大增加。由此可知，碳酸盐的CO_2溶解速度与空气中CO_2扩散进入水中的速度有关。扩散速度是很慢的，据估计，水中CO_2含量要恢复平衡，至少需要24小时或更长的时间。但如温度增高，则扩散加速，水中 CO_2 可在较短时间内恢复平衡。由此可证明热带的溶蚀速度较温带、寒带快。

地表水和地下水的运动也是岩溶发育的必要条件。水对可溶性岩石进行溶蚀、冲蚀的破坏程度，取决于水流的运动强度和交替作用。岩石的透水程度和排水条件、地下水的排泄和补给状况对水的运动和交替都有很大的影响。

气候条件对岩溶的形成也有很大的影响。广西是世界上典型的热带岩溶地区之一，岩溶地貌以峰林为主要特征，我国北方地表岩溶一般不大发育，以岩溶泉和干谷为特征，属于温带岩溶。我国中部四川、湖北、湖南、浙江以及安徽南部等地的岩溶则以各种岩溶洼地、漏斗及岩溶丘陵为特征，与亚热带地中海型岩溶相似。青藏高原的岩溶位于海拔 4000 米以上，属于高寒气候，古岩溶形态往往受目前寒冻风化作用的破坏。气候对岩溶速率也有一定的影响。另外，地貌、植被和土壤覆盖层等因素，对岩溶发育都有一定影响。

岩溶地貌的主要特征是溶洞，从全国各地溶洞的大量实际资料来看，溶洞的形成可归纳为下列三种情况：

1. 与侵蚀基面(大河河面)相适应的溶洞

溶洞主要是由暗河水平运动所发育，有较长的近于水平的通道，这种通道大多可以同河谷阶地或现代河面相对比，如广西桂林七星岩、广东肇庆七星岩等。此类溶洞往往发育于浅饱和带的较大的高程幅度内，特别在峡谷地区，河床深切，河床下有时也有溶洞发育，其高程远低于河面，例如长江宜昌峡的溶洞在江面以下 120 米。且由于承压关系，峡谷两岸与目前河面相适应的溶洞，其出口也往往在河面下，这种情况在乌江峡谷和长江三峡都普遍可见。因此，浅饱水带内发育的溶洞也并非都能与阶地相对应。

2. 深饱水带内的溶洞

溶洞大致呈垂直的管道状，水平延长不远。主要是在下列条件下发育的：(1) 构造条件：岩层倾角大，近于直立，利于岩溶化顺层面向深部发展，并有高角度的较大的富水断层破碎带，导致地下水向深部循环，深部溶洞均与较大的走向冲断层、岩性界面和张性断裂有关。(2) 岩性条件：深部溶洞主要发育在纯质的灰岩中。(3) 水文地质条件：处于地下水排泄泉口附近，地下水丰富，水循环交替迅速，导致岩溶化向深部发展。

3. 承压水区发育的溶洞

在适宜的构造条件下，承压水在地下深处流动比较迅速，而且水中往往富含 CO_2 和其他酸类，因此具有一定的侵蚀性，故承压水地区常在深处有溶洞。这些深部溶洞，有的可能为过去所形成的，目前已基本上停止发育；有的则尚未被填充，仍在继续发育。有些溶洞可能受后来上升运动的影响，目前高程与溶洞形成时已有很大不同。在岩溶长期发育过程中，地下水下渗的深度最终可达碳酸盐类岩体的底部，故侵蚀的深度也可达岩体的底部。

喀斯特地形可开发利用的资源

喀斯特地形以其瑰丽多姿的奇异风光，在旅游资源中占有重要的地位。我国喀斯特地形有很多富有趣味的旅游胜地，其中颇有名望的就有三十余处。最有名的是桂林山水，这是世界上规模最大、景致最美的喀斯特游览区，不论是形象逼真的象鼻山，端正俊俏的“南天一柱”独秀峰，还是令人神往的芦笛岩，都吸引着越来越多的中外游客。

桂林象鼻山

还有云南省路南县的石林村，也是世界闻名的喀斯特风景区。远眺石林村，只见海拔 2000 米的石林多级夷平面上，灰岩峥嵘，奇石点点，走进石林村，展现在眼前的是一望无际的石漠景象。

云南路南县石林

除此之外，还有长江三峡、贵州的黄果树瀑布、广东的七星岩、北京的云水洞等等。

除了旅游观光价值外，喀斯特水是地下水的重要组成部分。我国的喀斯特含水层分布广泛，厚度很大，且多数是中等以上富水的，是地下水的巨大宝库。特别是在南方各地，水资源总量之中，喀斯特水所占的比例是相当高的。例如在广西，喀斯特水资源的总量达 389.7 亿立方米，约为其他地下水资源的 3.7 倍之多，相当于全区大小地表河流年径流量总和的四分之一还多。

不同地区之间含水层的基本特征也是不同的。在北方地区，喀斯特水赋存于彼此相通的溶隙和溶孔中，含水层具有一定的地下水面，多具散流的特点，喀斯特承压含水层发育，其中之水常以涌泉的形式出来，这种泉的水量大而稳定，是极好的天然水资源。在云贵高原上，喀斯特水赋存于喀斯特管道之中，溶洞水是主要可利用的资源；在分水岭补给区，主要是深埋的溶洞溶隙型水资源；在河谷排泄区，主要是出露于谷坡上的暗河出口水资源；在分水岭和河谷之间的地区，主要是流经竖井、落水洞底部的暗河水。在两广地区的峰丛—溶洼区水资源，主要是深埋的暗河水；峰林—溶盆区主要是脉状暗河水与溶隙水；在孤峰—溶原区主要是网状暗河水与溶隙水等。因此，开发与利用喀斯特地下水资源时，应因地制宜，因势利导，努力做到用最少的投资得到最多的水。

另外，喀斯特作用的结果，在石灰层中生成了无数的溶孔、溶隙和溶洞，在石灰岩层上形成了为数众多的溶沟、溶斗、溶洼等。在这些喀斯特空洞之中，不仅为人类富聚有水资源，而且富集有其他的矿产资源，如石油、天然气、铁、钼、锡、铅等供人们开采利用。

[1] 车用太，鱼金子. 中国的喀斯特[M]. 北京：科学出版社，1985.

[2] 中国科学院《中国自然地理》编辑委员会. 中国自然地理地貌[M]. 北京：科学出版社，1980.

[3]《第二届岩溶学术会议论文选集》编辑组. 中国地质学会第二届岩溶学术会议论文选集[C]. 北京：科学出版社，1982.

牛渚春涛溯宋唐

陈晓琳(PB03023066)

关于诗仙李白的死,有很多种传说。其中有一种是:在一个月色清美的夜里,他身穿锦袍,泛舟牛渚,豪饮杜康,酒酣之时入江捉月,从此与世长辞。这一极富浪漫气息的传说让人不由得把目光投向了这块曾经接纳了诗仙躯体的地方——牛渚。

陆游在《姑孰游记》中写道:“采石一名牛渚,与和州对岸,江面比瓜洲为狭。”相传古时有人在此拾获五彩石,因而得名采石。人们不禁要发问了,这与“牛渚”有什么关系呢?同样也是传说,在这一段江面下有一个深不可测的洞穴,与洞庭湖相通,里面住着金牛魔怪,时常兴风作浪,吞没江面上的行舟,使无数过往行人死于非命。“牛渚”一名正是表现了这里的奇与险。更值得一提的则是引无数骚人墨客挥毫于此的“姑孰(马鞍山市当涂县)八景”之一——“牛渚春涛”。

明代的祖隽在《姑孰八景赋》中写道:“龙山秋献枫林之景,牛渚春涨桃花之水。”淡淡的笔法为我们勾勒出了一幅温暖的图画:三四月间,大地回春,上游的雪水融化,同时降水也增加,浩荡的江水到了这里遇见岸边的屏障,回潮形成春涛。同时这也是桃花竞相开放的时节,两岸的花色配合水色,美不胜收!

单从祖隽的描述看来,“牛渚春涛”似乎是十分安宁的景观。事实上,它也有着十分暴戾凶悍的一面,有如草原未驯之野马,浩浩荡荡,奔袭而来。有李白《横江词六首》为证:

其一

人道横江好,侬道横江恶。

一风三日吹倒山,白浪高于瓦官阁。

其二

海潮南去过浔阳，牛渚由来险马当。
横江欲渡风波恶，一水牵愁万里长。

其三

横江西望阻西秦，汉水东连杨子津。
白浪如山那可渡，狂风愁杀峭帆人。

其四

海神来过恶风回，浪打天门石壁开。
浙江八月何如此？涛似连山喷雪来！

其五

横江馆前津吏迎，向余东指海云生。
郎今欲渡缘何事？如此风波不可行。

其六

月晕天风雾不开，海鲸东蹙百川回。
惊波一起三山动，公无渡河归去来。

这里的横江指的是和县与马鞍山市当涂县之间的一段长江，因江水至此由东流而改为直北流向，故此得名。横江浦与牛渚矶隔江相望，在这里，大风是很常见的，既猛又狠，“一风三日吹倒山”。有风有水，自然就激起了如山的白浪。“涛似连山喷雪来”，连农历八月时的钱塘江潮也不能与这里的惊涛骇浪相提并论。虽然说诗人们都善用夸张的修辞，但当年“牛渚春涛”的雄伟壮阔由此可见一斑！

风浪回旋，地势险阻，如此波澜壮阔的景致究竟是怎样形成的呢？王安石曾经给过他的解释：“历阳之南有牛渚，一风微吹万舟阻。华戎蛮蜀支百川，合为大江神所躔。山盘水怒不得泄，到此乃有无穷渊。”（王安石《牛渚》）。的确，这一风激起的千层浪正是此处险峻的地理形势的产物。

所谓“矶”，是指在河段两岸可以经常见到的基石。悬崖峭壁矗立江边，如列屏障，牛渚便是这样的一种形态。另外，著名的“天门中断楚江开”中的天门山就是在牛渚矶的上游，两山对峙逼仄如门。《中国自然地理·历史自然地理》论证：“采石至慈姥山岸段，元代之前，西岸显著向东突出成大凸岸，采石江面极为狭窄，两岸樵声相闻，可辨人眉目，估计采石江面最大宽度不超过一公里。”浩浩荡荡奔流至此的江水经过这里，就犹如困窘之怒兽，“海神来过恶风回，浪打天门石壁开”，奔腾咆哮，势不可挡，从而形成了类似海水倒灌的景象。

但随着时间的推移，人们现在已经没有办法再见到那般程度的“牛渚春涛”了。由李白《横江词六首》中的“海潮南去过浔阳”可知，唐代的潮水逆江而上，可以到达今日的九江附近。后来，由于长江入海口逐步下移，湖口至镇江段堤岸受浔阳地盾较强掀斜影响，东岸较为稳定，西岸长期受海潮冲刷，坍塌十分严重，江岸变成顺直江岸。另外元、明、清时江心的大沙洲大量涌现与结体，使得“春涛”逐渐减弱。至乾隆三十七年，黄景仁《笥河先生偕宴太白楼醉中作歌》中写道：“潮到然犀亭下回”（太白楼、然犀亭皆是牛渚山上景点），说明海潮逆江至牛渚山已是大不如以前壮观了，有如强弩之末。可以说，江心洲的形成，是“牛渚春涛”消失的主要原因。

现今的我们已经无法亲眼目睹那令人心潮澎湃的景观，这不能不说是一种遗憾，但有幸还有诗人们描绘出的一幅幅精美绝伦的画卷，带着我们梦回那汹涌的“牛渚春涛”……

醉卧牛渚抱杜康，
梦回大唐荡横江。
若得太白同舟渡，
同捧回潮饮月光
……

［1］ 朱世英，高兴. 古人笔下的安徽胜迹［M］. 合肥：安徽人民出版社，1982.

［2］ 李白. 李白选集［M］. 郁贤皓，选注. 上海：上海古籍出版社，1990.

［3］ 王育民. 中国历史地理概论［M］. 北京：人民教育出版社，1988.

用诗歌破译牛渚矶水下音乐之谜

孙天然(PB03007127)

李白《牛渚矶》一诗写道：

绝壁临巨川，连峰势相向。
乱石流洑间，回波自成浪。
但惊群木秀，莫测精灵状。
更听猿夜啼，忧心醉江上。

绝壁巨川间，醉眼蒙眬的诗仙卧于扁舟之上，惊群木秀，听猿夜啼。自然万物，各竞风流，却有此间一个落魄的诗人“忧心醉江上”，是忧心明日没了沽酒的碎银两，还是忧心天下美景绝于今日，明天不知何处去？回想当年天子朝堂，力士脱靴，贵妃磨墨，何等洒脱，何其倜傥？诗仙如今却还有当初的风华万丈、放荡不羁么？豪情还在却也只剩了些痴痴笑笑，不会有“愿将腰下剑，直为斩楼兰”了。“莫测精灵”，是意乱情迷的诗人亲眼所见，还是“醉酒诗百篇”的兴之所至，这些于诗人已不重要了，于今天的读者，计较起来，却还有一番趣味！

据宋代刘敬叔《异苑》记载，晋代温峤致牛渚矶，“闻水底有音乐之声，水深不可测，传言下多怪物，乃燃犀角而照之，须臾，见水族覆火，奇形异状，或乘马车，著赤衣帻……”宋代郭祥正的《采石渡》中亦载“水神开府定岁年，犀烛朱衣马争跃”。甚至到了清代，仍有“河岳精灵生乐府”的说法。犀角烛照的传说给牛渚矶蒙上了一层神秘的面纱，轻衣薄纱下的峥嵘突兀，不舍昼夜的大江之水，带走了古今多少杀伐英雄的热血，成全了千古以来众多才子佳人的想象，又或者化解了多少痴男怨女的滴滴清泪，却终于成就了牛渚矶“万里长江三矶之首”的美誉。

“矶”从“石”，“几”声，为大水击石的声音。同时，矶字的形体形象地说明了它的意义。“几”的本意是古人席地而坐时有靠背的坐具。水边突出的岩石或石滩，可坐可卧，宛若列缺霹雳席地而坐的“几”。长江出于青藏高原，穿越山石，纳百川逶迤而东。长江万里而下，名胜风景无数，其以矶名而著者有三，自上而下为岳阳城陵矶、安徽当涂牛渚矶和南京燕子矶，称“长江三矶”。牛渚矶在安徽省马鞍山市当涂县境，因为形似水牛卧江而得名，又因唐朝设防在此置“采石军”，自唐之后，史籍遂以“采石”代“牛渚”。当涂位于长江南岸，县内的东梁山与隔江而立的西梁山夹江高耸，对峙如天门中开，得了一个形象的名字叫做天门山。长江至此，突然北折而去，所以自天门山而下流经牛渚矶的一段长江又称横江，诗仙所谓“天门中断楚江开，碧水东流至此回”，便是谓此了。

牛渚矶之所以凌城陵矶和燕子矶之上而居于三矶之首，与诗仙晚年对她的眷恋不无关系。而诗仙对她的偏爱，又起源于水府精灵激发了诗人无穷的想象，由此而一发不可收拾。千年以来，文人墨客觞咏不绝于此，牛渚矶从此声名大噪，直至今日。

牛渚矶的水下乐音，是自然天成的结果，还是这里本就是人类世界通向水府精灵世界的入口？无意破坏一个美好的想象，激越于诗仙李白“跳江捉月”“骑鲸升天”的潇洒飘逸，对“危岛耸峙，枫林如画”的景色的神往，指引我随着诗人想象，在领略诗歌之美妙和大好河山的同时，不禁发出一些对于天工造化神奇的赞叹来。

细赏吟咏牛渚矶的诗歌可以看出，牛渚矶水乐，其实并非什么水府精灵在作怪，只是其独特的地理位置和巧妙的形貌构造配合山、水、风等因素，在天与地之间的大剧院里，造化演奏出的一曲美妙乐章。

长江近天门而江面愈狭，犹若大江喉颈。南宋文天祥曾诗曰：“长江阔处平如驿，况此介然衣带窄”，极言天门之险。守住了天门，也就阻塞了敌军顺江而下进入吴越之地的通道，因此，天门为历代兵家互较长短之地。江水夺天门而出，江面渐宽，旋流不断冲刷着长江东岸，逐成椭圆弧形江岸线，像极一把提琴的圆肚形音腔，而牛渚矶正位于这音腔的右底部。江流至牛渚，迎面“青峰来合沓，势压大江雄”“大江天同泻，巨浪山与敌”，江水受到牛渚矶阻遏，以致惊涛拍岸，卷起山根鱼浪。倾泻的江水激起万里江涛，江涛拍岸，便产生了自然天成的浑宏音律。

“天门日涌大江来，牛渚风生万壑哀”，牛渚矶除以激流巨浪闻名外，飙飙狂风也使得其他矶头黯然失色。读清代宋荦的《牛渚风雪歌》，“牛渚孤舟三日泊，浩浩狂飙天外作”，由于风浪太大，游客不得不作三日之泊，牛渚的狂风便可见一斑。李白也在《横江词》中直言横江之风：“人道横江好，侬道横江恶。一风三日吹倒山，白浪高于瓦官阁”“浙江八月何如此，涛似连山喷雪来”。如此飓风，怎能不掀起滔天大浪，风生则浪涌，潮起而水乐生矣。

正如苏轼《石钟山记》一文所述，“山下皆石穴罅，不知其浅深，微波入焉，涵澹澎湃而为此也”，牛渚矶自身的地貌特征也是形成水乐的主要原因之一。牛渚矶矶头高兀，探视江水，随着地壳缓慢上升，在江水不断冲击下，矶底部形成了大小不等，深浅不一的洞穴，其中以金牛洞最大，最为著名。“金牛出没人不知”，金牛者，风邪？水邪？潮起潮落，波深波浅，江浪拍打着石洞，鼓动着洞内的空气，形成时快时慢的气流，怎能不发出时而清亮尖脆，时而低沉重浊的声响？清代著名学者姚鼐称之为金钟奏鸣：“高阁平临日月辉，倾岩下涌金钟奏”，并配以“幽谷寒声”，形成共鸣，于是便有了“洞窟崩嘶震天乐”。

由于洞内空气的振动而发音，这应该是牛渚矶水乐优雅缥缈的主要原因吧！

“天门南峙，三山北舍”，牛渚矶独特的地理位置，使乐声回声相应合。东西梁山连峰相向，犹如刀切斧劈，自成天门险势。天门山以北，又有黄山、翠螺山、望夫山环绕江岸，构成天然屏障。姚鼐写道：“空江远影吊苍茫，幽谷寒声生左右。”待江风鼓浪，便会产生空谷回响，使水声与回声交合相应。

有道是：“锁钥横江，载不住，千里涛声东去。但夜火星微，寒潮雪卷，照见空明牛渚。”从郭祥正的《采石渡》中，可以解读出牛渚矶水下音乐的成因：“采石渡头风浪恶，九道惊涛注山脚。金牛出没人不知，翠壁巑岏险如削。上有藤萝幂雾张羽盖，下有洞窟崩嘶震天乐。”

牛渚（采石）渡头的“狂风”，作用于本已急速倾泻的“江水”，掀起九道惊涛，拍击着矶下的“洞窟石罅”，再加上金牛洞吞风吐水，便产生乐音。乐音经过“峭壁”“空谷”反射，形成回声。于是，便汇聚成震天的音响。这就是牛渚水乐之谜底。

牛渚矶水乐是天籁之音，是长江雕琢的艺术品，是自然鬼斧神工的杰作。而传说中的精灵则是根本不存在的，若说“精灵”真正存在的话，我想，那该是变幻莫测的大自然了吧！

[1] 谢孟. 中国古代文学作品选：二[M]. 北京：北京大学出版社，1984.

[2] 中国社会科学院文学研究所古代文学室唐诗选注小组. 唐诗选注[M]. 北京：北京出版社，1982.

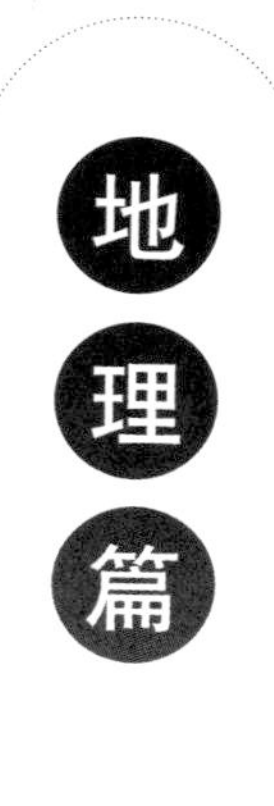
地
理
篇

浅谈古诗词中的地理环境

张礼玮(PB02005061)

从“蒹葭苍苍，白露为霜”到“春暮烟霞润，天和草木骄”，从“风萧萧兮易水寒，壮士一去兮不复还”到“连理枝头花正开，妒花风雨便相催”，从“一道残阳铺水中，半江瑟瑟半江红”到“出谷苍烟薄，穿林白日斜”，地理环境知识与中国古诗词的交融可谓源远流长。如果说中国古诗词是一条浩瀚的长河，一座恢弘瑰奇的艺术宝殿，一个令人神往的宇宙，那么地理环境知识必是那汇流之一，支柱之一，宙极之一。正因为它的存在，古诗词的取材得以扩大，内容得以丰富，价值得以提升。

墨客骚人，莫不触景生情，寓情于景。其中不乏胆识俱佳者，更将个人抱负与星云撼动相连，万物变迁比照。面对沧海，身沐秋风，远观百草，曹操咏出“日月之行，若出其中。星汉灿烂，若出其里”的千古名句。大海、洪波、日月、星河，这些恢弘的自然物象嵌入诗句，大有囊括宇宙之势，显出了作者非凡的壮志雄心。星体运动自有其特定规律，虽不能揭示本质，但将其表象与现实生活相联系，不失为古人认识宇宙的开端。唐末农民起义军领袖黄巢一句“他年我若为青帝，报与桃花一处开”，表明自己推翻李唐王朝的远大政治抱负的同时，唤起了多少后人关于改造自然的遐想。黄巢啊黄巢，你可知花期与地理环境，生物性态有多大关联，岂是人力所易为之事？面对春雪，主张“陈言务去”的韩愈颂道“新年都未有芳华，二月初惊见草芽。白雪却嫌春色晚，故穿庭树作飞花”。北方的时令因纬度的原因总是姗姗来迟，农历二月，春芽初生，芳华未现，却见春雪飘飞，犹如落花撒满枝桠。诗人心怀古文运动成功的希望，道出雪花的精神——为了展示春色，才飞到人间。雪尽春满园，飞雪之下正孕育着蓬勃的春天。

春归有时，纬度的高低直接影响着春天的步伐。同为农历二月仲春之时，江西的陶渊明察觉到万物复苏、欣欣向荣之气，“众蛰各潜骇，草木纵横舒”；西子湖畔的高鼎身处润泽的江南，也见到明丽的春光，“草长莺飞二月天，拂堤杨柳醉春烟”，更有拂动的“二月春风似剪刀”，不仅裁出了杨柳的丝绦，也裁出了盎然的童趣，“忙趁东风放纸鸢”；只有遭贬峡州的欧阳修，身处高纬的山城，依旧忍受着料峭的北风和肆虐的严寒，“春风疑不到天涯，二月山城未见花”。但是，春天的脚步是任何力量都阻挡不住的，“残雪压枝犹有橘，冻雷惊笋欲抽芽”，在春雷的呼唤下，橘枝已经泛绿，冻笋也在抽芽，希望正喷薄欲出。

海拔的高低、植物的繁茂程度亦影响着空气的湿度。“纵使晴明无雨色，入云深处亦沾衣”，好客的张旭对友人道出了大山深处云雾缭绕，无雨“亦沾衣”的山居经验，委婉地表达了留客的心意，真乃含蓄凝练，内含地理知识的常识。田园诗人王维亦深感其境，“山路元无雨，空翠湿人衣”，深山之中水汽氤氲，翠绿的山色如流欲滴，真乃秋之韵也。

在世界历法中独树一帜的中国传统阴阳历中，历月与季节没有可靠的对应关系，给依月定季节带来一定的不便，这在古诗词中也略有反映。“前月登高去，犹嫌菊未黄。秋风不相负，特地再重阳”，诗人严粲登高赏菊的雅兴并未因第一个重阳时令不遂人愿而淡去，闰九月重阳秋色宜人，又登高访菊，终于如愿以偿，大饱眼福。毕竟为古文人，长于诗词歌赋而疏于自然科学，若熟知阴阳历的不足，第一个重阳节的败兴或许可以避免。

地理环境知识是古诗词的构件之一，同时我们也可以从古诗词中窥见当时的地理环境概貌。“昔闻洞庭水，今上岳阳楼。吴楚东南坼，乾坤日夜浮”，杜甫在诗中描述了当年洞庭湖的壮观景色；再过两百年，到了范仲淹时期，“衔远山，吞长江”之势依旧不减当年；又过了两百年，范成大的笔下，在西北长江入口处还看到“百里荒”，也都是湖区；现在，洞庭湖为我国第二大淡水湖。分析古诗中所描写的景物，当时的气候，尤其是湖区的周边是相当湿润的。同时，根据现代科学理论，由于洞庭湖的影响，周边地区昼夜温差不会太大，而春天也应相应延长。果然，王观的词为我们提供了证据，“才始送春归，又送君归去。若到江东赶上春，千万和春住。”送友人的地方据考证在大理，即现在的广西、云南等地，而那些地区春已经过去，友人到江南还能“赶上春”，这其中当然不乏作者的夸张写法，但其中客观事实亦是不能忽略的。

中国古诗词浩如烟海，今海滨拾贝，已见地理环境知识在其中构成的美丽螺纹；以小见大，可知古诗词与地理环境知识相结合的完美与融洽。

不老的传说，永不停滞的梦想
——古典文学中的地球科学

赵静(PB01204052)

自人类有文明以来，我们从未停止过对瑰丽奇异、奥秘无穷的地球的探索和欣赏。中华民族有着悠久的历史和丰富的智慧，古代的文学遗产里蕴含了祖先对自然最深沉的热爱和赞美，富含了神奇的自然现象和人们对自然不解之谜的大胆猜想，更体现了先人们对自然知识的渴求。让我们翻开那些传颂久远的诗篇，遨游古人笔下的人间仙境，倾听那些美丽的不老传说，用今人的知识去延续人类永不会停滞的梦想——探索地球科学。

宋代郭祥有首诗《飞来峰》，其中有诗句："谁从天竺国，分得一峰来。占尽湖山秀，最宜烟雨开。"写的是杭州灵隐的飞来峰，飞来峰林木苍郁，怪石峥嵘，有"武林第一峰"之美誉，相传从印度飞来，故而得名。从地球科学来看古人的大胆猜想其实不无道理。因为大规模逆掩断层或辗掩构造中确实可以形成飞来峰。但灵隐的飞来峰却不是地质学中的飞来峰，而是石灰岩在地表外力作用下溶蚀侵蚀的产物。飞来峰为浅海相含核形石的石灰岩，形成于古生代石炭纪，总厚度34米，质地坚硬，节理裂隙发育，是我国古代石窟艺术的渊薮之一。在中生代燕山运动时期，它处于北西南三面群山紧紧拢抱的西湖的复背斜和复向斜的向斜部位。复背斜和复向斜是规模巨大的翼部为次一级甚至更次一级褶曲复杂化的背斜构造和向斜构造，而组成这种形式的褶曲，褶曲轴大体平行延伸。如果我们从杭州的西北部杨家牌到东南钱塘江畔作一剖面图，在这剖面图上，依次出现：龙驹倒转背斜，飞来峰向斜，天马山背斜，南高峰向斜，青龙山背斜，玉皇山向斜。所以古代的神奇传说并不是杭州飞来峰的真正来源，但却体现了祖先们对于未知世界的思索和智慧。

与“武林第一峰”相匹敌，福建铜山古城东门外有“天下第一奇石”——风动石。姿态奇特，巧夺天工，古诗有云“万夫欲举移不动，天风撼之动不休”。铜山风动石长4.69米，宽4.58米，高4.73米，重约200吨，风动石底部成弧形，和基座贴边仅仅数寸。似千钧巨石悬空。微风袭来，摇摇欲坠。摇晃千万年，历经无数次大地震甚至十级以上飓风，依然屹立。相传明朝万历年间，著名诗人李楷偕同诗友来东山游览，县令在风动石为他们接风。李楷偕即景赋诗：“鬼斧何年巧弄丸，凿得拳石寄层峦。翩翩阵阵随风漾，辗转轻轻信手转。潮撼孤根危欲坠，雨余苍藓秀堪餐。五丁有意留奇迹，特为天南表大观。”颂完不久，忽见风动石摇动不停，大有从空中塌下之势。众人惊恐纷离，后世流传：“石下难设宴，吟唱不出三。”可见风动石确实是很有趣的自然景观，古人无法解释它的奇特，只好无奈地归于鬼斧神工，而今人通过对地球科学的研究已知道，妙不可言的风动石实际上是燕山由早期花岗岩球状风化而成。

山东的马髻山，奇峰怪石目不暇接，绝壁深涧险象环生，山花争艳，松柏吐翠。与飞来峰和风动石的奇异相比，更多了一段感人的传说。西坡摩崖上刻有“斩大将王仙处”的字样。古书记载“字径五寸，每逢阴雨，石色殷赤似血，历久不灭。”《宋史·李全传》载：“全拥众数十万，号河北义军，屡败金兵。宰相史弥远以赵国为义军监军，使将至山，李全南征未返，杨四娘率众相迎。赵国直入馆，傲不为礼。杨四娘膝行入谒。赵国悦。全将王仙忿而杀赵国。李全上书请罪，史弥远置而不问。李全归，竟斩王仙。”至此每逢阴雨，石色殷赤似血，历久不灭。古代的老百姓把这种奇异的自然现象归于英雄的惊天地泣鬼神的精魂，以此表达他们对英雄的缅怀和惋惜。而事实上我们用地质科学的原理解释，马髻山的中粒石英正长岩，主要因所含矿物成分——长石的不同而成不同颜色，含正(钾)长石较多的为红色花岗岩，含斜(钠)长石较多的花岗岩为灰白。刻有：“斩大将王仙处”的摩崖，应为红色花岗岩，加上其中含有铁离子，遇雨水后，加重氧化的程度，故“石色殷赤”。其实与王仙的英勇显然没有什么关系，但这样奇妙的自然现象与古人的精神相辉映，成就了古代文学的艺术性和思想性，也反映了古人对地球科学的观察与思索。

日月之行不息，星汉灿烂不灭。人类对于地球科学的研究已远超出我们的想象，这正是人类从古到今并将延续到未来的永远不变的理想和追求。古人热爱着、探索着赖以生存的地球，今人站在前人的肩膀上更应不懈地追求，每个人都该关注她，每个人的行为都该对她负责，这是我们的权利，也是不可推卸的责任。

千古一梦
——嫦娥奔月

张小辉(PB06018009)

时代背景

2007年10月24日18:05,我国自行研究设计的"嫦娥一号"探月飞船在西昌发射,这是继"神五""神六"之后又一次让所有的炎黄子孙凝视天空的中国人的骄傲。我们华夏人终于第一次揭开了"嫦娥"的神秘面纱。

嫦娥传说

记得很小的时候父母就给我讲了很多关于嫦娥的传说。《淮南子·览冥训》说:"羿请不死药于西王母,姮娥窃以奔月,怅然有丧,无以续之。"《灵宪》亦有记载:"嫦娥,羿妻也,窃西王母不死药服之,奔月。……嫦娥遂托身于月,是为蟾蜍。"或说嫦娥奔月后居住于广寒宫,有玉兔和吴刚相伴。每一种传说都说后羿(尧帝——也有人说是天帝手下的神射手)是她的丈夫。相传从前有十个太阳炙烤着大地,将大地晒得四处干旱,庄稼全部枯死,人们整日生活在死亡的边缘。有一天,来了一位擅长射箭的大力士,他能射到太阳,只是铁的箭头在未射到太阳之前就会被太阳熔化,所以人们就让最漂亮的嫦娥上天窃神箭。嫦娥上天之后在吴刚和玉兔的帮助下砍下桂树枝,变成十支神箭拿给后羿。后羿不负众望,箭无虚发,九支箭射出之后天上只剩下一个太阳,人们想没有太阳便没有了光明,庄稼也没法生长,所以就留下了一支箭和一个太阳。后来全国人民都拥护后羿,后羿便成了皇帝，并用最后一支箭将上一代皇帝射死。后羿也娶了嫦娥。后来后羿越来越残暴，嫦娥一怒之下偷了丹房里的仙丹，自己一人上天。天上众神得知太阳神只剩一个，很快就知道了事情始末，于是罚嫦娥久住广寒宫，终身孤独。吴刚则被罚砍永远也砍不倒的桂花树。正如李商隐那句："云母屏风烛影深，长河渐落晓星沉。嫦娥应悔偷灵药，碧海青天夜夜心。"

月相

你的一袭长衫，历经千载风尘，坚守着"谦谦君子"的信念，履行着"非礼勿动"的公约，终赢得"礼仪之邦"的声誉！你的一纸锦绣，唱出过"金风玉露一相逢，便胜却人间无数"的缠绵，吟出过"今宵酒醒何处，杨柳岸晓风残月"的悲凄，也有"人有悲欢离合，月有阴晴圆缺"的感叹，更不乏"满月临弓影，连星入剑端"之感。同是因月而发，为何差距如此之大？古人只知现象不究原因，今人看来，易懂得很。原因是这样的：

月亮本身是个不透明物体，也不能发光。我们之所以看见她很亮，那是因为她反射了太阳的一部分光。因此太阳、地球、月亮三者位置发生变化时便会出现不同现象。月相要经过以下变化：新月—蛾眉月—上弦月—盈凸月—满月—亏凸月—下弦月—蛾眉月—新月。平均历时 29 天 12 时 44 分 3 秒。

1. "新月"或"朔"：月球位于地球与太阳之间，月球黑暗的部分朝向地球，此时，我们一般无法观测到月球，时间是在每月农历初一二。如卢纶的"月黑雁飞高，单于夜遁逃"，苏轼的"庭下如积水空明，水中藻荇交横，盖竹柏影也"以及常建的"清溪深不测，隐处唯孤云。松际露微月，清光犹为君。茅亭宿花影，药院滋苔纹。余亦谢时去，西山鸾鹤群"，描写的都是"新月"的情景。

2. 到初三四，月亮开始从右边露出笑眯眯的眼睛，叫"蛾眉月"。此时，由于月球向东绕地球公转，离开地球和太阳中间向旁边偏了一些。在地球上便能看到一个月牙形。白居易有诗曰："可怜九月初三夜，露似珍珠月似弓"，李煜又有曰："无言独上西楼，月如钩"李白也有曰:“峨眉山月半轮秋,影入平羌江水流”等等。古人在看见蛾眉月时有喜有悲,有人看她是那么的孤独,有人看她是灵动的可爱。

3. 到初七八,由于月球向东绕地球公转,离开地球和太阳中间向旁边又偏了一些,此时月地连线和日地连线大致呈 90 度,右半边全亮了,叫“上弦月”。上弦月约正午月出,黄昏时出现在正南方,上半夜可见。欧阳修《生查子》“月上柳梢头,人约黄昏后”,张九龄的《望月怀远》“海上生明月,天涯共此时”,以及张若虚的《春江花月夜》“春江潮水连海平,海上明月共潮生”可能描写的都是上弦月。

4. 在这以后月亮光亮的部分越来越大,叫“凸月”。时间约在农历十一二时。李白的“长安一片月,万户捣衣声”和“明月出天山,苍茫云海间”所描述的时间大约在四五更,所以应该都是凸月。

5. 农历十五六时,月球光亮的部分全部朝向地球,这时叫“满月”,也叫“望”。此时月亮是最圆最亮的,有谚语“十五的月亮,十六圆”,这一时刻有感的诗人很多,如苏轼的“会挽雕弓如满月,西北望,射天狼”,李白的“床前明月光,疑是地上霜”和“月下飞天镜,云生结海楼”都是描写这一时段的佳作。

6. 到农历二十二三,月亮的明亮部分从右边逐渐消失,只剩下左半边亮,叫“下弦月”;半圆形,月面向东,在子夜时升起在东方地平线,下半夜可见。

7. 到农历二十七八时,又变为蛾眉月,然后又回到新月,完成一个变化周期。

月亮是古人抒发感慨的一个很好凭借,也是他们吟诗弄赋的良好题材。所以古代诗人写月的诗句举不胜举:“春风又绿江南岸,明月何时照我还”“共看明月应垂泪,一夜乡心五处同”“秦时明月汉时关,万里长征人未还”“来是空言去绝踪,月斜楼上五更钟”“同来望月人何处? 风景依稀似去年”“又闻子规啼夜月,愁空山”“青天有月来几时? 我今停杯一问之”等等。

潮汐

潮汐是月亮对地球的另一个重要影响。那什么是潮汐呢,潮汐除了具有观赏价值之外，还能给人类带来哪些好处呢？

海水总是按时涨上来，又按时退下去，天天如此，年年如此，永不停息，白天海水的涨落叫做潮，晚上海水的涨落叫做汐，合称潮汐。

大洋潮汐是在月球、太阳等天体引力作用下所产生的，在万有引力的作用下，月亮对地球上的海水有吸引力，人们把吸引海水涨潮的力叫引潮力，地球表面各地离月亮的远近不一样，所以，各处海水所受的引潮力也出现差异，一般正对着月亮的地方引潮力就大，而背对着月亮的海水所受引潮力变小，离心力变大了，海水在离心力的作用下，向背对月亮那面跑，于是也会出现涨潮。由于天体是运动的，各地海水所受的引潮力不断在变化，使地球上的海水发生了时涨时落的运动，从而形成了潮汐现象。我国古代人民对潮汐已有一定的认识，如宋代燕肃于乾兴元年(1022 年)写成的《海潮论》中写道："日者，众阳之母，阴生于阳，故潮附之于日也；月者，太阴之精，水者阴，故潮依之于月也。是故，随日而应月，依阴而附阳。"

文中还对海潮变化规律进行分析，提出了太阳、月亮的吸引是海潮形成的原因。作者提出潮汐"盈于朔望""虚于上下弦"，日月引力是形成海潮的原因这种看法，已经十分接近今天的科学认识。

堪称潮汐奇观的是我国的钱塘江大潮，每年都有数以万计的人来到这里参观。宋代大诗人苏东坡写道："八月十八潮，壮观天下无"；李白在《长干行》里写道："三江潮水急，五湖风浪涌"，这些奇景是由海洋潮汐通过钱塘江喇叭形的入海口而形成的。潮头最高点可达 3.5 米，潮差将近 9 米。大潮来时，江面上波涛汹涌，犹如万马齐奔，蔚为壮观。

潮汐不仅具有观赏价值，还可以被人类用来发电。到现在为止，我国已建成了十多座潮汐电站，仅 1980 年建成的江厦潮汐电站，每年就可发电 10700 万度，极大地方便了当地人民，节约了大量的资源，并且潮汐也是可再生资源，也不污染环境，因此充分利用潮汐是我国施行可持续发展的一种可行方法。

斗转星移,寒暑更替
——古代天文历法和气象物候

贾江涛(PB02013004)

“斗柄东指,天下皆春;斗柄南指,天下皆夏;斗柄西指,天下皆秋;斗柄北指,天下皆冬。”这是古书《鹖冠子》中记载的观察北斗回转以定季节的方法。在《夏小正》中也有类似的描述。这说明了早在四千多年前的夏代,我国劳动人民已学会观象授时。

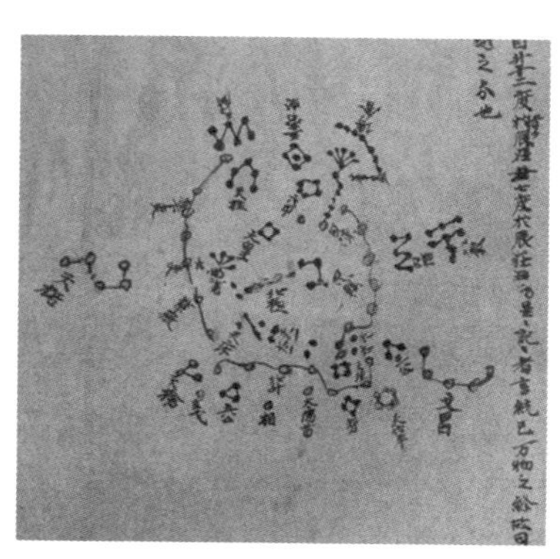

古代观星图

此为我国公元 **10** 世纪的星图,是世界现存最早的星图,现存于大英博物馆。

说起观象授时,不能不说到我国古代天文学所取得的巨大成就。“四方上下曰宇,往古来今曰宙”,这是战国尸佼给宇宙下的定义。汉代的张衡曾说过:“过此以往者,未之或知也。未之或知者,宇宙之谓也。宇之表无极,宙之端无穷。”总结了历代天文学家关于宇宙和无限的概念。东汉蔡文姬的“天无涯兮地无边,我心愁兮亦复然”“怨兮欲问天,天苍苍兮上无缘”也形象地表述了宇宙无限的观点。

除在宇宙论方面的成就外，我国古代的星象观测和记载更居全球之冠。早在新石器时代的陶尊上就画有太阳纹和星象图案。战国的石申更是制出了世界上最早的星表。汉贾逵论历法时曾讲过“星图有规法，日月实从黄道”，但汉代星图大都失传。在古星图发展过程中，横图的出现是一件革命性的事件。《隋书·经籍志》载“《天文横图》一卷，高文洪撰”。这是首次有关横图的记载。星图的出现使我国天文知识得到广泛的传播，如唐代诗人杜甫“牵牛出河西，织女处其东(东西方向颠倒)。万古永相望，七夕谁见同?”“人生不相见，动如参与商”，可见诗人已知道参商二星分居东西，不得同出于星空相见。

我国关于太阳黑子、彗星、流星雨、新星和超新星的天象记录丰富而详细，这些记录的连续性和准确性都是世界所罕见的。我国最早对黑子的记录可追溯到殷商时代，在战国时《开元占经》曰“日中有人立之象”，成书于公元前140年的《淮南子》中，有“日中有骏乌”的叙述，而世界公认的关于黑子最早的一条记录是我国西汉成帝河平元年(公元前28年)，载于《汉书·五行志》：“三月乙未，日出黄，有黑气大如钱，居日中央。”我国古代也有关于大黑子群的记载，如《宋史·天文志》记有宋徽宗政和二年(公元1112年)“四月辛卯，日中有黑子，乍二乍三，如栗大。”

彗星是一种很惹人注目的天文现象，我国很早就有彗星记事，并给彗星以孛星、长星、蓬星等名称。古书《竹书纪年》上就有“十九年春，有星孛于紫微”的记载。最可靠的记录，始见于《春秋》：“鲁文公十四年秋七月，有星孛入于北斗。”这是世界上最早的哈雷彗星的记录。我国关于流星雨的记载亦是世界最早。《竹书纪年》中有“十年五星错行，夜中星陨如雨”的记载。《新唐书·天文志》中说：“开元二年(公元714年)五月乙卯晦，有星西北流，或如瓮，或如斗，贯北极，小者不可胜数，天星尽摇，至曙乃止。”流星体坠地成为陨石或陨铁，则早在《梦溪笔谈》中就有记载：“治平元年，……一大星几如月……坠在宜兴县民许氏园中……如杯大极深下视之，星在其中……乃得一圆石……色如铁，重亦如之。”新星或超新星在我国古代称为“客星”，我国甲骨文中就有新星的记载。《汉书》中有“元光元年六月，客星见于房”,《后汉书》记载道:“中平二年十月癸亥,客星出南门中,大如半筵,五色喜怒,稍小,至后年六月消。”

天文观测上的巨大成就,也带来立法的进步与变革。我国古代劳动人民早就学会了观象授时。“七月流火,九月授衣”是《诗经》中关于人们根据星象来安排生产与生活的描述。在《夏小正》里,有根据观测天象、草木、鸟兽等自然现象以定季节、月份的记载。可以说,它是人类最早的历法了。成文的历法从周末到汉初的古四分历开始,经过一百多年的历法改革,达到了相当高的科学水平。西汉《太初历》是流传至今的第一部完整的历法。随着对太阳和月亮运动视运动的研究以及将岁差引入历法,我国古代历法更是达到了前所未有的高度,出现了首次引入岁差概念的《大明历》(祖冲之)和唐一行和尚制定的历法史上优秀的历法《大衍历》。除这些阴阳合历外,历史上还有两种历法设计是纯阳历,其中一个是沈括提出的《十二气历》,一个是太平天国颁行的《天历》。

中国古历法的一项伟大成就,乃是将二十四节气引入了历法,使得历法在指导人类生产生活方面发挥了更大的作用。二十四节气反映的是地球上春夏秋冬四季变化,人们只要知道目前所处的节气,便可了解今后一段时期的气候情况。二十四节气的记载见于战国初期的《周髀算经》一书,而《淮南子》中已记有二十四节气的全部名称。西汉时已用节气注历,所以那时只看历书就可以掌握季节了。

“清明时节雨纷纷,路上行人欲断魂”,这是唐朝诗人杜牧的名句。但是,既“清”且“明”的节气为何又“雨纷纷”呢?二十四节气究竟有什么含义呢?黄河是中华民族的发祥地,二十四节气也发源于此并推广到全国。故它反映的是黄河流域的一般情况,其他地区也可参照使用。杜牧描述的就是江南的纷纷春雨。二十四节气的含义有天文方面的,有气象方面的,也有物候和农作物方面的,基本上反映了一年中的各种特征。汉代的《周髀算经》有“八节二十四气”之说:“二至者寒暑之极,二分者阴阳之和,四立者生长收藏之始,是为八节,节三气,三而八之,故为二十四。”意思是说:二十四节气中的四立(立春、立夏、立秋、立冬)和春秋分、冬夏至合称为八节,八节表示季节的转换,用来划分四季。其余则反映气候变化、雨水多少和物候现象。

有许多农谚与二十四节气有关，且大多是物候方面的。如“清明前后，种瓜种豆”“小雪净菜园”等。我国最早记载物候的著作是《夏小正》。《夏小正》中记载：“正月：启蛰；雁北乡；雉震呴；鱼陟负冰；囿有见韭；田鼠出；獭兽祭鱼；鹰则为鸠；柳梯梅杏桃则华缇缟，鸡桴粥”“九月：遰鸿雁；陟玄鸟；熊罴豹貉鼶鼬则入穴；荣鞠；雀入于海则为蛤”。《诗经·豳风·七月》中有“四月秀葽”“五月鸣蜩”“六月莎鸡振羽”“十月蟋蟀入我床下”等关于物候的描述。对物候的深入研究，我国古代也取得了很大进展。北宋沈括的《梦溪笔谈》中写道：“如平地三月花者，深山则四月花。白乐天《游大林寺》诗云：‘人间四月芳菲尽，山寺桃花始盛开。’盖常理也，此地势高下之不同也。”“一物同一畦之间，自有早晚，此性之不同也。岭峤微草凌冬不凋，并、汾乔木望秋先陨；诸越则桃李冬实，朔漠则桃李夏荣，此地气之不同也。”

华夏文化源远流长，中国古代科技更是有辉煌的历史。我国是天文历法学发展最早的国家之一，而我们的物候学则指导我们创建了历史上最先进的农业文明。“往事越千年”，我们不应躺在祖宗的成就上睡大觉，而应继承先人求实、创新的科学精神，充分利用流传下来的资料，攀登新的科学高峰。

参考文献

[1] 沈括.《梦溪笔谈》译注：自然科学部分[M]. 中国科学技术大学，合肥钢铁公司，译注. 合肥：安徽人民出版社，1979.

[2] 中国天文学史整理研究小组《天文史话》编写组. 天文史话[M]. 上海：上海科学技术出版社，1981.

[3] 自然科学史研究所. 中国古代科技成就[M]. 北京：中国青年出版社，1978.

[4] 胡毅. 应用气象学[M]. 2 版. 北京：气象出版社，2005.

春风再度玉门关

刘颖(PB03007302)

很小的时候就知道这么两句:“一出玉门关,两眼泪不干”。在那苍凉的落日下,站在那无限遥远的辉煌中,迎着风沙,那是怎样的感觉! 但你可知,许多年以前,那呜咽的沙海曾是青青的山梁!

提起玉门关,人们马上会想到一首脍炙人口的唐诗,这就是王之涣的《凉州词》:

黄河远上白云间,一片孤城万仞山。
羌笛何须怨杨柳,春风不度玉门关。

诗中那悲壮苍凉的情绪强烈地感染着人们,引发起人们对这座古老而富有神奇传说的关塞的向往。

玉门关,是丝绸之路通往北道的咽喉要隘。自西汉张骞“凿空”,出使西域以来,通过玉门关,中原的丝绸和茶叶等物品源源不断地输向西域各国。而西域诸国的葡萄瓜果等名优特产和宗教文化相继传入中原。当时玉门关,驼铃悠悠,人喊马嘶,商队络绎,使者往来,一派繁荣景象。玉门关以西不远就是消逝了的仙湖——罗布泊,罗布泊的西岸则是楼兰古城,自古以来,这方面的记载便史不绝书。

确切地说,罗布泊位于若羌县北部,塔里木盆地东面,南北长约140公里,东西宽24公里,面积3200平方公里,原是新疆最大的湖泊,也是中国最大的内陆咸水湖。几千年来,我国历代典籍都对罗布泊有详尽的描述,它是中国湖泊中名称最多的一个。《汉书·地理志》上说:“正西关外有白龙堆沙,有蒲昌海。”蒲昌海即今罗布泊,另名盐泽,泑泽。现在统一称为罗布泊,是从蒙古语“罗布淖尔”转译过来的。“罗布”意为汇水,“淖尔”意为湖泊,合起来就是“汇入多水之湖”的意思。在历史上,它曾接纳从塔里木盆地流来的众河之水:西部主要有塔里木河、孔雀河和车尔臣河；东部主要有甘肃的疏勒河。10 多万平方公里的罗布淖尔荒原，在人类历史上是自然环境、人文环境变化最为剧烈的地区之一。曾经是“丝绸之路”的必经地带，绿洲上田连阡陌渠道纵横、人烟袅袅之处，不过数千年的光阴，竟变成了一片没有生命的荒漠。其过程和原因，是人们不能不关注、不能不深入研究的课题。最早到新疆考察的中外科学家曾对罗布泊的确切位置争论不休，最终问题没有解决，却引出了争论更加激烈的“罗布泊游移说”。此说是由瑞典探险家斯文·赫定提出的，他认为罗布泊存在南北湖区，由于入湖河水带有大量泥沙，沉积后抬高了湖床，原来的湖水就自然向另一处更低的地方流去，又过许多年，抬高的湖床由于风蚀会再次降低，湖水再度回流，这个周期为 1500 年。

斯文·赫定这一学说，虽然曾得到了世界普遍认可，但对此质疑反对者也不在少数。这个问题，经过学者多年的考察、研究，已经有了初步结论，即这片地区曾有的繁荣，它的变迁和最后的毁灭，决定性因素在于人。

说到罗布泊，就不能不提楼兰。被唤醒的楼兰古城位于新疆孔雀河下游，罗布泊西北角。历史上，楼兰属西域三十六国之一，与敦煌邻接，公元前后与汉朝关系密切。《汉书·西域传》记载：“鄯善国，本名楼兰，王治汙泥城，去阳关千六百里，去长安六千一百里。户千五百七十，口万四千一百。”汉武帝时，探险家张骞就带回了有关楼兰的信息，《史记·大宛列传》中记载：“楼兰、姑师邑有城郭，临盐泽。”说明公元前 2 世纪楼兰已是个“城郭之国”了。张骞两次出使西域，开辟了东西方的通路，同时汉朝与当时强大的匈奴争夺控制西域的斗争也日趋激烈。经过数次大规模的军事征战，汉王朝彻底控制了西域，同时也打通了东西方的贸易通道——丝绸之路。丝绸之路的开通，使东西方交往和丝绸贸易兴盛起来，同时也刺激了位于丝绸之路咽喉地位的楼兰古国经济的繁荣和发展。于是楼兰不仅是军事要塞，也是丝绸之路上的重镇，为东西方商贸往来和文化交流做出了重大贡献。虽然地处亚洲腹地，古时的楼兰却曾是碧波荡漾的水乡泽国，树木参天，水草丰盛，居民以渔牧为生。而 4 世纪前后，楼兰突然从这个世界上消失了，楼兰古城一带“上无飞鸟，下无走兽，遍望极目，欲求度处则莫知所拟，唯以死人枯骨为标帜耳”。盛极一时的楼兰文明不明原因地湮没在岁月中。

直到1900年，古楼兰才重见天日，神秘地再现了。自被瑞典探险家斯文·赫定偶然发现以来，它就像一个强大磁铁吸引着全世界的目光。而楼兰，这样一个可爱的绿洲，一个楼兰人世代眷恋的家园，为什么突然人去“楼”空，成了一片荒沙掩埋的废墟，更是近代学者多年争论不休的一个问题。有人认为是由于罗布泊的枯竭，自然环境的变化，河流改道等原因。也有人认为是孔雀河上游不合理的引水、蓄水，人为造成的。更有人认为是丝绸之路改道、异族入侵等原因造成的，如此等等，不一而足。那么，究竟哪方面更接近历史真实呢？我个人更倾向于这种说法：随着气候的变化，罗布泊的湖水逐步退缩，河流和罗布泊之间入湖的高差就加大，使河水的流速加快，河流下切河床，高地越来越高，河床的下切使人们取水开始变得困难，穿城而过的古孔雀河支流也渐渐干涸，最终古孔雀河改道而行，罗布泊湖水大量萎缩，楼兰荒废最根本的原因还是没有水或水的减少直到消失。相比气候变化的原因，人为原因更为重要，由于人口的增加，上游对河水的过度引取，使下游河流来水减少和河道不稳定，最终导致下游古遗址被废弃。值得一提的是，在发掘于楼兰的卢文字书写的律法中，有这样的律条：“凡砍伐一棵活树者罚马一匹，伐小树者罚牛一头，砍倒树苗者罚羊两头”，可见当时的人们已经意识到要生存下去必须保护生态环境。砍林伐木，破坏环境，这一恶果到距今2000年前的楼兰、鄯善王国时期，已逐渐引起人们的注意，经过2000年的实践、体验，人们开始认识到滥砍林木对王国生存环境产生的严重影响。罗布泊地区的自然环境变化很大，楼兰人曾和恶劣的自然环境斗争过，但为时已晚，最终没有回天之力，只好放弃这美好的家园，而楼兰最终还是湮没于风沙之中了。

上下五千年，人类已让这个世界改变了太多太多！如果有那么一天，我们的文明，走向了自然的对立面；我们的心灵，变成了自然的忤逆；如果我们总是用斗争来推动历史，用斗争来面对自然，我们将会得到什么？

诺瓦利斯说，哲学就是怀着永恒的乡愁寻找家园。对着永恒消逝的家园，人类只能长歌当哭，任它们走进永恒，走进我们血脉相传的记忆！古人云："今之于古也，犹古之于后世；今之于后世，亦犹今之于古也。"楼兰留下的"人与水的记忆"，是一段惨痛的历史，不过，看一看今天的罗布泊，我们也足以担忧，我们留给后人的记忆，将是什么样的历史呢？走过这一片繁华，前面，会是荒凉吗？

"春风再度玉门关"，成了我心中永远的一个梦！

[1] 奚国金. 罗布泊之谜[M]. 北京：中共中央党校出版社，1999.

[2] 王炳华. 楼兰考古百年[N]. 光明日报，2000-04-21.

[3] 何宇华，孙永军. 空间遥感考古与楼兰古城衰亡原因的探讨[J]. 考古，2003. 3:77.

从“瞻彼淇奥，绿竹猗猗”到华北无竹

乔新显(PB03007306)

在我国浩如烟海的文献宝库中，不乏竹子的身影，更形成了竹子的特有内涵。从龙山文化遗址灰坑中发现的炭化了的竹节，《诗经》中的“瞻彼淇奥，绿竹猗猗”到唐宋八大家笔下的生活情趣十足的“竹外桃花三两枝”，再到清朝郑板桥手下挥洒的“墨竹”。“咬定青山不放松”表现的是一位君子的高尚情操和“任尔东南西北风”的风骨；“此地有崇山峻岭，茂林修竹”传达的是兰亭四周的清雅与王右军的超凡气质；“道人庭宇静，苔色连深竹”更将远离尘世，轻灵飘渺的特点渲染得淋漓尽致。由此可见，竹已深深扎根于中国文化的沃土，并成为其不可或缺的一部分：竹之劲节，木之君子也。

现在，从京杭道上，我们可以看到：从南京到溧阳很少有竹子，一过宜兴便满山遍野净是竹林了——华北无竹！（只有一些散生竹）而从古文献中得到的信息则表明：华北以前曾“绿竹猗猗”。那么，竹子为何从华北消失了呢？

竹资源锐减与华北由暖变冷有关？

竺可桢先生在其《中国五千年来气候变迁的初步研究》中提及该问题。他认为：竹是亚热带植物，因为华北变冷所以竹子北限南移了3度左右，从而使广大地区不适合竹的生长，故竹资源锐减乃至消失。此说仍有令人难以信服之处。

比如说淇园。淇园，相传是古卫国的苑囿，位于太行山东麓淇县西北35里处，是历史上著名的北方产竹基地，竺先生《中国五千年来气候变迁的初步研究》中还有关于汉武帝大量使用淇竹的例子："公元前 110 年，黄河在瓠子决口，为了封堵口子，斩伐了河南淇园的竹子，编成容器以盛石子，来堵塞黄河的决口。"可见那时河南淇园这一带竹子是很繁茂的。进而论证西周与西汉气候温暖，后来便逐渐冷了下来。

但在《中国五千年来气候变迁的初步研究》中列出的寒冷期中，并无淇县乃至整个黄河流域的竹类因遭遇寒冷气候而毁灭的证据。相反，大量证据表明历史时期仍有大量竹子。如记录以洛阳为中心的农事活动的《四民月令》中就详细记录了竹子栽培和采集利用。在《齐民要术》中，竹更被视为黄河流域普通植物，并谈到了人工营造竹林的经验。在《北游录》中记录"卫辉、淇县多竹，摄政王剪竹沥，除课民剪，每巨竹可沥十斤。"1670 年增修《河南通志·物产卷》中，记载淇县一带竹品种有："今其地有紫茎竹、斑竹、凤尾竹、淡竹数种，又河内、洛阳、益阳、永宁、阌乡亦产此。"且在 1959 年，山东省有计划地引种毛竹，经 3～5 年驯化，竟蔚然成林。至 1981 年，竹林面积在鲁东、鲁东南沿海和鲁中南山区发展到数万亩。《中国五千年来气候变迁的初步研究》曾指出："在新石器时代晚期，竹类分布在黄河流域直至东部沿海地区……而现代气候仍具备恢复这些地区竹资源的条件。"

由上可知，竹类因遭寒冷气候而在华北消失，令人难以信服。

竹资源锐减与华北由潮湿变干燥有关

在历史文献中，有一类异常物候，那就是竹子开花与竹子结实。如江西浮梁地区，"天禧元年(1017 年)山竹生实如米"，再如，安徽太平县"嘉靖元年(1522 年)大旱，饥。黄山竹生米"。

由于在历史文献中经常把竹子开花，结实与干旱并列记载，使人们容易认为华北由潮湿变干燥，会引起竹子开花、结实、败园(成片竹林开花后全部死亡)，从而导致华北竹资源的衰退。

在竺先生《华北干旱及其前因后果》一文中，提及华北干旱有四大原因：

(1) 自华南至华北，其间低气层风暴发生次数逐渐减少；

(2) 自长江口北上,黑潮与中国海岸之距离,愈北愈远;

(3) 秦岭山脉之阻碍;

(4) 冬季半年中西伯利亚高气压猛烈之影响。

其中以(3)、(4)为主。根据贝布勒和波特对欧洲天气型研究中的西伯利亚型知,近五千年来,西伯利亚高气压略有波动,且年平均气压略有下降。且秦岭自白垩纪以来并无太大变化。这一点可从唐诗中得到考证。柳宗元的"谁料方为岭外行"中的"岭"就是秦岭。且秦岭与华北地区的地形一直比较稳定,并无剧烈变动。该文得出结论:"故中国华北之苦于干旱也,自古然矣。"但在其《历史时代世界气候的波动》一文中作出结论:"从三国到唐初比较干旱,南宋和元朝(12世纪至14世纪)比较潮湿。到现代,又变干旱。"与上述证据有很大出入。因该论点是建立在各地方关于水、旱灾的记录上的,其可靠性要打一些折扣。况且《中国五千年来气候变迁的初步研究》一文中并未就华北地区原来如同长江中下游般温暖潮湿加以论证,其他文章中亦含混不清,令人难以信服。

况且,竹子开花的原因比较复杂。竹子同其他植物一样,一生也要经历萌发、生长、开花结实等发育过程,只不过开花周期较长罢了。如毛竹、刚竹为50～60年,金竹、紫竹为40～50年。在竹林大批开花以前常常出现零星的开花现象。环境条件和人类活动均可引起竹子开花提早或延迟。即便严重干旱,土壤长期缺水,一般也只会导致发育成熟的竹子开花。由此可见,干旱并不是竹子开花的主要原因。

由上可知,干旱并不是竹类资源锐减的主要原因。

竹资源萎退实因采伐过度

作为中国文明发祥地的黄河流域,居住在那里的人们很早就将竹子制成各种生活用品。像周朝时的官方文件铭于青铜,后转向竹简。中国许多字用会意象形来表示,在当时已经初具雏形。在古代文献中,诸如衣服、帽子、器皿、书籍、家具、运动器械、建筑部分以及乐器等名称,都以竹字为头,表示这些东西都是竹子做的。可以想象竹类在人们日常生活中曾起了如何显著的作用。

但随着生产力的不断发展，人们对竹类破坏的能力也与日俱增。

公元初。有一位名叫寇恂的官员担承河内太守(今河南武陟)，派人到淇园去伐取大量竹子，做成箭矢百万余支，用来演兵备武。

再如元朝竹监司的停止。《元史》记载："若竹木之产，所在有之，不可以所言也。"元初，元政府每年都要砍下大量竹子进行官民贸易。1267年，颁发怀孟(今河南沁阳)等路官竹贸易证书；1285年，罢司竹监，采取官民两便的自卖纳税制度；1286年，在黄河北岸的卫州(今河南汲县)增设竹课提举司，统筹河南、湖北区域竹货贸易，复由陕西抽调官员前往协助办课；到1292年，黄河流域的竹资源渐告枯竭。时丞相完泽上奏："怀孟竹课，频年斫伐已损，课无所出，科民以输，宜罢其课，长养数年。"迫于现实，忽必烈遂下令停止沁阳一带竹课。

竹木资源萎退虽可归结为"采伐过度"一句话，而细究历史原因却很复杂。

公元前110年，为堵黄河决口，"时东郡烧草，以故薪柴少，而下淇园之竹以为楗"，这是出于水利工程的需要；关中平原在西汉有"渭川千亩竹"之称，隋大业十三年(617年)，李渊率军攻打长安，蜂拥而至的士兵把长安郊区的竹木同时也歼灭无遗。特别是近200年来，自清代中叶以后，人口繁衍日众，继之而来的垦伐浪潮，使林业资源损失达到了惊人的程度。有人估计1700～1900年间，中国植被萎退要大大超过古代5000年。又如苏北有座云台山，处连云港市东，原为海中小岛，自康熙年间淤成陆地以后，一直植被良好。高鹤年先生1906年、1918年两次游历该山，写道："孔雀沟，昔日丛林竹翠碧参天，夏日纳凉，令人忘暑，今成荒沟矣。""竹涧，昔日丛林遍山，今为樵伐，渐成荒涧，理当禁止滥伐。"可见，这些竹林的彻底毁灭，仅仅发生在短短12年间。另外，一些落后的生产方法，更造成大片植被荡尽，如清末秦岭山民盛行烧山耕种，每年冬季"沿烧千百里外，天赤地红，洵奇观也"。此情景曾令当时目击者于时隔50年之后，犹为之痛惜。

崇祯《历乘》所述"况梅之孤芳，竹之劲节，亦皆木中之君子。故王者斧斤以时，独惜。后世人多用繁，斧斤也。而继以牛羊，无怪乎牛山之日濯濯矣"，加之黄河流域的干旱寒冷，植物再生能力较弱，故很快衰退。

由此可见，人类对竹林的破坏是极为严重的。实际上，人类活动对植被的影响已成为近代环境变迁中最明显的变化。而那种把历史上北方竹资源衰退归咎于气候变迁或许是一种危险的说法，会由此掩盖我们对事物的认识，阻止我们从中汲取应有的教训。

[1] 范晔.后汉书[M].李贤，等，注.北京：中华书局，1965.
[2] 司马迁.史记[M].北京：中华书局，1959.
[3] 温大雅.大唐创业起居注[M].上海：上海古籍出版社，1983.
[4] 高鹤年.名山游访记[M].北京：宗教文化出版社，2000.

梅花诗词与环境问题感想

肖瑶(PB03007131)

中华文明五千年，诗词文化以先秦的《诗经》为发端，如滔滔江水气势恢弘，源远流长。其间记录气候、环境、物象的词句多如大海之滴水，高山之块石。我们大可从中采撷一些略作分析，或许对于我们研究历史时期的气候、环境等问题大有裨益。

"四君子"即梅、兰、竹、菊，向来为文人骚客所传诵，争相借用它们来抒发自己的情感。据不完全统计，在从先秦到清末的众多诗词作品中，有关梅的有3500多首，有关兰的有3000余首，关于竹、菊的各4100、3400首以上。诗词如此之丰富，加之它们的生长各具季节、地理特点，可以想见，这其中必然蕴藏着大量有关气候、环境的信息。而梅作为"四君子"之首，更是被诗人、词人们广为提及。下面我们就有关梅花的诗词来初步探索一下中国古代诗词所蕴涵的丰富的气候、环境信息。

根据文字记载，梅至少有3000多年的历史了。在公元前6世纪左右，我国最早的著名民歌集《诗经》中，有一首《摽有梅》的诗篇，"摽有梅，其实七兮！求我庶士，迨去吉兮……"，即"打摘树上的梅果，抛向意中人，果还剩下七成了，我的意中人别错过良机呀……"这是一首寓意至深的求爱之歌。从《摽有梅》这首诗歌可以推测，当时的陕西召兰(雍梁西洲)地区，梅树已相当普遍。而《诗经·终南》中也有了关于梅的记录："终南何有？有条有梅。"告诉我们西安(古长安)南部的终南山在先秦时期就已有梅的存在。为我们研究先秦时期西安附近的气候特征提供了一条线索。

在晋代，亦有咏赞梅花的诗赋出现。如曾做过丞相的陆凯，在早春梅花初开之时，自湖北荆州摘下梅花，托邮驿赠送远在长安的范畔,并附短诗:“折梅逢驿使,寄与陇头人。江南无所有,聊赠一枝春。”湖北荆州在晋代有梅花的出现,而同时的江南却没有,两相对比,可见局部气候的一些端倪。

到南北朝时,有关梅花诗文、韵事渐盛。如《金陵志》中“宋武帝女寿阳公主人日卧含章殿檐下,梅花落额上,成五出花,拂之不去,后人效之,号梅花妆。”此时,南京亦有梅花盛开,亦是一个气候信号。此外,南朝宋、陈年间均有梅花诗文。其中尤以何逊《咏雪里梅》诗、庾信《梅花》诗及萧纲《梅花赋》等,最为脍炙人口。凡此种种,正如杨万里在《和梅诗序》中所云:“梅于是时始以花闻天下。”

时至隋、唐、五代,梅花引起了文人雅士更多的关注,诗赋大量涌现。如唐玄宗时的宰相宋璟在东川官舍见梅花怒放于榛莽中,归而自感,遂作《梅花赋》云:“相彼百花,谁敢争春!莺语云涩,蜂房未喧,独步早春,自令天下”和“贵不移于本性,方可俪于君子之节”等赞语,对宣扬梅花精神,提高梅花知名度,具有相当大的促进作用。之后,咏梅、赞梅者更多了起来,杜甫有《江梅》诗云:“梅蕊腊前破,梅花年后多。绝知春意好,最奈客愁何。雪树元同色,江风亦自波。故园不可见,巫岫郁嵯峨。”盛唐时期梅盛开的时间在农历新年前后,特别是年后花开得更多。将其与其他时代的诗人所描述的梅花开放时间进行比较,借此可以对气候的变化作一些分析和印证。唐代大诗人白居易在《春风》中说:“春风先发苑中梅,樱杏桃梨次第开。荠花榆荚深村里,亦道春风为我来。”诗人说梅花是春风催开的,又说梅花开时,樱杏桃梨接次开放。这不禁让人联想到当时的气候一定比较温暖。柳宗元有《早梅》诗一篇:“早梅发高树,回映楚天碧。朔吹飘夜香,繁霜滋晓白。欲为万里赠,杳杳山水隔。寒英坐消落,何用慰远客?”似乎此时的梅花开放得较早,抑或是气候比较温暖以至于梅花开了还有霜冻,从其他诗词中印证可以想象后者的可能性较大。张九龄亦在《庭梅咏》中提到“芳意何能早,孤荣亦自危。更怜花蒂弱,不受岁寒移。朔雪那相妒,阴风已屡吹。馨香虽尚尔,飘荡复谁知”,也是说梅花开在岁末寒雪中。李白、韩愈、李商隐、杜牧等名家也都有咏梅诗,都反映的是环境问题。就梅诗而言,北宋林逋(和靖)隐居杭州孤山之时,不娶无子,而植梅放鹤,号称“梅妻鹤子”,传为千古佳话。其《山园小梅》诗中名句“疏影横斜水清浅，暗香浮动月黄昏”最为脍炙人口。另北宋苏轼、秦观、王安石等，南宋陆游、陈亮、范成大等，皆有甚多著名梅花诗词流传至今。其中王安石《梅花》：“墙角数枝梅，凌寒独自开。遥知不是雪，为有暗香来。”陆游《梅花》：“当年走马锦城西，曾为梅花醉似泥。二十里中香不断，青羊宫到浣花溪。”等广为传唱。而金代的元好问亦有词曰：“春风花柳日相催。浙江梅，腊前开。”(《江城子十九首》)

到了明代、清代，梅花的诗文亦不在少数。其蕴涵的环境、气候方面的信息也是十分丰富，这里就不一一述说了。

总而言之，梅以其娇美的花瓣，淡淡的芬芳，傲雪的孤洁，及其独特的气质征服了一代又一代的文人墨客。故而有关梅花的诗词不仅数目众多，而且其与环境的关系也十分密切。所以，我们可以从其中获取很多关于气候、环境方面的信息，这对我们研究古代气候和环境问题有很重要的参考价值。

悠悠中华五千年，浩浩文化三千载。前人为我们留下了不朽的文明之作。只要我们懂得积极地去应用，用普遍联系的眼光去分析、去研究，科学的记录无处不在。

[1] 竺可桢. 竺可桢文集[M]. 北京：科学出版社，1979.

[2] 王鹏飞. 中国五千年气候变迁的再考证[M]. 北京：北京：气象出版社，1996.

[3] 龚高法，张丕远，吴祥定，等. 历史时期气候变化研究方法[M]. 北京：科学出版社，1983.

梅雨时节雨纷纷

谢丽莎(PB03007133)

提到江淮流域每年春末夏初时那段阴雨绵绵的日子,你首先会想到什么?是抱着霉变的衣物等待艳阳高照时的无奈,还是看到“和风吹绿野,梅雨洒芳田”(李世民《咏雨》)一派生机勃勃时的喜悦?是因老天骤阴骤雨心情憋闷异常时的烦躁,还是对“梅雨细,晓风微,倚楼人听欲沾衣”(晏几道《鹧鸪天》)的江南风情的遐想?记得每至梅雨季节,奶奶的关节炎就要发作,仿佛梅雨就是“霉雨”——是使衣物、身体甚至心情都发霉的雨。

古人对梅雨都有相似的定义:陈岩肖(宋)解释说:“江南五月梅熟时,霖雨连旬,谓之黄梅雨。”(《庚溪诗话》),李时珍(明)说:“梅雨或作霉雨,言其沾衣及物,皆出黑霉也。”(《本草纲目》),谢在杭(明)也说:“江南每岁三、四月,苦霪雨不止,百物霉腐,俗谓之梅雨,盖当梅子青黄时也。”(《五杂炬》)他们都基本道出了梅雨季节的典型特征——阴雨连绵、湿度大、温度高,致使衣物很容易受潮霉烂。而这个时候正值江南梅子黄熟季节,因此得名“梅雨”,俗称“霉雨”。

诗人笔下的梅雨却似乎永远都那么可人。“黄梅时节家家雨,青草池塘处处蛙”(赵师秀《约客》),“江云漠漠桂花湿,梅雨攸攸荔子然”(苏轼《舟行至清远县见顾秀才极谈惠州风物之美》),“鼍吟浦口飞梅雨,竿头酒旗换青苎”(李贺《江楼曲》),“试问闲愁知几许,一川烟草,满城风絮,梅子黄时雨”(贺铸《青玉案》)。梅雨滋润了广袤的江南沃野,同时也成就了诗情满怀的诗人。

虽然诗人没有对梅雨作出更详细的说明,但我国流传的民间谚语中却有许多都能作为补充。清人笔记中搜集总结了有关的资料:芒种后遇壬为入霉,俗有“芒种逢壬便入霉”之语。而人即以入霉日数，度霉头之高下。如芒种一日遇壬，则霉高一尺，至第十日遇壬，则霉高一丈。庋物过夜，便生霉点，谓之“黄梅天”。又以其时忽晴忽雨，谚有云：“黄梅天，十八变”。又谓天寒主旱，谚云：“黄梅寒，井底干”。夏至后遇庚为出霉，小暑日为断霉，过此则无蒸湿之患。俗又忌小暑日雷鸣，主潦，俗呼“倒黄梅”。谚云：“小暑一声雷，依旧倒黄梅”。农人又以入霉日雨，主阴；出霉日雨，主旱。谚云：“雨打黄霉头，四十五日无日头。雨打黄霉脚，四十五日赤昭昭。”这些谚语都是劳动人民从多年生产实践中总结出的经验，从实际出发，让我们初步了解了梅雨。

那么，当我们今天站在科学的角度上来看问题时，应该怎么解释江淮流域的梅雨现象呢？我们知道长江中下游地区地处亚欧大陆东岸的副热带，东邻太平洋，周围没有高大连绵的山脉阻挡，四面八方的冷暖干湿气流和天气系统都可能直接影响或控制该区域。在夏季，由于水的比热较土壤、岩石等大，因此海洋上气温较低、气压较高，而大陆上气温较高、气压较低。由于压力差的存在，空气就由海洋流向大陆。当热带海洋气团从位于太平洋的夏威夷高压区向亚洲大陆低压区流动时，便形成了东南季风。东南季风带着水汽从太平洋吹来，先至华南地区，与从北方南下的冷空气在这个地区持续地发生冲突，造成明显的降雨，因而进入了“江南雨季”。6 月中下旬，太平洋副热带高压脊线北跳至北纬 20 度以北，东南季风和还未完全撤出的冬季风在江淮一带上空相遇形成来回进退的交锋带。由于双方势均力敌，锋面基本上呈静止状态。静止锋来回摆动，滞留期间暖湿气流中的水汽遇冷凝结，形成了降水。这也形成江淮地区的梅雨。锋面在江淮一带僵持了二十多天后，伴随着太平洋副热带高压脊线的再一次北跳，暖空气愈来愈强，向北挺进，冷空气进一步减弱并向北退去，双方又停滞在黄淮流域一带上空，把降雨带带到这个地区。而此时江淮一带则转为高压控制，梅雨也就结束，进入炎热的盛夏。

了解了梅雨的成因后，我们再反过来验证一下古人笔下的梅雨是否也符合梅雨的本质规律。柳宗元诗《梅雨》：“梅熟迎雨时，苍茫值小春。”柳州（今广西柳州）梅雨在小春，即农历三月。杜甫《梅雨》诗：“南京（今四川成都）犀浦道，四月熟黄梅。”即成都梅雨是在农历四月。陆游也有一首《梅雨》诗:“丝丝梅子熟时雨,漠漠楝花开后寒。剩采芸香辟书蠹,旋舂麦麨续家餐。”陆游当时在家乡浙江绍兴,那里的芸花在夏季开花,所以江浙梅雨正值初夏。苏轼的《舶趠风》:“三时已过梅黄雨,万里初来舶趠风。”当时他正在浙江湖州一带,三时是夏至节后的十五天,即江浙梅雨是农历五月。由此可知诗人们记录的梅雨的确是伴随着东南暖湿气流的北进从南向北逐渐推进的。

梅雨季节雨量特别丰沛,且常有暴雨,容易造成内涝和水灾,但是如果梅雨季节出现的时间适当(三麦收割打晒以后,水稻插秧生长需水时期)、雨量适当,则不仅能在当时满足作物所需的水分,而且可让江河湖塘水库蓄满必要的水量,以满足盛夏伏旱时的供水。梅雨与江淮流域各项农业活动和工业生产都有着极为密切的关系,认识到这点以后,我便不再为每年都要面对的“霉雨”发愁了,换一个角度,像诗人那样用欣赏的眼光去看待“麦随风里热,梅逐雨中黄”(庾信《初夏》)的美景。

参考文献

[1] 向元珍,包澄澜.长江中下游地区的四季天气[M].北京:气象出版社,1986.
[2] 陶诗言,等.中国之暴雨[M].北京:科学出版社,1980.
[3] 顾禄.清嘉录[M].上海:上海古籍出版社,1986.
[4] 李时珍.本草纲目[M].北京:人民卫生出版社,1957.
[5] 徐光启.农政全书(校注)[M].上海:上海古籍出版社,1979.
[6] 马东田.唐诗分类大辞典[M].成都:四川辞书出版社,1992.

古典沦陷

云凯(PB03007107)

现代文明拒绝了古典。

当历史从荒凉、原始的往昔迈到繁华喧嚣、街长楼高的现代,文明一步步远离了古典。面对古诗词中留给我们的地球环境记录,小心地满怀感激地去感受古时地球的杳远风韵,我宁肯相信:现代文明其实根本无力录载古典的分量。我们去看看,现代文明怎样背叛了古典,拒绝了诗情。

江河流淌着悠悠的诗意,也曾是古诗人吟咏不绝的环境事物,潇湘之畔,曾驻足多少才子;黄河之滨,曾传诵多少华章。

“八月洞庭秋,潇湘水北流”,秋高八月,潇湘铺展平实舒展的画卷;“湘江二月春水平,满月和风宜夜行”,新春二月,潇湘洋溢清灵宁和的气息。这是遥远的往昔,这是遥不可及的古典,这是现代文明抛弃的美。而今的潇湘,已无力承起一个“潇”字的分量。

“黄河远上白云间,一片孤城万仞山”,这是诗意乍起的黄河奇观,这是古典的黄河。如果你没有“黄河断流”的概念,不知“地上河”的原由,你定会对黄河神往不已。但是临到黄河,面对长长的枯水期,日渐缩小的江水面积,任你想象黄河的磅礴与大气,都不会像古诗人那样神思飞跃,逸兴飞扬了。

湖泊,本该孕育着膨湃的诗情。湖泊是最有韵味的环境事物。看洞庭“八月湖水平,涵虚混太清”浩阔奇景入诗入画;“吴楚东南坼,乾坤日夜浮”纵横捭阖,神气十足!“八百里洞庭”留给古诗人多么开阔的背景,多么丰富的舞台。可到今天,“围湖造田”“乱排乱放”“富营养化”“水质恶化”,洞庭像一位无辜的老者,历千载沧桑而未殒光彩,到现代文明的时代,到了目空一切的人手中,竟无所适从,神色黯然！

人们生态意识的增强，换来了飞鸟与鱼的回归：冬夏候鸟的数量明显增多，消失已久的中华鲟、银鱼等濒危物种又重现水底。然而，整个洞庭湖的生态环境依然不容乐观——不合理的开发利用造成天然湿地面积减少和质量下降；上游和周边地区森林植被减少及水土流失加重了洞庭湖湿地的萎缩；湿地生态系统破坏严重，不少物种基本灭绝或濒临灭绝；“毒杀飞鸟，滥捕鱼类”，人为破坏仍在持续。人与自然在这里矛盾交织。

洞庭湖，正在悄然逝去她的红润与光泽。由于长江和湘、资、沅、澧四水携带大量泥沙入湖，洞庭湖平均淤积泥沙量年均高达 1.29 亿立方米，湖床平均每年淤高 3.7 厘米。其中西洞庭湖（目平湖）年均接纳泥沙达 1349 万吨，年均淤高 5.8 厘米。如果不予以扼制，按此计算，预计 30～50 年之后，整个目平湖将成为一片沙洲。

谁会成为挽救她的人？

不仅是湘江，不仅是黄河，不仅是洞庭。许多秀美的湖泊干涸了她们的青春，许多琴歌叮咚的溪流远离了她们的小夜曲，许多刚悍的大河埋葬了最后的激情。现代文明已自以为是地拒绝了美，排斥了古典，扼杀了诗情。

沙漠，也曾经跃动着古典的壮美和一触即发的诗情：“大漠沙如雪，燕山月似钩”，清光沐浴，驰走沙原，尽享“快走踏清秋”的惬意，“忽如一夜春风来，千树万树梨花开”，漠北的雪，在兵戈相争的年代竟也流转如此动人的诗句。边塞诗人在“九月风夜吼，一川碎石大如斗”的沙原上尽情挥洒豪情。

但是，古典不再，人们日渐失去了它。榆林悄无声息地消失了身影；罗布泊无奈地干涸了理想；沙尘暴肆虐人间，甚至江南地区都不可幸免。看中国西北大地，沙山起伏，沙丘密布，沙漠扩大化带给人类的生存的恐惧早已不给人以诗意。

古典沦陷，这几乎成为了不争的事实。澎湃的诗情，绵远的诗兴，几乎成了古诗词才拥有的神话。当再也没有不可遏制的诗兴涌动胸中，当古典的美感在现代文明中萎缩，现代文明可就无法再掩饰它的苍白无力。现代文明给了我们呼啸的火车，轰鸣的机器，给了我们极度的物质自由,但我们不能忽视古典的沦陷,那该是多沉重的警示:环境利益正在遭受大肆损害!人类驾乘现代文明的快车,嚣张地碾碎了青山秀水的画布,搅浑了纯乎自然的天籁,湮灭了古典和诗意。

细品古诗词,看其中的地球环境记录,古风轻抚中,尽览一个清朗俊秀的自然,但掩卷之余,不觉忧思满怀。我是怀着感激的心情去品读古诗词,带着甚至是嫉妒的心情去感受古诗人,带着几分难过的心情去欣赏古地球的。古典沦陷,诗情不再。不知现代文明要循着什么路,走向何方。

谁能拭去我们地球的眼泪,安抚我们地球的伤疤?

读史以明志，读诗以修身

夏文锋(PB01001077)

我一向认为，古诗词是中国文化的精髓，是中国文学的一个高峰。它代表着中华民族几千年的辉煌，演绎了中国几千年的兴衰荣辱。它精炼准确，融万千情义于数语之中，这些也是现代许多以卖字为荣的“写家”所远不能及的。

古诗词作者各朝皆有，而唐宋居多。他们或借物言志，或咏景叙事，或针砭时弊，或体察民情。其中，也有一部分人将目光投向了更为宽广的领域，开始思索人与世界、人与自然的关系。当然，由于认识所限，许多人只停留在浪漫的想象与对自然的美好憧憬之上，没有形成系统的理论，认识也不尽正确。

关于人类起源，日月运行，星汉灿烂，季节更替，古人有过无数的想象，这些集中体现在早期的许多神话故事当中。从盘古开天地，女娲造人补天，共工怒撞不周山，到神灵妖魔的存在，在一定程度上体现了古人的智慧。其后，许多人又提出种种怀疑与假设，这些集中体现在伟大诗人屈原的作品当中。

屈原是我国第一位浪漫主义诗人，他开创了中国文学史上重要的楚辞体，他又是一位哲学家，思想深邃，见解独特。《天问》便是其重要作品，体现了他大胆的想象与思想的博大精深。鲁迅称之为“怀疑自遂古之初，直至万物之琐末，放言无惮，为前人所不敢言”。以下摘以品之：

遂古之初，谁传道之？上下未形，何由考之？
冥昭瞢语，谁能极之？冯翼惟象，何以识之？
明明语语，惟时何为？阴阳三合，何本何化？
圜则九重，孰营度之？惟兹何功，孰初作之？

干维焉系？天极焉加？八柱何当？东南何亏？
九天之际，安放安属？隅隈多有，谁知其数？
天何所沓？十二焉分？日月安属？列星安陈？
出自汤谷，次于蒙汜？自明及晦，所行几里？
夜光何德，死则又育？厥利维何，而顾兔在腹？
女歧无合，夫焉取九子？伯强何处？惠气安在？
何阖而晦？何开而明？角宿未旦，曜灵安藏？

以上为全文第一部分，共提出 27 个问题，集中在天体构造、日月星辰等方面。语言精炼，妙发哲理，对古神话故事进行了大胆的置疑，如开天地部分，他问“谁传道之”，是谁第一个开创这世界啊？又问天地未形成，根据什么判断？天地为九重，谁来设计建造？天有八柱，柱在何方？问题环环相扣，又合乎情理。从今天的角度看，这些问题大多没有道理，甚至可笑，可从当时来讲，这种唯物主义思想，这种强烈的探求宇宙天体的愿望是何其可贵啊。从长远的意义讲，这篇文章无疑吹响了探求自然奥秘，追寻人类起源的号角。

此后，也有许多人有过对世界的探索，这体现在许多人的作品里面。人们活动范围宽广，于是出现了大量歌颂山河壮美的名作；人们关注万物变迁，于是出现了许多描写四季风景的佳句。一代又一代的诗人、词人把对自然、家乡的热爱化做诗词流传下来。

一代枭雄曹操有篇写景名作《观沧海》，曰：

东临碣石，以观沧海。水何澹澹，山岛竦峙。
树木丛生，百草丰茂。秋风萧瑟，洪波涌起。
日月之行，若出其中；星汉灿烂，若出其里。
幸甚至哉，歌以咏志。

气势雄浑，意境阔大。其中“日月之行，若出其中；星汉灿烂，若出其里”四句为联想，想象日月星辰均自大海而起，倒也别有一番风味。

此后，写景佳作不断。不必说岑参的“忽如一夜春风来，千树万树梨花开”，也不必说白居易的“几处早莺争暖树，谁家新燕啄春泥”，更不必说贺知章的“不知细叶谁裁出，二月春风似剪刀”，单是孟浩然一句“夜来风雨声，花落知多少”便令人神往。将自然之妙、自然之美写得妙绝至极。

另一位浪漫主义文豪李白，更是满怀对祖国山河的热爱，写黄河“黄河之水天上来，奔流到海不复回”，写庐山瀑布“飞流直下三千尺，疑是银河落九天”，写天门山“天门中断楚江开，碧水东流至此回”，写江陵“两岸猿声啼不住，轻舟已过万重山”。深切感悟造物主的奇妙，极力歌颂这些地理奇观。

当然，如果要以现代地球科学、地理地质知识标准去划分，这一时期是很难找出几篇符合“科学”的文章的，这与中国传统文化有关。中国古人中很难找出如哥伦布、达·伽马一样的探险家，很难找到牛顿、达尔文之类的自然科学家。虽有郦道元探地质写《水经注》，有沈括究事理著《梦溪笔谈》，可他们的影响又有多大呢？

然而，浪漫的中国文人并没有停止他们思想的步伐，他们充分发挥想象力，以敏锐的观察力去描述生活中的美好瞬间。唐代诗人张继那首有名的《枫桥夜泊》：“月落乌啼霜满天，江枫渔火对愁眠。姑苏城外寒山寺，夜半钟声到客船。”不但运用月色、霜天、江枫、渔火这些不同的“颜料”，构成了一幅层次分明，色彩清晰的画面，而且还形象的描绘了月落、乌啼等动态景物。最后两句“钟声”部分，据有人分析，寒山寺距“客船”几十里之遥，而能听到钟声，是波的共振现象，这倒有一定的科研价值。

再朝近看，便有苏轼那篇好词《水调歌头》，开篇即问“明月几时有？把酒问青天”，与李白《把酒问月》诗中“青天有月来几时，我今停杯一问之”有异曲同工之妙，都表达了他们对自然、对世界的质疑，渴望探求自然之奇。而南宋诗僧志南的《绝句》中“沾衣欲湿杏花雨，吹面不寒杨柳风”也结合诗人亲身感受，准确而细腻地表现了节令的特征。

“文章合为时而著，歌诗合为事而作”，不同时期的古诗词家们把他们的亲身感受、所思所想诉诸文字，汇成了中华民族宽广的文化海洋，这几千年的积淀形成了中国深厚的文化底蕴。读诗不仅能知古之事，亦可明事理，修身养性。“入鲍鱼之肆，久而不闻其臭；入芝兰之室，久而不闻其香”。人能适应环境，环境也能影响一个人，不是吗？

[1] 王运熙,顾易生,等.历代诗歌浅解[M].上海:复旦大学出版社,1999.

[2] 历代四季风景诗选注组.历代四季风景诗三百首[M].北京:北京师范大学出版社,1983.

[3] 李华,李如芫,等.新选千家诗[M].北京:人民文学出版社,1999.

[4] 屈原.楚辞[M].郭竹平,注释.北京:中国社会科学出版社,2002.

沧海桑田,往事如烟

陶涌(SA04007025)

人类居住在地球上,一切生活资料、生产资料无不取之于地球。地质学的产生和发展始终同人类的生活、生产活动密切相关,特别对工、农业发展起着开路先锋的作用,它要向社会提供足够的矿产、动力资源,否则"一马挡路,万马不能前行"。就现今而言,不仅我国的社会主义现代化建设无法完成,就是整个世界的工业发展,也将停滞不前。因此,恩格斯指出:地质学和古生物学是打破"保守自然观的第二缺口",同时又说:"科学的发生和发展一开始就是由生产决定的。"地质学当然更是这样,它虽是一门年轻的自然科学,但是由于它同人类的生活、生产实践息息相关。因此,一些地质概念、地质思想萌芽却是"出土"很早。地质科学技术的发展来源于实践,在一万年前的旧石器时代,人类便已经学会用岩石制造劳动工具和武器。后来,到了青铜时代已知开采铜、金、锡等自然金属和少量易于采冶的矿石,到了铁器时代,已知开采更多种类的矿石。这都需要对岩石、矿石的种类、特征和分布规律有一定认识。我国有着悠久的历史,孕育着丰富的地质思想。

我国历史上最早的一本地质地理书要算是《禹贡》了,它是被铸在九鼎上的。《禹贡》记载了公元前 21 世纪大禹治水时所了解的全国各地的产物情况和山川地形。《禹贡》还按颜色将当时的九州土壤进行分类、命名,并记有盐、金、银、铜、铁等十二种矿物和金属。仅就铸造铜鼎这件事来看,说明当时已有足够的地质知识和冶炼技术来寻找、开发和冶炼铜矿。到了公元前 16 世纪至公元前 11 世纪的商朝,已能冶炼熟铁,这从河北藁县商代遗址中铁刃铜钺的发现便可看出,那是由一种含镍较高的富铁矿石冶炼而成的。

成书于春秋战国时代(前770～前221年)的《山海经》是我国另一部较早的地质矿产文献。该书系集体创作的18卷巨著,书中记录了当时已知的铁、铜、金、煤(那时名叫石涅)等矿产产地八十多处。1974年在湖北大冶挖掘出这个时代的矿井,说明当时已掌握地下开采、运输、支护、通风、排水和选矿的方法技术。齐国宰相管仲推行"官山海"政策,把炼铁、煮盐管理起来,改为官营,统一制造货币、改革农具,发展农业生产,致使齐国富强。到公元前600年前后,盐铁生产大发展,季煮盐上千吨,开采铁矿近百处,还开采铜矿和金矿。管仲在他著的《管子》一书中,有利用矿物共生组合和铁帽作为找矿标志的记载,如:"上有慈(磁)石者,下有铜金,上有陵石者,下有铅锡赤铜,上有赭者(指褐铁矿铁帽),下有铁"等等。书中指出当时已知有"出铜之山四百六十七,出铁之山三千六百有九",可见当时已对全国铜、铁矿床进行过粗略调查。书中还对河流的横向环流侧蚀作用形成河曲过程进行了说理分析。他说:"水之性,行至曲,必留退,满则后推前。……杜(冲)曲则捣毁,杜曲激则跃,跃则倚(排挤),倚则环(指环流),环则中(冲),中则涵(沉积),涵则塞,塞则移(搬运),移则控,控则水妄行。"远在二千六百多年前,管仲对于横向环流产生外侧侵蚀、内侧沉积作用从而促进河曲发展的规律论述得如此缜密,真是难能可贵!后来到了战国时期,随着冶铁业的发展,人们在利用磁铁矿过程中,发现磁石具有磁性,从而发明了名为"司南"的指南仪器。公元前二百多年,我国的航海船舶,已经开始使用罗盘,指针是用一小块天然磁铁做成的。

在老子《道德经》中记载了他对海陆变迁的认识,他说:"桑田变沧海,我为之添一筹;沧海变桑田,我为之添一筹。今观海屋筹,忽已三千年矣。"他还谈到宇宙的无限和永恒现象间的相互联系、有和无的统一及其相互作用。他具有朴素的辩证观点,他认为最初存在着由小质点"气"组成的云雾状物质,形成一片混沌;小质点有阴阳两极之分,对立两极浓缩而形成天地,地球万物、人和有机体都是小质点相互作用的产物。在《诗经》中也有"高岸为谷,深谷为陵"的记载,当时已经认识到地壳升降可导致海陆变迁这一事实。

秦、汉之际,我国四川一带除采掘铜、铁之外,还广泛烧煮盐井水，可取得百分之五十的盐，这在《华阳国志》中有记述。《汉书·地理志》还记载汉武帝时（公元前61年）鸿门（今陕西神木县）天封苑的天然气自燃现象，“天封苑火井祠火从地中出也”，还论述了石油的性质和产地：“上郡高奴县（今陕西延安）有洧水（石油），肥可燃。”《后汉书》又进一步论述甘肃玉门石油的性质及其产地，谓“注池为沟，其水有肥，如煮肉，羕羕永永，如不凝膏。然（燃）之极明，不可食。县人谓之石漆”，这是目前已知我国发现和利用天然气与石油的最早记录。石油在古代先后给以石漆、洧水、石脂水、黑香油、火油等近二十种名称，直到北宋沈括在他著的《梦溪笔谈》中才开始出现“石油”这一名词。

南北朝时，北魏卓越的地学家郦道元在研究前人著作的基础上，结合自己实际考察，于公元512～518年编写出著名的地学著作《水经注》。书中涉及地域广泛，东北至朝鲜大同江，东到海，南到柬埔寨，西南到今印度的印度河，西到今伊朗、成海，北到蒙古沙漠，记述内容包括河流、瀑布、湖泊、风沙、溶洞、火山、地震、山崩、地滑、温泉、喷泉、陨石、化石、矿物、岩石和矿产等多方面的地理、地质内容，记事真实，论述有据，为我国古代又一丰富多彩的地学巨著，至今仍有参考价值。书中《漯水》部分记录了山西大同火山的活动情况：“山上有火井，南北六七十步，广减尺许，源深不见底。炎势上升，常若微雷发响。以草爨之，则烟腾火发。”在《涟水》和《湘水》部分记载了湖南湘乡页岩中的鱼和石燕化石：“石鱼山，下多玄石（暗褐色页岩），山高八十余丈，广十里。石色黑而理，（层理）若云母。开发一重，辄（则）有鱼形，鳞鳍首尾，宛若刻画，大数寸鱼形备足。”又称：“其山有石，绀（红黑）而状燕，因以名山。其石或大或小，若母子焉。”这可能是世界上最早的化石记载。书中《河水》部分对龙门峡河流地貌和河流侵蚀作用作了精辟论述：“水非石凿而能入石，信哉！”指出河水有强烈下切作用。书中还对岩溶地貌和钟乳石成因予以科学论述：“入石门，又得钟乳穴。穴上素崖壁立，非人迹所及。穴中多钟乳，凝膏下垂，望齐冰雪。微津细液，滴沥不断。幽穴潜远，行者不极穷深。”对于千奇百怪、美不胜收的溶洞壮观景色，描绘得惟妙惟肖；对于钟乳石成因和形成过程分析得简明正确。书中还记载湖南郴县人民用温泉灌田，年可丰收三次。这是我国古代利用地热的珍贵史料。

在我国浩瀚的历史长河中，以上所列史实，只不过是沧海一粟。由此可见，自古以来，我国就有着非常活跃和丰富的地质思想，并且，无论是在生产实践还是在理论探索方面都取得了很大成就。

管中窥豹拾古韵

黄山(PB03000623)

假文章星言片语之管,窥山水地理格致之豹,时见一斑。

异象

较之后起的西方文明,华夏文明似乎更倾向感性认知。于是上溯先迹,不乏极度浪漫主义的文辞,骚人墨客将种种自然现象赋以人性或是传说。当人们习惯于接受这些感性的解释时,理性思考往往止步。由此今日返观古文所绘述的诸多异象,只能惊叹古人想象力丰富。

据《战国策·魏策四》唐雎曰:“此庸夫之怒也,非士之怒也,夫专诸之刺王僚也,彗星袭月;聂政之刺韩傀也,白虹贯日;要离之刺庆忌也,苍鹰击于殿上。……”彗星尾部扫及月球:当彗星进入火星轨道以内时太阳风和太阳光压推动彗星里的气体分子、等离子体和固体质量形成彗尾。彗尾总是背离太阳,而扫过月球怕是无以为怪的天文现象吧。白色长虹穿日而过:大气光学现象,即日光通云层时因折射作用而在太阳周围产生的光圈。至于苍鹰飞到殿上搏击可留待动物行为学知识解释。而原文中唐雎借天人感应作浪漫主义夸张,渲染神奇气氛,振起高亢情调,赞颂侠士之怒的作用,今日由我看来不过借题发挥罢了。

魏晋南北朝的谢惠连在《雪赋》一文中以“若乃积素未亏,白日朝鲜,灿兮若烛龙,衔耀照昆山”极言雪之光洁,何谓“烛龙”?《山海经·大荒北经》记载:“西北海之外,赤水之北,有章尾山,有神,人面蛇身而赤,直目正乘,其瞑乃晦,其视乃明。不食,不寝,不息,风雨是谒，是烛九阴，是谓烛龙。”近人研究这种现象实为北极光，即来自磁层或太阳风的高能带电粒子流受地磁场影响以螺旋形运动方式趋于地磁南北两极，与稀薄的高空大气发生冲撞产生发光现象。如氧被激发出绿色和红色的光，氮发出紫色的光，氩发出蓝色的光。或是带状紫红色的极光被古人认作了烛龙。

明代王思任《小洋》文中有语：“意者，妒海蜃，凌阿闪，一漏卿丽之华耶？”“海蜃”即海市蜃楼，因光线的折射和全反射作用出现在海上或沙漠上的景物幻影。“卿”即卿云，五色彩云被古人视为祥瑞之气。《史记·天官书》：“若烟非烟，若云非云，郁郁纷纷，萧索轮囷是谓卿云。”可见它多出现于云雾迷漫之处，且为彩色光环，应与彩虹成因相似，是光的色散，且光环半径与小水滴半径成反比，水滴越细，半径越大。

对以上种种“异象”给出的解释，古人受所知限制，我们也不宜指责其唯心主义。荀子作为古代朴素唯物主义哲学思想家，曾在他的传世名作《天论》中有这样的辨辞：“星坠木鸣（古树因风吹动发出声音），国人皆恐。曰：是何也。曰：无何也，是天地之变，阴阳之化，物之罕至者也。怪之，可也，畏之，非也，夫日月之有蚀，风雨之不时，怪星之党（通‘傥’，偶然）见，是无世而不常有之。上明而政平，则是虽并世起，无伤也；上谙而政险，则是虽无一至者，无益也。”这从根本上否定了天有意识的唯心主义说法，充分体现了他“天行有常，不为尧存，不为桀亡，应之以治则吉，应之以乱则凶”的吉凶祸福全在于人事的思想。不仅如此，荀子还正确解释了天与人之间的关系，告诫世人切勿“错人而思天”，而要取法天象之可以期，地宜之可以息，四时之数之可以事，阴阳之和之可以治，以理人事，从而求得国泰民安。尤为卓尔不群的是荀子还大胆提出“制天命而用之”“骋能而化之”“人（佑）物之所以成”的主张，认为人应该在了解、掌握天的运行变化的基础上，进一步发挥主观能动性，去驾驭、征服自然，使天地万物都能为我所用。这种“官天地，役万物”的“戡天”思想在先秦诸子的哲学理论中是独树一帜的。然而在《天论》一文中荀子还有“不为而成，不求而得，夫是之谓天职。如是者虽深，其人不加虑焉，虽大，不加能焉（不夸大它的作用）虽精，不加察焉：夫是之谓不与天争职。”以及“唯圣人为不求知天”。言下之意，谓圣人只重人事而不问天道，不去对自然界生成万物的所以然进行冥思苦想，对此本人不敢苟同。不知可否这样理解：中国自然科学发展的脚步正是阻滞于这种渗透于华夏文化方方面面只重人事而不问天道的狭隘思想。

天象

他日偶闻得某电视台慷慨激昂，“七月流火，众星云集，全力打造最热烈的现场演唱”云云，不禁哑然。莫非“七月流火”一词被解作了七月酷热？潘岳于晋武帝咸宁四年所作《秋兴赋》中有语：“听离鸿之晨吟兮，望流火之余景”，其中“流火”之火乃星名也，或称大火星，即星宿。《诗经·豳风·七月》：“七月流火”，夏历七月，星宿从夜空正南向西低降，标志秋天来临，而今人多望文生义误用此词，呜呼哀哉。

又有同时代谢庄作有《月赋》：“于时斜汉左界，北陆南躔；白露暧空，素月流天。”“汉”即银河，“左界”是指明东方，由于古人坐北朝南故左为东方。“北陆”亦为星名，二十八宿之一，位在北方。“北陆南躔”意为太阳的运行，夏至太阳偏北，冬至太阳偏南，即太阳已从北边向南运行，这是秋天之际的天象。“暧”，浓云遮蔽貌，仅此一句清雅香美，秋月之绵邈意境全出。更甚者，融星象、历法于寥寥数言，足见古代文人对天象知识之谙熟以至信手拈来。

海天之端

《庄子·逍遥游》谓“北冥有鱼，其名为鲲。鲲之大，不知其几千里也；化而为鸟，其名为鹏。鹏之背，不知其几千里也，怒而飞，其翼若垂天之云。是鸟也，海运则将徙于南冥；南冥者，天池也”。此处“北冥”据考证实为今俄罗斯境内的贝加尔湖，位于东西伯利亚南部，湖长 636 千米，平均宽 48 千米，面积 31500 平方千米，形成于地层断裂陷落。贝加尔湖最深处达 1620 米，平均深度也有 730 米，是世界上最深的湖泊。湖中生活着鲨鱼、奥木尔鱼、海螺、贝加尔海豹等海洋生物，只有近岸地区才有一般湖泊中常见生物。贝加尔湖之远怕是多数人目不能及的了，加之它水域宽广，生物物种迥异于一般湖泊，无怪以讹传讹，成就了《逍遥游》的宏大想象。

又有木华《海赋》中描述海之广博："尔其为大量也，则南澰朱崖，北洒天墟，东演析木，西薄青徐。"朱崖即今海南省海口市，古时以为极南之地。天墟，极北面的天空。析木，十二星之一。古以十二星次配十二分野，以析木为燕之分野，属幽州，今北京市、河北北部及辽宁一带；青州，今山东半岛；徐州，今江苏、安徽北部、山东南部。因青、徐二州古代靠海，被认为海的最西方。古人对大海范围的界定今人看来是幼稚的，地球本是一个被海洋包围的水球，但至少表明早在魏晋南北朝时期，人们就对我国东部及南部海岸线大体走势有了初步认识。

至若天地的形势，古人理解更为直观：天圆地方。《月赋》中又有："列宿（众多的星座）掩缛，长河（指银河）韬映；柔祇（地）雪凝，圆灵水镜。"圆灵：圆的神灵，指天。中国人对这样完满而平滑的形状是颇有偏爱的，只可惜了这个对天的解释并不完满。

怎道是"天圆地方"也被冠以了"说"字，无奈更远之处只剩虚无了。唐代舒元舆所作《长安雪下望月记》有道是"此时定身周目，谓六合八极，作我虚室。"六合，天地四方，泛指宇宙；八极，八方极远之地。《淮南子·地形训》："天地之间，九州八极"，又"九州之外，乃有八殡"，"八寅之外，而有八纮"，"八纮之外，乃有八极"，由此古人在诠释海天之端终为何物时捉襟见肘的窘境便可见一斑了。

修竹与椽竹

既已仰观宇宙之大，不妨俯察品类之盛。在此仅以"竹"为例，"盖竹之体，瘦劲孤高，枝枝傲雪，节节干霄，有似乎士君子豪气凌云，不为俗屈"。千古以来文人雅士多喜为竹吟诗嘱文，展露狷介之人格，隐逸之意趣。然而同为竹，形态品属也因地而异，可见植物对环境的适应。

先看王羲之《兰亭集序》中的记载："此地有崇山峻岭，茂林修竹；又有清流激湍映带左右，引以为流觞曲水，列坐其次。"兰亭为东晋会稽郡治山阴（今浙江绍兴市）城西南郊名胜。其地有湖，“湖南有天柱山，湖口有亭，号曰兰亭”（《水经注·浙江水》）。浙江省濒临东海，地处亚热带季风气候区，四季分明，全年降水 1100～1900 毫米，暖湿条件优越。浙江省地势以山地丘陵为主，山水秀美，恰如《兰亭集序》中所述，又此地降水甚丰，且山地丘陵不比平原般易于贮水，所生之竹即为“修竹”，即又长又细的竹子。

再看宋人王禹偁作于宋真宗咸平二年（999 年）八月二十五日的《黄州新建小竹楼记》：“黄冈之地多竹，大者如椽。竹工破之，刳去其节，用代陶瓦。比屋皆是，以其价廉而工省也。予城西北隅，雉堞圮毁，榛莽荒秽，因作竹楼二间，与月波楼通。远吞山光，平挹江濑，幽阒辽夐，不可具状。”这显然是一幅迥异于王羲之笔下会稽山的图景。不仅竹粗如椽足以建屋，且环顾四周地势旷远辽阔，不禁想起王粲的名篇《登楼赋》：“登兹楼以四望兮，聊暇日以销忧。览斯宇之所处兮，实显敞而寡俦（匹敌）。挟清漳之通浦兮，倚曲沮之长洲，背坟衍（土地高起为坟，广平为衍）之广陆兮，临皋隰（皋，水边的高地，隰，低湿地）之沃流。北弥陶牧，西接昭丘。华实蔽野，黍稷盈畴”“凭轩槛以遥望兮，向北风而开襟。平原远而极目兮，蔽荆山之高岑（小而高的山）”。王粲作此赋所登之楼在当今湖北当阳境内旧麦城所在地，正当漳、沮二水汇合之处。文中境界与《黄州新建小竹楼记》有异曲同工之妙。同为乍一登楼，山川原野尽收眼底，其中又犹以王粲所述漳、沮两岸原野夏秋之际一片丰穰景象为真切传神。总而言之，两文同时体现了湖北省的地形特征：西、北、东三面环山，中南部以丘陵和平原为主，南部和东部水网密布，湖泊众多。

同为写竹，一为“修竹”，一则“大者如椽”，而生竹之境一为“崇山峻岭”，一为“显敞寡俦”。不知能否体现植物对环境的适应，抑或只因前者作于“暮春之初”，后者成于仲秋，于是竹的形态受制于生长周期？无论如何，这三章寄情于景的名篇同为我们展现了古已有之的浙、鄂地貌差异。

江河湖海

《秋水》在《庄子》外篇中最为重要，它以河伯海若对话的形式讨论了“价值判断的无穷相对性。”开篇有“秋水时至，百川灌河，泾流之大，两涘渚崖之间，不辨牛马。于是焉河伯欣然自喜，以天下之美为尽在己；顺流而东行，至于北海；东面而视，不见水端”，可见当季节性洪水暴发时，滚滚洪流从各地支流汇入黄河时的壮阔景象。需要指出的是此处的“北海”即为黄河入海口，便指今渤海，而非前文述及的贝加尔湖。面对河伯的欣然自得，海若（传说中的海神）曰“天下之水，莫大于海，万川归之，不知何时止而不盈；尾闾（传说中海水的归属之地）泄之，不知何时已而不虚，春秋不变，水旱不知：此其过江河之流，不可为量数。”此外，庄子还在他的一篇寓言中更为形象地描述过大海：“夫千里之远，不足以举其大；千仞之高，不足以极其深。禹之时，十年九潦，而水弗为加益；汤之时，八年七旱，而崖不为加损。”于是焉河伯便为自己的蔽陋渺小而惘然自失了。

依我看河伯大可不必自卑，流域最大的河流亚马孙河，面积700万平方千米，而最小的海——马尔马拉海位于亚欧两洲之间，面积仅1.1万平方千米。不仅如此，大海纵有它的浩渺无垠，波澜壮阔，江河也自有它的蜿蜒屈曲，奔流不息，种种自古为人称道的雄奇自然景观都现于江河之上。

一如黄河过孟门山时河下龙门的奇景，郦道元在《孟门山》中写道：“《山海经》曰：‘孟门之山，其上多金玉，其下多黄垩、涅石。’《淮南子》曰：‘龙门未辟，吕梁未凿，河出孟门之上，大溢逆流，无有丘陵，高阜灭之，名曰洪水。大禹疏通，谓之孟门。……此石经始禹凿，河中漱广，夹岸崇深，倾崖返捍，巨石临危，若坠复倚。古人有言：‘水非石凿，而能入石。’信哉！其中水流交冲，素气云浮，往来遥观者，常若雾露沾人，窥深悸魄。”而上溯战国，慎到著有《慎子》，书中言及“河下龙门，其流驶如竹箭，驷马追弗能及”。下至明代薛碹《游龙门记》又有“出河津县（山西汾水北岸）西郭门，西北三十里，抵龙门山下。东西皆层峦危峰，横出天汉。大河至西北山峡中，东至是，山断河出，两壁俨立相望。神禹疏凿之劳，于此为大。由东南麓穴岩构木，桴虚驾水为栈道，盘曲而上。濒河有宽地，可二三亩，多石少土”。至于“龙门”之得名《艺文类聚》卷九六引《三秦记》：“河津一名龙门，大鱼集龙门下数千不得上，上者为龙。”如此繁多的荒古传说，如此狂暴不羁的洪流，如此壁立千仞的孟门造就了如此惊心动魄的龙门奇景。理性地说，它不过是流水的切削作用冲刷成的河谷，加之峡谷效应加快了河水流速。

正所谓“以史为镜，可以知兴替；以人为镜，可以明得失”，今日通览古文名篇之石，只为攻“天人合一”之玉。此处“合一”有两层涵义，一则人对自然科学，特别是地球科学的更深入认知，二则利用所知指导人类更合理地与地球共存。就此而言，我很欣赏两句话，一是老子的“人法地，地法天，天法道，道法自然”这里的“法”意为效法、取法。二是庄子的“无以人灭天，无以故灭命，无以得殉名。谨守而勿失，是谓反其真”。这个“真”也就是自然。循此路而上，便是最高境界：“乘天地之正（顺着自然的规律），御六气之辩（驾驭着六气，即阴阳风雨晦明的变化）。”

参考文献

[1] 陈振鹏，章培恒．古文鉴赏辞典[M]．上海：上海辞书出版社，1997.

[2] 成都地图出版社．中华人民共和国分省地图集[M]．成都：成都地图出版社，2001.

[3] 鄢来勇．世界知识地图集[M]．成都：成都地图出版社，2001.

古时的潮汐学说

李逊(PB04005060)

悲霜雪之俱下兮，听潮水之相击。
浮江淮而入海兮，从子胥而自适。
——屈原《楚辞·悲回风》

众所周知，《楚辞》是屈原被流放在沅湘流域时所做。诗人望江兴思，寄予其反抗恶势力的坚定意志，发泄其忧国忧民追求理想和洁身自持的悲愤感情。然而，站在我们的角度看，这些诗句从另一个侧面反映出在诗人生活的时代，人们对于潮汐现象已经很熟悉了。其实，早在上古时代，人们就已经开始关注潮汐现象。《易经》中就有这样的句子："习坎(坎上坎下)有孚维心亨，行有尚。彖曰：习坎，重险也。水流而不盈，行险而不失其信。"这段经文的意思是："坎是象征水这一种物质的。水，经常得连续不断地穿过险阻，按时往来，永远遵循着一定的时刻，没有差错过。"同样，《诗经》中也有"沔彼流水，朝宗于海"的诗句。实际上，这些描述的都是潮汐。我们的祖先很早便认识了潮汐现象。而"潮汐"的得名，也是因为我国古代称白天为"朝"，晚上为"夕"；这样就把白天里出现的海水涨落称为"潮"，而把晚上的海水涨落称为"汐"。

而第二句诗中提到了子胥，关于这个还有一段传说。子胥即伍子胥，春秋时楚国人，因父兄均被楚平王所杀，他逃往吴国，辅佐吴王夫差伐楚有功。后吴又打败越国，子胥因坚持反对夫差同意越王勾践的请和，触怒夫差，后被赐剑自杀。夫差将其尸体盛入皮囊抛到江中。后来人们对其被杀不平，传说他死后成了涛神，发怒时便驱水为涛荡激崩岸以泄其愤。于是，就有了"子胥潮"之说。这是人文意识非常强烈的一种观点，在当时也被普遍接受。而事实上，在《山海经》

中对潮汐还有着另外一种传说："水经曰海中鰌，长数千里，穴居海底，入穴则海溢为潮；出穴则潮退，出入有节，故潮水有期。"这也是人类对于潮汐现象早期的朴素的解释。而在另外一个方面，佛教与道教的经书中则把潮汐现象神权化了。如《华严经》中就有"一切大海水，皆从龙王心愿所起。八十亿龙王雨大海中，及其所住，渊池涌出，流入大海，波涌流水，青玻璃色，盈满大海；涌出有时，是故海潮常不失时"的说法，宗教意识十分浓厚。而到这个时候为止，还并没有对于潮汐规律认识方面真正意义上的专门论述。

东汉时期，唯物论思想家王充在《论衡》第四卷《书虚篇》中将"潮汐"的形成归结为元气的作用："天地之有百川也，犹人之有血脉也，血脉流行，泛扬动静，自有节度，百川亦然。有朝夕（潮汐）往来，犹人之呼吸气出入也。"王充在这种唯物的"元气"自然论基础上，尖锐地驳斥了"子胥潮"的说法，明确地提出了潮汐成因的"元气呼吸"学说。他还提出了潮汐涨落"随月盛衰"的见解："涛之起也，随月盛衰，小大满损不齐同……以月为节也。"而王充这种思想的渊源，正可以追溯到《易经》中"坎，为水，为月"的说法。而战国与秦汉时代的一些医书及科学著作中也曾将潮汐与月亮联系起来，这正体现了"潮汐论"的发展。

王充的学说，在东晋时候葛洪的《抱朴子》中也得到了更为具体的说明，而葛洪还考虑到太阳和潮汐发展变化的关系，甚至还试图把四季太阳和月亮在天空中的位置同潮汐的季节变化联系起来进行说明。

随着社会生产力和科技的高速发展，潮汐学说也渐渐完善，还出现了和天文历数紧密联系的一套潮汐预报方法。唐代窦书蒙关于潮汐论的著作《海涛志》中分章节详细地分析了潮汐的成因问题。他不但坚决主张"造化何营，盖自然耳"的"元气"学说，还详尽地结合天文历数来解释潮汐的周日、周月和周年变化现象。他具体地指出"晦明牵于日，潮汐系于月，若烟自火，若影附形，有由然矣"，"月与海相推，海与月相明，苟非其时，不可踵而致也，时至自来，不可抑而已也，虽谬小准，不违大信，故与之往复，与之盈虚，与之消息矣"，"一晦一明，再潮再汐；一朔一望，再虚再盈；一春一秋，再涨再缩"。这就是说，昼夜交替和潮汐涨落是同日月运行联系在一起的，这就像烟生于火，影附于形那样有确定的因果关系。月亮和海水相互作用，海水的涨落便和月亮运行的一定时刻相对应，这是不以人的意志为转移的客观规律。在涨潮时刻还未到来的时候，无论多大的力量也不可能使海水涨上来；而涨潮时刻一旦来临，则无论如何也不能阻挡海水上涨，尽管每天潮汐涨落的时刻实际上也可能与月亮运行对应得不那么准确，但总的规律却是不会错的。因此，海洋里的潮汐，始终随着月亮运行和月相盈亏变化而涨落不已，增减不息。总之，在一昼夜里，潮汐有两涨两落；在一个朔望月里，潮汐有两大两小；在一个回归年里，潮差也有两大两小。

由此可见，窦书蒙已经非常明确地把潮汐涨落规律同日月运行规律联系起来了。正是基于这一正确的认识，在《海涛志》中，他不仅相当准确地算出了在一个回归年和一个朔望月里该有多少次潮汐循环，还具体地建立了一个根据月相推算一个月里每天高、低潮的图解方法。这个潮汐预报方法，实质上就是我国半日潮海区劳动人民历代相传的“八分算法”。

唐代关于潮汐论还有卢肇的《海潮赋》和封演的《闻见记》，从不同角度陈述了他们对潮汐的见解。其中卢肇在《海潮赋》中提出的是“日激水而潮生，月离日而潮大”的错误理论，并引经据典加以证明，同时他也竭力反对“近代言潮者皆验其及时而绝，过朔乃兴”的实事求是的科学态度，虽不值得推崇，但也反映了当时的一种观点。相反，我们应该注意的是，封演的《闻见记》中写道：“余少居淮海，日夕观潮，大抵每日两潮，昼夜各一。假如月（出）[初]潮以平明，二日三日渐晚，至月半，则月出早潮翻为夜潮，夜潮翻为早潮矣。如是渐转至月半之早潮复为夜潮，月半之夜潮复为早潮。凡一月旋转一匝，周而复始，虽月有大小，魄有盈亏，而潮常应之，无毫厘之失。月，阴精也。水，阴气也。潜相感至，体于盈缩也。”他在亲身观察潮汐涨落变化的基础上，非常细致地总结了高潮时刻的逐日变化规律，并对潮汐和月亮的关系提出了一个与现代科学认识十分接近的见解，即是月亮和地球的相互作用影响着潮汐变化。这使得我国古代对于潮汐成因的认识达到了一个新的高度。

五代时期丘光庭的《海潮论》,又提出了另一种观点。他用渔翁与隐者对话这一形式来阐明自己对于"元气"学说的理解。他认为海洋和陆地都随着宇宙间的"元气"呼吸而涨缩,但不存在水平面的差异;而潮汐涨落则是陆地随"元气"呼吸产生升降所呈现出来的现象。显然,从今天来看,这种用陆地升降来解释潮汐成因是错误的。但是,丘光庭从朴素的"元气"呼吸学说出发来推想陆地有升降活动,却是难能可贵的。

到了北宋时期,我国的对外贸易及经济文化都得到了极大的发展。社会生产和航海事业的发达,极大地促进了人们对潮汐现象的认识。公元 1025 年,余靖的《海潮图序》一文问世,标志着我国古代对潮汐的认识发展到一个新的阶段。在这之前,人们对潮汐的认识,大多只限于一般的议论或某一局部地区的潮汐推算。但到了余靖的那个时代,人们显然已经开始把视野扩大到我国整个东南沿海的潮汐的一般涨落情况,并试图将潮汐作为一种波动传播过程来解释各地潮汐先后不一的现象了。余靖本人曾对东南沿海的潮汐情况进行了大量的观测和调查研究。据《海潮图序》里说,他曾"东至海门,南至武山,旦夕候潮之进退,弦望视潮之消息""又尝闻与海贾云,潮生东南"。于是,余靖通过实地观测和调查访问,得出"潮之涨退,海非增减。……彼竭此盈,往来不绝"的结论。也正因为这个缘故,余靖明确地指出各地涨落时刻有所不同,"远海之处,则各有远近之期"。由此可见,余靖已不仅从日月运行的规律来说明各地的潮汐涨落的规律性,并且更进一步将各地的潮汐涨落看成是一种传播着的波动现象,从而找到了我国东南沿海各地的潮汐有早晚的原因所在。同期关于海潮论的著作还有燕肃的《海潮图论》和张君房的《潮说》。他们都比较注意日月运行和潮汐涨落的具体对应关系,而在说明潮汐成因方面则有着和余靖相同的观点。

而在宋代著名科学家沈括的《梦溪笔谈》中,他以自己亲身观察潮汐的科学实践进一步确定了月亮运行同潮汐涨落的对应关系,并且从潮波传播的角度提出了估计各地潮汐涨落时刻的设想。沈括指出:"卢肇论海潮,以谓'日出没所激而成',此极无理,若因日出没,当每日有常,安得复有早晚?予尝考其行节,每至月正临子,午,则潮生，候万万无差。此以海上候之，得潮生之时，去海远，即须据地理增添时刻。月正午而生者为潮，则正子而生者为汐。”他已经在实测结果的基础上归纳出现今普遍用来估算潮汐和描述潮波传播过程的“平均月潮间隙”的确切概念了。

这之后关于潮汐的著作还有南宋马子严的《潮汐说》和朱中有的《潮赜》，其中《潮赜》充分总结了前人的观点，对卢肇、葛洪、丘光庭、郑常、燕肃等人的论述都给出了评价，并在此基础上提出了自己的看法：“夫水，天地之血也，元气有升降，气之升降，血亦随之，故一日之间潮汛再至，一月之间为大汛者亦再，一岁之间为大汛者二十四。元气一岁间升降为节气者亦二十四，潮二十四汛随之，此不易之理也。”

此后，明代的《浙江潮候图说》《潮候论》《潮汐考》，清代的《广东新语》《海潮说》《南越笔记》等中都有关于潮汐的论述，但均未超过宋朝的水平。

历史发展到今天，关于潮汐的探讨并没有就此停下脚步。据《现代地理学辞典》的解释：“由于日、月引潮力的作用，使地球的岩石圈、水圈和大气圈中分别产生的周期性的运动和变化的总称。固体地球在日、月引潮力作用下引起的弹性—塑性形变，称固体潮汐，简称固体潮或地潮；海水在日、月引潮力作用下引起的海面周期性的升降、涨落与进退，称海洋潮汐，简称海潮；大气各要素（如气压场、大气风场、地球磁场等）受引潮力的作用而产生的周期性变化（如 8、12、24 小时）称大气潮汐，简称气潮。其中由太阳引起的称太阳潮，由月球引起的称太阴潮。因月球距地球比太阳近，月球与太阳引潮力之比为 11∶5，对海洋而言，太阴潮比太阳潮显著。地潮、海潮和气潮的原动力都是日、月对地球各处引力不同而引起的，三者之间互有影响。大洋底部地壳的弹性—塑性潮汐形变，会引起相应的海潮，即对海潮来说，存在着地潮效应的影响；而海潮引起的海水质量的迁移，改变着地壳所承受的负载，使地壳发生可复的变曲。气潮在海潮之上，它作用于海面上引起其附加的振动，使海潮的变化更趋复杂。作为完整的潮汐科学，其研究对象应将地潮、海潮和气潮作为一个统一的整体，但由于海潮现象十分明显，且与人们的生活、经济活动、交通运输等关系密切，因而习惯上将潮汐一词狭义理解为海洋潮汐。”

由此可见，古人的观点虽不尽完善，却都为现在的潮汐学说奠定了基础。随着时代的发展，潮汐学说也必将更加科学与系统化。这就需要我们这一代人为之付出努力了。

地球五部曲

于晓雯(PB04206210)

产生篇

天地浑沌如鸡子，盘古生其中。八万四千岁，天地开辟，清阳为天，浊阴为地。盘古在其中，一日九变，神于天，圣于地。天日高一丈，地日厚一丈，盘日长一丈。如此满八万四千岁，天极高，地极深，盘古极长。后乃有三皇。数起于一，立于三，成于五，盛于七，处于九，故天去地九万里也。

——《艺文类聚》卷一引《三五历纪》

大千世界变化无常，奇妙多彩。繁华贫穷，快乐悲伤，高尚卑劣，充满了各式各样的人和事物。有些人庸庸碌碌不知为什么而活，但自古以来就有很多有思想的人不断在思考我们这个世界从何而来。上面那段话就是上古时期人们对世界起源的朴素的猜想，他们认为天地是由盘古开辟的，这当然是古人美好的想象。

而我国的诸多大家也对宇宙的产生有着自己的观点，《老子》第四十二章说："道生一，一生二，二生三，三生万物。万物负阴而抱阳，冲气以为和。"这是道家宇宙生成观。《易传·系辞上》第十一章说："是故易有太极，是生两仪，两仪生四象，四象生八卦，八卦定吉凶，吉凶生大业。"这是儒家的宇宙生成观或谓《周易》宇宙生成观。这两种宇宙生成观实际上是有相同相通之处以及内在联系的。"一"相当于"太极"。"一生二"相当于"太极生两仪"。"二生三"的"三"指阴气、阳气、和气(阴、阳、中和三性)或地、天、人三才。在八卦符号中，初爻(重卦则为初、二两爻)为下、为地，二爻(重卦则为三、四两爻)为中、为人，上爻(重卦则为五、上两爻)为上、为天，可见"三"是与八卦相关的,“二生三”略当于“两仪生四象,四象生八卦”这个阶段,“三生万物”略当于“八卦生万物”。比较两种宇宙生成观可知,道家宇宙生成观是完满自足的或者自洽的,而《易传》关于《周易》宇宙生成观那一段话则有逻辑或学理上的毛病(或谓“硬伤”)。这种看法与中国的文化传统较好地吻合了。

但地球乃至整个宇宙究竟是如何诞生的呢,这依然是一个谜,目前被广泛承认的无疑是大爆炸理论。这个理论认为我们现在的宇宙在一百多亿年前似乎是一个堆积在一起的体积无限小而密度与曲率无限大的点,在某一时刻这一点的温度突然升高到150亿度以上,发生了巨大的爆炸,从此我们的宇宙开始了漫长而又伟大的演变,由大爆炸释放的能量与物质又在不断发展与反应中逐渐地形成了这个世界。

这是一件很奇妙的事,古人与现代科学家的思想竟然较好地吻合了。当然,我们的祖先无从知道大爆炸时产生了正物质、反物质等等,但令人佩服的是他们竟然猜到宇宙由聚集在一起的一点产生,而物质更是由其他物质生成的而不是自开始就存在的,盘古劈开的天地正如爆炸的起点,打开了宇宙的大门。

发展篇

谈到发展我们不得不提到物理学的基础《相对论》,不可思议的是我们竟然可以在古老的佛法中找到它的影子。根据爱因斯坦的公式推理,物体的大小、长短、距离在光速状态下统统消失,即时间与空间都是假象。因此,绝对独立的空间和距离是不存在的,那只是人的错觉而已。普贤菩萨在《华严经普贤行愿品》中讲“我以普贤行愿力故,一一佛所,皆现不可说,不可说佛刹极微尘数身。”释迦牟尼佛在《佛说大乘无量寿庄严清净平等觉经》中说“彼佛(阿弥陀佛)如来,来无所来,去无所去。”又说:(大菩萨)“诸佛刹中,皆能示现,譬善幻师,现众异相。”以上我们可以看到,突破空间、距离已不是神话,这完全取决于观察者的状态,用现代物理学的理论可以解释。

在这一大前提下我们可以探讨宇宙的发展了,宇宙产生,气体聚集逐渐凝结在一起,先形成了恒星,又形成了行星。大约在46亿年前我们美丽的地球诞生了。地球的内与外都在不停地发展着,“会当凌绝顶,一览众山小”这是形容泰山巍峨的,而泰山为什么这样巍峨,世界最高的珠穆朗玛峰上为什么有鱼类的化石呢?这一切沧海桑田的变化都源于地球的构造运动。几十亿年前地球的陆地是连接在一起的,由于地球自转及张力的作用使陆地分成几块,形成了现在的各大板块,板块远离即形成大洋,板块挤压即形成山峰,喜马拉雅山脉就是印度大陆与欧亚大陆从中生代开始做水平运动,与新生代汇聚碰撞挤压而形成的褶皱山脉,而现在它还在缓慢升高,看来这两大板块的亲密接触短时间内还不会停止。

地球的深层还在进行着更加不为人知的更复杂的运动,它们会对地球产生深远的影响,真正有威胁的也许是岩浆的运动。这种蠢蠢欲动的物质一旦在地壳薄弱处冲出可以瞬间毁灭一座城市,但火山爆发也并非全无好处,它可以创造山脉,增大陆地面积,甚至一次火山爆发就可以产生一座海中小岛,当然这些可爱的小岛说不定什么时候会因地动现象悄悄消失,得到幽灵岛的称号。

地球的发展永不会停、前途未卜,有人说以后大陆又会重新聚集在一起,还有人说地球的灾难会越来越多,不久会被小行星撞击,总之这是一个永远值得我们研究的充满了谜的未知地球。

灾难篇

“烨烨震电,不宁不令。百川沸腾,山冢崒崩。高岸为谷,深谷为陵”——地光闪闪,地声隆隆,霎时间山崩地裂,河水沸腾,高岸变成了低谷,深沟变成了丘陵。这是《诗经·小雅·十月之交》篇中对周幽王二年(公元前780年)发生在陕西的一次地震的描述。

近些年来我们不难发现全球发生的地质灾害越来越频繁,越来越严重,地球就像个没长大的孩子一样不安分起来,仅一年就发生了东南亚海啸事件及中亚巴基斯坦印度大地震,数以万计的生命因此凋零。地球为什么突然变得严厉了,我们又有什么办法远离灾难呢?地球板块是在不断运动的,两大板块的交接处就是地动现象最严重的地区。板块之间的挤压固然可以造山，更可能造成岩石圈某一区域的震动，换句话说就是地震。地震也不尽相同，轻微的人感觉不到，而剧烈的可以造成房倒屋塌，智利大地震、洛杉矶大地震及我国的唐山大地震、汶川大地震都是世界上有名的造成灾难性后果的地震。最近我国一向安全的东北板块也进入了板块活跃期，发生了一系列的地动现象，这是一个随时存在于我们身边，企图吞噬生命的恶魔。著名的亚特兰蒂斯大陆与姆大陆就是因为地震沉入海底的，成为了永远的神话。

海底岩石圈的震动也毫不逊色，因为它们会创造出一个有力的武器——海啸。地震造成海底地形的突然的较大变动，大量海水向低洼处流去再突然返回海面，形成十几甚至几十米的大浪，所到之处皆被夷为平地，这就是另一个恶魔——海啸。印度洋海啸我们还记忆犹新，一具具漂浮的尸体使大海温柔表面下的凶恶本质一览无余。

"一堵火墙从山坡的裂缝冲出。几十米的火柱冲天而上"，这是我们不能忽略的又一个恶魔——火山爆发。在地壳薄弱处岩浆冲出地面形成熔岩与碎屑，就是火山爆发现象，其无疑有着一种绚烂的毁灭的美。火山与地震多发区往往相伴而生，多处于板块交接的活跃地区。幸运的是火山都有一定的休眠期，不会一直喷发，在它休眠的时期，去观光或洗温泉倒是个不错的选择。正是火山喷发出的岩浆经过地球深处高温高压的洗礼形成了美丽的宝石。

气象灾难是近几十年来的一种新型灾难。全球变暖现象造成了南北极冰山的迅速融化和高山雪线的上升，这会导致全球海平面的上升，像荷兰及我国的上海这样海拔较低的地区面临着被淹没的危险。厄尔尼诺现象更是对全球气候产生了深远影响，造成副热带高压的推迟和海水的升温，带来干旱洪水高温，对气候及渔业造成了巨大的破坏。

浪漫篇

据《左传・襄公二十三年》记载：齐庄公四年(前 550 年)，齐伐卫、晋，回师攻莒时齐大夫杞梁战死。杞梁妻迎丧于郊，相传她哭夫十日，城墙为之崩塌。杞梁，名植，春秋时齐国大夫。杞梁随齐庄公伐莒，以五乘之兵，初获甲首三百，为深入杀敌，战死疆场。其妻迎丧于郊外，枕尸痛苦甚哀，过者莫不挥涕。传说她哭夫十日城为之崩。杞梁葬后，她赴淄水而死。这个故事，后来演变成为著名的民间传说孟姜女哭长城。这是一个流传千古的美丽的爱情故事，人们出于对美好的向往赋予了爱情巨大的力量。实际上孟姜女哭不倒长城，尽管她的爱情可歌可泣。但在一些地方屹立千年的长城确实倒了，自然有人为破坏，但更重要的是几百年来的风霜洗礼让它确实老了。地球表面上也在进行着不停歇的改变，风的力量是巨大的，它可以吹去千百年的浮华与沉沦，把石头吹成沙子再把沙子吹得灰飞烟灭，它可以推动沙丘前进掩盖一切绿色，它还可以把石头、树木甚至一切盖成它喜欢的模样，它可以把一切痕迹都吹去，只剩下永恒不变的真理。也许大片的沙漠可以告诉我们风吹过的感觉。还有水，滴水石穿，钟乳石可以告诉我们水的耐心。“君不见黄河之水天上来，奔流到海不复回”道出了水的气魄，黄土高原上的沟壑道出了水的勇气与力量。它带走了泥土堆积成平原，它汇聚成江河湖泊，它调整着气温，进行物质与能量的交换。桂林的象山、云南的望夫石都是大自然的杰作，正是这水与风或其他外力在悄悄改变着这个世界，改变着美丽的地球。

完结篇

《宋会要》中记载道：“嘉祐元年三月，司天监言：客星没，客去之兆也。初，至和元年五月，晨出东方，守天关，昼见如太白，芒角四出，色赤白，凡见二十三日。”这是我国史书中对超新星的精彩记载，是宋至和元年（1054 年）出现在金牛座天关星附近的超新星，这颗超新星爆发后达两年之久才变暗。

我一直觉得万物在产生之时就注定了它的毁灭，不仅生命如此，庞大的星球也是如此，有的恒星在燃烧殆尽时就会扩张，然后坍塌，再带来巨大的爆炸，这就是超新星爆发，生命最后的辉煌在这一刻达到极致。超新星爆发产生的星云里据说还孕育着新的恒星，开始了另一个历经亿年的轮回。还有的恒星只能静静地变成白矮星、褐矮星、甚至黑矮星，无声无息地结束生命。宇宙还在不停地扩张着，它什么时候达到终点，或根本没有这个终点，我们依然不得而知，根据热力学第二定律物质总是向混乱发展，那么会不会有一天世界变成一片混乱，正如某些科学家所担心的那样变成一片热寂呢？宇宙扩张到极点后会不会再重新坍塌回一点，期待着下一次生命的孕育呢？现在还在争论。地球与宇宙的过去与将来我们都未曾明了，这玄妙的世界还期待着我们更深入地探究与学习。

蟹状星云

土 学 源 流

严崇源(PB05007214)

土壤是生命密度最大、生命物质地球化学能量最高的那部分生物圈，土壤中含有的水在水圈总质量中所占的比例是微不足道的，但是它是维系生物圈繁荣的基础。土壤的流失和污染正在构成环境危机，这个污染与流失的过程和速度是非常惊人的，土壤圈的可持续性问题已被提到议事日程上来。

人类作为一种特殊的和重要的自然力正在越来越多地参与着对地球环境的改造(包含有益和有害两个方面)，其中对土壤的改造远远超过对大气和水圈的改造。随着工业化进程加快，本来受控于自然环境缓慢变化的土壤越来越多地受到各类污染物的影响，从而加速了土壤品质变化的过程，尤其是加速了土壤向不利方向的发展，导致了严重的土地污染问题。很遗憾的是，尽管人们对大气和水体环境污染给予了足够的重视，但是却没有把土壤放在相当的位置上。

为了增加对土壤和土地的了解，更加深刻地了解我们脚下的这一片土地，这里将谈到我国古代的“土”思想。

土的重要性

春秋时著名的思想家管子曾指出：“*地者，万物之本原，诸生之根苑也*。”意思是说，土地是世间一切事物的根本，万事万物都依赖土地之“源”而生存、发展与变化。从社会、文化而言，土地不仅是立国之本，而且也是民生之本，同时，土地既是财富的象征，又是创造、生产财富的物质基础。总之，土地是人类与文化的本原。

国家之所以成为国家，是因为具有一定范围的国土及其依靠其国土生存的国民。古人云:“普天之下,莫非王土;率土之滨,莫非王臣。”大致就是指“王土”与其“王臣”,即为立国的基础。著名思想家朱熹在解释《大学》中“有人此有土,有土此有财”时明确地指出:“有人,谓得众。有土,谓得国。”可见,无土地即无国家。根据史书记载,虞舜认为“食为政首”,“耕田而食”。意思是说,利用土地搞好农业粮食生产,解决百姓的吃饭问题,是关系到国家政权的第一件重大事情。其后,《洪范·五行传》中有“地者,成万物者也”;《周礼·地官》中有“地者,载养万物”;《白虎通·天地》中有“人非土不立,非谷不食”等许多重土或以土为立国之本、人类生存之本的认识与主张。由这些可见,在我国传统文化中,一直以土地作为立国之本。

土地是万物之本,自然也是财富之本。作为财富之源,其主要包括两个方面:一是土地可以生长、供给人类必需的衣食住行用等生活资源;二是土地本身自古以来即是财富的主要象征,人们借助土地可以生息致富。《大学》指出:“有人此有土,有土此有财,有财此有用。”管子明确地指出:“辨于土而民可富”“五谷不宜其地,国之贫也……五谷宜其地,国之富也”。在战国时著名的政治家商鞅认为:“有土者不可言贫”,“地诚任不患无财”。南宋著名学者蔡沈也认为:“土者,财之所生。”可见,自古至今,人们多已认识到土地是生长、储藏财富的宝库,有了土地,也就获得了生长财富的源泉。

土壤的特征

土壤是生态环境的组成要素之一,又是一个相对独立的生态系统。它作为农业的基本生产资料,是人类赖以生存的重要物质基础。作为一种综合性的自然资源,其特征主要是:生产水平的差异性。

土壤的性质及其变化,在于它始终与周围其他环境要素不停地进行着物质和能量的交换。先秦著名思想家管子指出:“凡草土之道,各有谷造,或高或下,各有草土。”这表明,土壤作为一种资源,具有一定的生产力,通过人的劳动,可以在土壤上生产出人类需要的植物产品和部分动物产品。同时还告诉人们:土壤生产力的高低存在一定的差异。这种差异取决于土壤资源本身的性质与人类社会的生产水平。

1. 严格的地域特性

陈敷认为:“土壤气脉,其类不一,肥沃硗确,美恶不同,治之各有宜也。”简而言之,即“土各有宜”。这里的“宜”,按《说文》载:“宜,所安也,物性与土性相安,故曰宜。”这就是说,一定的植物只与一定的土壤相适宜,而一定的土壤只分布在一定的地区。用今天的话说,土壤资源有严格的地域特性。

2. 更新性和可培育性

陈敷还认为:“虽土壤异宜,顾治之如何耳。治之得宜,皆可成就……或谓土敝则草木不长,气衰则生物不遂,凡田土种三、五年,其力已乏,斯说殆不然也,是未深思也。若能时加新沃之土壤以粪治之,则益精熟肥美,其力当常新壮矣。”可见,他的“地力常新壮”的理论,不仅反映出土地资源具有可更新性和可培育性的特点,而且科学地认识到了人类与土地关系的一种良性循环。否则,如果人类采取掠夺式的经营,只用不养,土地肥力就会难以恢复,甚至衰竭,从而导致生产力水平的下降。

3. 变化的特性

明代科技著作《天工开物》载:“土脉历时代而异,种性随水土而分。”这就是说,土壤的脉力,因不同的时间而有异。明代农学家徐光启在《农政全书》中指出:“若谓土地所宜,一定不易,此则必无之理,如果尽力树艺,无不宜者,‘人定胜天’,而况地乎?”这里虽然强调了人在用土、改土、养土过程中的主观能动性,但也十分明确地指出了土壤资源具有变化的特点。可见,用现在的话说,就是土壤资源具有时间变化的周期性或特性。

此外,土壤或土地资源,作为人类生存基础的一种生产资料,它还具有位置的相对固定性、面积的有限性与不可替代性等基本特征。人类与土壤资源的关系及其所形成的生态文化,就是依据这些主要特征而不断演绎、展开的。其中,既有历代劳动者在垦土、用土、改土、养土而表现出来的“土文化”,又包含有人们认识土地以及对土地的依赖所衍生出来的丰富多样的生态文化。

土地治理

农业文明起源之初，为了充分利用土地，更大地发挥土地的效益，创造性地采取了各种治理土地的措施。其具体内容主要包括改良土壤、保土、治地、治田、治肥、治山、治水、治虫和栽培等全面结合，简而言之，综合其特点与作用，可以说主要分改良土壤、保持水土两大类型。

改良土壤是治理土地的一项重要的综合措施。在我国历史上，改良土壤的具体办法主要包括耕作、种植、管理、施肥、完善排灌系统、生物与工程治理等各种不同的因地制宜的途径或手段，这些具体方法往往因时因地而异，其效果也不尽相同。在我国农业文明史上，最初从理论方面提出改良土壤的是周代的“土化之法”。《周礼·地官》载：“草人，掌土化之法，以物地，相其宜而为之种。”可见，周代设置“草人”就是掌管肥料方面的官员。“草”是我国古时的一种最原始的肥料，所以称“草人”。“土化之法”就是改良土壤，使其变肥沃。改良土壤首先需要识别土壤，“以物地”就是考察而分辨土地。“相其宜而为之种”是说观察各种土地适宜于种什么农作物就种什么农作物，即在种植品种上要根据土壤的特性，因地制宜。我国劳动农民不仅继承和发展了历代改良土壤的实践经验，而且在理论上进行了大量的记载和总结。而我国古代最普遍而常见的传统的改良土壤办法，是在利用土地的过程中采取精耕细作与施肥的措施来达到目的的。明代时期黄撰在《宝坻劝农书》中指出：

> 地利不同：有强土，有弱土；有轻土，有重土；有紧土，有缓土；有肥土，有瘠土；有燥土，有湿土；有生土，有熟土；有寒土，有暖土。皆须相其宜而耕治布种之，苟失其宜，则徒劳气力，反失其利。《齐民要术》云：春地气通，可耕坚硬强地黑垆土，辄磨平其块以待时，所谓强土而弱之也；杏始花，辄耕轻土弱土，阅数日草生，复耕之，遇雨又复耕之，土甚轻者，以牛羊践之，如此则土强，所谓弱土而强之也。紧土宜深耕熟耙，多耙则土松，用灰壅之最佳，紧甚用浮沙壅之，此

紧者缓之也；缓者，曳碌碡重滚压之，不滚压则土浮而根虚，雨后日炙易萎，此土用河泥壅之最妙，此缓者紧之也。燥土宜遇雨而耕，或作围蓄水，冬间遇雪于上边风来处，起土作障，勿使雪从风飞去，使雪融化入土，则所种倍收。寒土宜焚草根壅之，寒甚用石灰，此寒者暖之也。生土则去草宜净，耕耙宜多，此生而熟之也；熟土须识代田之法，如上年此一行下种，今年须空此一行，而以旧时空地种之，上年此地种黍，今年则种稷，此熟而生之也。肥沃之土，不有生土以解之，则苗茂而实不坚；硗确之土，得粪壤滋培，则苗蕃秀而实坚栗，肥者瘠之，瘠者肥之，亦一定之理也。

上述文字表明，我国劳动人民在长期的改良土壤的实践中，不仅创造性地运用了增施粪肥、合理施肥、中和土壤酸性或碱性等化学改土养地措施，而且很早就总结出了通过精耕细作或对不同类型的土壤进行混合以改土养地的物理措施，同时还比较全面地掌握了充分利用豆谷轮作、肥粮轮作或特殊植物与粮麦轮作复种等以改土养地的生物措施，并且使它们配套，形成较为完整的改土养地体系，既充分用地，又积极养地，使用养紧密结合，采取用中有养、养中有用，用寓于养、养寓于用等较为科学的用养结合方式，以达到“地无遗利”，以保证“地力常新”。

在历史上，保持水土的措施很多，其中有修建梯田、区田种植、高低畦整地等有效措施。自古以来，兴修水利、治理水源，一直是我国劳动人民在水土保持过程中运用最为广泛的一项综合措施。

我国劳动人民千百年来的治土活动，不仅改善了生存环境，保护了生态环境，获得了更多的生产成果，而且推动了农业文明的发展，丰富了生态文化的内容，为物质文化的繁荣奠定了良好基础。

但是在最近的几百年来，随着物质文明的高速发展，土地遭受到严重的污染，而且越来越严重，从而导致的土壤的亏损也在加剧。无节制的砍伐森林，一点点的土地盐碱化，草原的消失，沙漠的迁移，耕地的侵蚀，还有现在政府占用耕地搞开发，无一不是为消灭土壤做“贡献”。

土壤，是先民们留下的宝贵遗产，却在我们这一代被无节制地享用和消耗。在未来的世纪中，如果搞不好土壤的可持续发展，试问：拿什么来留给我们的后代？

[1] 孙立广. 地球与极地科学[M]. 合肥：中国科学技术大学出版社，2003.

[2] 沈宗瀚. 中国农业史[M]. 台北：台湾商务印书馆，1977.

[3] 中国科学院地理研究所. 中国农业地理学论[M]. 北京：科学出版社，1980.

[4] 梁家勉. 中国农业科学技术史稿[M]. 北京：农业出版社，1989.

[5] 林蒲田. 中国古代土壤分类和土地利用[M]. 北京：科学出版社，1996.

山无陵天地合,冬雷夏雨江水竭

樊金(PB02005003)

序言

上邪!我欲与君相知,长命无绝衰。山无陵,江水为竭,冬雷震震,夏雨雪,天地合,乃敢与君绝。

——《汉乐府》

这首汉乐府是在我国流传很广的一首抒情诗,其意缠绵而不失爱的坚决刚毅,其情可叹而使无数情人泪流满襟。它曾经被后人广泛引用,在各种地方来表达男女之间永生不渝的感情。值得注意的是,在这首诗中作者用了很多地学现象来表达那种生死相许的情意。虽然在我国汉朝还不曾有专业的地学学科,但是在更久远的时候我国已经有人发现、研究并利用了地学现象来指导生产和生活,比如说战国时期我国就有了指南针这一重要发明。因此,虽然这首诗更多的是表达一个女子对她所爱之人的山盟海誓,但是诗中所述却让我们知道古人已经注意到我们赖以生存的地球的一些地学现象。下面我就把这首诗中的地学现象列举出来分别讨论。

山无陵

一座巍峨的高山为什么会慢慢失去棱角?其实,在我们的生活中很难感觉到一座山每天发生的变化,但是历经一段时间后,一座高大威猛的山确实会失去它原有的棱角和高度。这里的原因可以用地球外作用力来概括。地球外作用力也就是大气、水和生物在太阳辐射能、重力能等的影响下产生的运动,对地表所进行的各种作用。这种作用的结果是减小地表起伏、夷平高差。外动力地质作用的类型如下：

1. 风化作用

岩石受外力作用后发生机械崩解和化学分解，破坏产物基本残留原地，使坚硬的岩石变为松散的碎屑及土壤。可分为化学风化、物理风化和生物风化。

2. 剥蚀作用

岩石受外力作用而破坏，破坏产物同时被搬走。如侵蚀、刨蚀、潜蚀……

3. 搬运作用

将风化、剥蚀物搬运到他处。包括机械搬运、化学搬运和生物搬运。

4. 沉积作用

搬运物在条件适宜的地方发生沉积。条件适宜是指搬运能力减弱，如流水搬运泥沙时，流速减小，动能减少，过载而沉积。化学沉积受化学反应规律支配，过饱和沉积胶体凝胶作用。

$$CaCO_3 + CO_2 + H_2O \longleftrightarrow Ca[HCO_3]_2$$

5. 固结成岩作用

松散沉积物（任何动力搬来的机械的或化学的）转变为坚硬的沉积岩（沉积物是松散的，颗粒之间富含孔隙和水分，颗粒之间相互无坚密的连接力）。

从上面的五点我们可以看出“山无陵”中所含的外动力地质作用大致可以用风化作用、剥蚀作用和搬运作用来概括。

江水为竭

顾名思义，就是江水流完的意思。如果生活中我们的水存在流失的话，那么它流到哪里去了？这个问题对于解决当今我国缺水的状况是很重要的。当然，有很大一部分原因是因为人们生活中没有节水意识造成大量水被浪费，白白流失。另外一方面，如果从地质学的角度考察，也有很多因素会造成水的流失。比如说：地下水位的降低。地下水，也就是指埋藏在地面以下，存在于岩石和土壤的孔隙中可以流动的水体。需要注意的是地面以下的水并不都是地下水。地面以下的土层可分为包气带、饱水带。包气带的土层中含有空气，没有被水充满，包气带中的水分称为土壤水。饱水带中土壤孔隙被水充满，含水量达到饱和，饱水带中的水才为地下水。常见的井水、泉水都是地下水，地下水分布广泛，水量也较稳定。也正是如此，地下水成为工农业和生活用水的重要水源之一。地下水的过量开采（开采速度大于其补给速度）必然会造成地下水位的大幅下降，引起地面沉降、水土流失等灾害。还有某些情况会造成水的流失，比如自然界自身的水资源输运。这里我以一个最近地质学方面的新发现作为例子来说明自然界中的水输运也是我们必须考虑的一个因素。

一直以来，有两个谜团令人费解。这是两个看来毫不相干的谜团，从来没有人把它们联系在一起。

谜团一：黄河、金沙江、雅鲁藏布江、雅砻江源头水不停流失，流到哪去了，没人知道。

谜团二：都说沙漠与水不可共存，但是却有一个地方例外——巴丹吉林沙漠。世界上最高的沙山和湖泊竟然共存于这个地区之内。巴丹吉林沙漠，这个位于酒泉卫星发射基地东边的沙漠是中国最干旱的地区，沙山群集，有着“沙漠珠穆朗玛”之称；而另外一方面，这里却有着 100 多个被当地人称为海子的湖泊，现在依然有水的湖泊就有 70 多个，因为其景观独特，它被认为是中国最美的沙漠景观。另外，这些沙山屹立至少千年，这其中究竟有些什么神奇力量在支撑？

这两个巨大的谜团终于被南京河海大学的专家解开了。河海大学的研究小组在深入沙漠腹地、青藏高原、祁连山等地考察十余次后，找寻到了令人兴奋的线索：

(1) 在一片湖泊旁的沙山上找到了一个 4000 年前的完整植物化石；

(2) 高大沙山的内部是潮湿的，它的体积含水率为 2%～20%；

(3) 沙山的边坡山上挖到了一个 1 米深的井，而这个井要比邻近湖泊水面高出 17 米之多。

基于这些发现，研究组中的专家们大胆推测：沙漠的数千米地下存在着一个巨大的地下水库，而且地下水受到地层加热成为热水，正是因为这些热水上升过程产生了蒸汽，才使得沙山内部潮湿，沙山里的水分起到了类似黏合剂的作用，这使得沙山千年没有移动，4000年前的完整植物化石得以完美保存。经过水的同位素分析证实了专家的猜测，几处湖泊中发现了碳酸钙晶体的沉积，经过追踪其中的锶元素发现，地下水经过了海相沉积地层，不是过去认为的来源于沙漠上的降水补给，而是来自于深层。通过对氦氖的追踪，发现这里的水和大断裂有关。同位素追踪的结果同时表明，巴丹吉林沙漠湖泊、古日乃草原和额济纳盆地的地下水同出一源，都是来自青藏高原与祁连山积融水与降雨的补给。这样，一直没能解决的两个问题终于得到了答案。

由上面的诸多事实，我们可以看出“江水为竭”中的地质学因素是很重要的。

冬雷震震，夏雨雪

冬天打雷、夏天下雪是一种在不正常情况下发生的事，但是它确实存在于我们的生活中。说起来很玄，但是如果提到“厄尔尼诺”这个词，我想大家就不会不知道了。

“厄尔尼诺”(El Nino)在气象学中使用起源于秘鲁和厄瓜多尔。在秘鲁和厄瓜多尔海岸，每年从圣诞节起至第二年3月份，都会发生季节性的沿岸海水水温升高的现象，3月份以后，暖流消失，水温逐渐变冷。当地称这种现象为“厄尔尼诺”，西班牙语的意思为“圣婴”，即圣诞节时诞生的男孩。这种现象已有几千年的历史了，但是从19世纪初才开始有记载。现在所说的“厄尔尼诺现象”是指数年发生一次的海水增温现象向西扩展，整个赤道东太平洋海面温度增高的现象。

在20世纪60年代，很多科学家都认为“厄尔尼诺”是区域性问题，它主要影响太平洋东部的南美沿海地区和太平洋中部的澳大利亚沿海地区。然而20世纪80年代以后，通过气象卫星的观测发现，“厄尔尼诺”在世界很多地方都出现。由于海水表面温度平均每升高

1度，就会使海水上空的大气温度升高6度，造成大气环流异常，严重地影响世界各地的气候。所以每当厄尔尼诺现象发生时，世界上很多地方都会发生诸如冷夏、暖冬、干旱、暴雨等异常气候。

春夏季节，由于受南方暖湿气流影响，空气潮湿，同时太阳辐射强烈，近地面空气不断受热而上升，而上层冷空气下沉，易形成强烈的上下对流，从而经常生成雷雨云，很容易出现雷阵雨天气，甚至降冰雹，在厄尔尼诺肆虐时偶尔还会出现夏天下雪的情况，也就是夏雨雪。

而在冬季，由于受大陆冷气团控制，空气寒冷干燥，加之太阳辐射弱，空气不易形成强烈的上下对流，因而很难形成雷雨云，也就很难产生雷阵雨，更不要说降冰雹了。但在某些年份的冬天里发生厄尔尼诺现象，暖湿空气势力较强天气偏暖(事发地气温往往在0℃以上)，而北方又有较强冷空气南下，冷暖空气相遇，重量较轻的暖湿空气受到猛烈抬升，导致大气层结构不稳定，上下对流加剧，这时就有可能形成雷阵雨或雷雪交加的天气现象。当暖湿气流特别强，空气上下对流特别旺盛时，还有可能形成冰雹，也就是冬雷震震。

到这里，我们可以大胆的设想，诗里的这两句也许就是我国古代记载厄尔尼诺现象的一条重要文献。

天地合

说到这个话题，恐怕要涉及宇宙的起源和宇宙的终结这种极端的问题了。不管我国汉朝时有没有人能做到这么先知先觉，我们也都来谈谈“天地合”问题。

首先，先说说什么是“天地合”。我国古代以及民间一直认为，我们头顶天、脚踏地，天地可以说是两个世界，或者是两个空间。比如，我们常听说的天堂地狱之说。于是我们可以想到“天地合”恐怕是要讨论世界末日，地球终结的问题了。对应到我们现在的科学理论上，这个问题应该称为“宇宙模型”。

什么是宇宙？有一种说法“大气层之外就是宇宙”，这个说法当然是错的。还有一种说法“银河系和其他星系之和就是宇宙”，这个说法也错。一个非常确切的说法,用英语来表述:“There is nothing outside the universe.”什么意思?就是除了宇宙之外,没有任何东西。讲台是宇宙的一部分,我们也是宇宙的一部分。如果你是一个物理学家,一个工程师,听到这句话,心里一定很震动。因为宇宙是一个非常复杂的东西。我们研究任何东西,都有一个研究对象,我们是研究者,而宇宙包括任何东西,我们作为宇宙的一部分去研究宇宙,就不能分主观和客观。因此,这不仅是一个科学问题,还是一个哲学问题。

20 世纪 60 年代,有两位科学家 Robert Wilson 和 Arno Penzias,他们不是宇宙学家也不是物理学家,他们只是在制造天线时,在天线调试过程中发现有噪音,开始以为噪音是由鸟粪引起的,但是当他们擦净鸟粪后,噪音仍存在。这就说明噪音不是来自于鸟粪,从而说明还有其他的物质存在,他们决定将这一发现发表在学术论文上。他们的文章迅速发表了,从而引起了有关科学家的关注。这项工作证明了宇宙在膨胀,而且是从一个小的区域中开始的,从而证明了大爆炸的合理性。他们两人也因此得到了诺贝尔奖。现在人们对宇宙的认识是认为宇宙在加速膨胀,通过一个叫做 Friedman 的模型,我们把宇宙分为开宇宙、闭宇宙和振荡宇宙。开宇宙就是说宇宙是永远会膨胀下去的,结果就是宇宙会越来越冷,越来越大。闭宇宙是宇宙膨胀到一定阶段开始缩小,然后不断膨胀、缩小。关于宇宙的命运,如果像开宇宙那样说的,就是永远膨胀下去,如果像闭宇宙那样讲的,到一定时间开始收缩,就是大坍缩。

到底最终结果是怎样,抑或没有什么“最终”,这个问题都应该是我们科学研究的前沿。因为作为地球上最高等的生物——人类,我们前进的原因就是我们不断地对自身对外界的探索。具体说到地质研究方面,宇宙也是我们必须要认真对待的。因为地质学的主要研究对象是地球,而我们的地球切实地存在于整个宇宙中,宇宙以及地球的演化深深地影响着我们的生活。从这个角度上说,汉乐府中的这个“天地合”也许没有任何科学层面上的东西,但是作为一首民间诗歌它已经反映出人们对这个问题的一些期盼和猜测,是值得我们关注的。

结束语

我国的古文化一直是我们华夏民族的瑰宝，而其中的诗词更是瑰宝中的珍品，很多诗词都有着极深的文学价值和历史价值，也应该是我们科研工作者引以为傲的遗产。我们的先人留下了这么辉煌的历史，成就了华夏文明，新时代里我们更应该努力，切实地做好我们的工作，开创我们的科技史。其实，从古诗词中找寻当今的科学记载或者科学论断，是不合适的也是不实际的，我们怎么能强求古人去预告我们几千年后的发展呢？所以，我们不能简单的从题目上去理解这篇文字的全部目的，这篇文章更深层次上的意义应该是：通过回顾我国辉煌的历史文化并结合现在的所学来激励我们自己在科学研究这条大路上继续前进。

追寻古火山

张瑞(PB06007210)

“霹雳一声流血殷，惊走生番驰无还”，这是清初《噶玛兰厅志》卷八中对宜兰龟山岛火山喷发的描写。

人类不会忘记公元79年意大利维苏威火山的那一声咆哮，当时繁华的庞贝城被巨大的火山碎屑流淹没，这是人类有史以来规模最大、危害最大的火山爆发之一；人们也不会无视长白山的“唯有鹰嘴极壮观，层峦高耸月光寒，年年剩有峰头雪，皎洁偏宜月下看”。这是火山造就的驰名中外的旅游风景区。不仅带来了破坏臭氧层的火山气体，也同时送来了丰富的地热资源。既是死神的宣告，又是上帝的福音，火山在人类的历史中扮演着双刃剑的角色。

灾难篇

1987年12月第42届联合国大会通过一项决议，把1990～2000年的十年定名为“国际减轻自然灾害十年”，其中减轻火山灾害排名第六。纵观历史长河，地面上残留有早已凝固了的埋藏着人们的恐惧与泪水的火山熔岩，天空中弥漫着遮天蔽日的火山灰，空气中充斥着硫化物的味道。现今地球上有五百多座活火山，数百个休眠火山以及约两千个死火山，它们比较集中地分布在环太平洋带、阿尔卑斯—喜马拉雅带、大洋中脊与东非大裂谷。

火山灾害可分为两类：一类是由于火山喷发本身造成直接灾害，另一类是由于火山喷发而引起的间接灾害。

大规模的火山爆发，常常形成巨大的火山碎屑流，其能量大，流速快，从火山口喷出后以迅猛的速度沿山坡向下流动，在相当短的时间内可摧毁火山口周围方圆几公里甚至上百公里范围内的森林、城市、村庄、桥梁及建筑物等，同时也对火山附近居民的生命安全和活动场所造成严重的威胁和破坏。公元79年意大利维苏威火山喷发是火山碎屑流灾害的典型实例。

中国关于火山的最早记载是《山海经》，其中大荒西经记有“西海之南，流沙之滨，赤水之后，黑水之前，有大山，名曰昆仑之丘。……其下有弱水之渊环之，其外有炎火之山，投物辄然(燃)”。“投物辄然”反映了火山熔岩的高温。其实，火山喷发以后，炽热的岩浆如奔腾的钢水，冲击、摧毁、烧毁所及的生物(包括农田)、建筑物，有时还会引起严重的火灾。熔岩流造成的灾害大小主要取决于熔岩流的规模、流速、火山口外壁坡度及熔岩流的黏度大小。熔岩流的规模越大，流速越快；火山口外壁坡度越陡，熔岩流的黏度越小，所造成的灾害越严重。1783年冰岛拉基火山爆发，从16公里长的裂隙中同时喷出无数的“熔岩喷泉”，结果冰岛减少了五分之一的人口，有一半以上的家畜死亡。

火山喷发时伴有火山滑坡、泥石流、洪水、海啸、地震等灾害。火山泥石流是一种破坏力极大的流体，主要指火山碎屑流及熔岩流在高速流动中，与水或积雪融合形成的高密度流体，其流速快，能量大，成分复杂，以紊流流动为主，当泥石流流速减小时，它所携带的大量碎石和火山碎屑会沉淀、堆积下来，堵塞河道，造成河流改道，甚至洪水泛滥。1980年美国 Mt. St. Helens 火山爆发，其引发的泥石流灾害成为美国历史上规模最大的火山灾害之一。

火山气体中多为密度较大的二氧化碳以及硫化物和卤化物。前者在火山喷发后的短时间内迅速扩散，严重时会使动物窒息死亡。硫化物和卤化物多为有毒气体，它们与空气中水蒸气发生光化学反应，形成剧毒的酸性小液滴，损害动植物的生命健康。郁永河在《采硫日记》中写道：“……是硫穴也，风至硫气甚恶。更近半里，草木不生，地热如炙。左右两山多巨石，剥蚀如粉。白气五十余道，皆从地底腾激而出，沸珠喷溅，出地尺许。……穴中毒焰扑人，目不能视，触脑欲裂。”从石被剥蚀的情况可看出火山气体的危害。现在研究还表明，火山气体及其形成的气溶胶，能在大气圈中发生光化学反应，导致平流层中臭氧层浓度减小，臭氧层减薄，甚至出现“臭氧空洞”。存在于平流层中的气溶胶与火山灰一起，会导致太阳到达地表的总辐射减少，造成地表温度降低。1815 年 4 月印度尼西亚坦博拉火山喷发，对世界上许多地区的气候有影响，使北半球明显变冷。美国东北部的新英格兰地区，1816 年 7～8 月还有降雪，人称“没有夏天的年份”。

此外，还包括火山碎屑、火山灰等造成的各种灾难。

利用篇

早在百年前就有古人留意到火山的喷出物，“山顶之石，色赭赤而质轻浮，状如蜂房，为浮沫结成者，虽大至合抱，而两指可携，然其质仍坚，真劫灰之余也。”这是徐霞客笔下对火山浮石逼真的记载，他于公元 1639 年(明代崇祯十二年)4 月到达云南腾冲，考察记录了打鹰山的山体形态以及三十年前的火山喷发状况。书中的石头在现代意义来说应该是气孔构造的喷出岩，其实，许多矿产资源的形成都与火山有关，也许当时少有人会去开采这种矿床。现在，我国福建明溪、台湾海岸山脉、江苏六合、山东昌乐、安徽女山、吉林辉南及黑龙江鹿道、尚志等地新生代玄武岩中含有多种宝石矿产，主要有蓝宝石、红宝石、石榴子石、橄榄石(被誉为“黄昏的祖母绿”)、锆石、尖晶石、玉髓及玛瑙等。

火山还具有很高的药用价值，《魏书》中记载：“悦般国，在乌孙西北，去代一万九百三十里。……其国南界有火山，山傍石皆焦熔，流地数十里乃凝坚，人取为药，即石流黄也。”现在台湾出产一种名为麦饭石的岩石，其实质是斑状安山岩，被中医列入药材治病，人称健康石。虽然火山活动区一般呈高地热背景，火山区会有很多温泉，但也不乏矿泉和冷泉的存在。中国最著名的矿泉分布在五大连池药泉山一带，那里的矿泉水储量大、品质佳，含有多种有用元素和组分，清凉开胃，有很高的饮用和药用价值，对胃病、皮肤病、关节炎等有明显疗效，已成为重要的疗养胜地，不仅泉水广为应用，就是泥巴也很有用，人们常在泥塘或水池中进行泥疗。

提及火山的恩赐，最壮观的莫过于火山造就的秀丽的风景区和自然景观。五大连池火山群位于黑龙江省德都县，在约 600 平方公里范围内主要分布有 14 座火山。1719 年至 1721 年在老黑山火山和火烧山火山喷发期间，喷溢出的熔岩流，将流经火山附近的白河截为五段，形成了五个熔岩堰塞湖。这五个湖大小、深浅不同，但断续相连，故被称为"五大连池"。当时相关的记载如下，《黑龙江外记》载述："墨尔根东南，一日地中忽出火，石块飞腾，声撼四野，越数日火熄，其地遂成池沼。此康熙五十八年事。"江西省无江县人吴桭臣在《宁古塔记略》中记述"离城东北五十里有水荡，周围三十里，于康熙五十九年六七月间、忽烟火冲天，其声如雷，昼夜不绝，声闻五六十里。其飞出者皆黑石硫磺之类，终年不绝，竟成一山，兼有城廓、热气逼人三十余里，只可登远山而望。今热气渐衰，然隔数里，人仍不能近，天使到彼查看，亦只远望而已，嗅之惟硫磺气，至今如此，亦无有识之者。"

东北长白山是三江（松花江、鸭绿江、图们江）之源，它以天池为中心向四周绵延。天池是地球上屈指可数的特大火山口湖，湖水清澈，水面涟漪，映着峦影峰光，加之它常常笼罩在云雾缭绕之中，犹如人间仙境。另外，长白山上不仅包揽了奇松、怪石、云海、温泉，还有险峰、深渊、瀑布、冰川……而且山连着山，水连着水，山水相依，四季变换，气象万千，让人感到雄伟磅礴，神秘莫测。

还有我国台湾的阳明山、日本的富士山、美国的黄石公园、意大利的维苏威、法国的维希药泉、新西兰的汤加里罗等都是著名的国家公园和旅游疗养胜地。

结语

作为窥探地球内部信息的窗口，作为地球最野蛮的发脾气的工具，火山依然在历史的轨迹上咆哮着，奉献着。

[1] 刘嘉麒.中国火山[M].北京:科学出版社,1999.

[2] 中国科学院自然科学史研究所地学史组.中国古代地理学史[M].北京:科学出版社,1984.

[3] 陶世龙.火山辨[J].武汉地质学院学报,1983,4.

心随霞客行

王宗(PB06007136)

徐霞客(1587～1641)出生于江苏省江阴县,我国古代伟大的地理学家,名弘祖,字振之,霞客是他的别号。徐霞客是明末人,他的祖先是有权势的人,到他的父亲时,家中已经不是很富裕。但是徐弘祖的母亲王氏很有经济头脑,开办了中国历史上最早的织布作坊。作为资本主义萌芽的典型代表,徐家积累了大量的资本,有了钱才为徐霞客的自费旅游提供了条件。

徐霞客出游就是不断实践、不断提高认识的过程,《徐霞客游记》记载了许许多多的地学现象,其中涉及非常多的溶洞考察、瀑布温泉记述,还有很多奇异地质现象的记述。徐霞客对每一种东西都用步或里把它的尺寸记下来,而不使用含糊语言。如此多的第一手资料在世界历史上是少见的。

怪岩奇洞

徐霞客的旅行是以游山玩水、探奇访幽为目的的,就自然少不了对怪岩和奇洞的描写。书中至少有 20 处提到了洞和奇石。

在《游雁宕山日记》中对"灵峰洞"描写道:"山半得石梁洞。洞门东向,门口一梁,自顶斜插于地,如飞虹下垂。由梁侧隙中层级而上,高敞空豁。……转入山腋,两壁峭立亘天,危峰乱叠,如削如攒,如骈芝,如怒笋,如笔之卓,如幞之欹。洞有口如卷幕者,潭有碧如澄靛者。"

在《浙游日记》中,徐霞客对溶洞的走势和分布进行了详细的描述:"一坠而朝真辟焉,其洞高峙而底燥;再坠而冰壶注焉,其洞深奥而水中悬；三坠而双龙窍焉，其洞变幻而水平流。所谓三洞也，洞门俱西向，层累而下，各去里许，而山势崭绝，俯瞰仰观，各不相见，而洞中之水，实层注焉。”接下来，他又对朝真洞、冰壶洞、双龙洞进行了细致的描写：“流水自洞后穿内门西出，经外洞而去。俯视其所出处，低覆仅余尺五，正如洞庭左衽之墟，须贴地而入，第彼下以土，此下以水为异耳。瑞峰为余借浴盆于潘姥家。姥饷以茶果。乃解衣置盆中，赤身伏水推盆而进隘。隘五六丈，辄穹然高广，一石板平度洞中，离地数尺，大数十丈，薄仅数寸。其左则石乳下垂，色润形幻，若琼柱宝幢，横列洞中。其下分门剖隙，宛转玲珑。溯水再进，水窦愈伏，无可容入矣。窦侧石畔一窍如注，孔大仅容指，水从中出，以口承之，甘冷殊异，约内洞之深广更甚于外洞也。”尤其是双龙洞，其描述的内容与现在的金华双龙洞差别很小。

溶洞是由于具有侵蚀性的流水沿石灰岩层面裂隙溶蚀、侵蚀、塌陷而形成的岩石空洞。可见，要想形成溶洞就必须有水，而徐霞客尤其注意洞中是否有水，几乎对每个提到的洞都会有“旱洞”“洞中水滴”的描述，这些对于研究溶洞的发展都是十分重要的资料。

“桂林山水甲天下”一句妇孺皆知。在明朝，为了探寻奇美景观的徐霞客又怎能放弃这景色呢？从篇幅上看，他的《粤西游日记》共有四篇，由此也可以看出他对此地的喜欢。

在《粤西游日记一》中，他对“七星岩”的描述中有对其中光度、石笋、石柱的描述，“洞口为庐掩黑暗，忽转而西北，豁然中开，上穹下平，中多列笋悬柱，爽朗通漏”，为现代的研究提供了很丰富的资料。在《粤西游日记二》中，他描述“真仙岩”说它“前望洞内无光遥，层门覆盖，交映左右”。在《粤西游日记三》中，他对犀牛洞、百感洞、东延洞都进行了记述，如此翔实的资料在世界历史上都是少见的。

飞瀑流泉

瀑布，地质学上叫做跌水，是由地球内力和外力作用而形成的。如断层、凹陷等地质构造运动和火山喷发等造成地表变化，流动的河水突然地、近于垂直地跌落，这样就构成了瀑布。瀑布表明河流的重大中断，这种瀑布主要是以内力作用为主导因素而形成的。另一种由流水的侵蚀和溶蚀等外力作用为主导因素而形成，如河床岩石软硬不一，较松软的岩石易被流水侵蚀掉，形成高低差异很大的地势从而形成瀑布。此外，冰川对岩石的刨蚀也可形成瀑布。

瀑布是一种暂时性的特征，它最终会消失。侵蚀作用的速度取决于特定瀑布的高度、流量、有关岩石的类型与构造以及其他一些因素。在一些情况下，瀑布的位置因悬崖或陡坎被水流冲刷而向上游方向消退；而在另一些情况下，这种侵蚀作用又倾向于向下深切，并斜切包含有瀑布的整个河段。随着时间的推移，这些因素的任何一个或多个在起作用，河流不可避免的趋势是消灭任何可能形成的瀑布。

《徐霞客游记》中对瀑布的描写至少有13处。徐霞客不仅将瀑布的壮阔美丽描写出来，还对瀑布周围的岩石、花草都有记录。

《黔游日记一》中有："透陇隙南顾，则路左一溪悬捣，万练飞空，溪上石如莲叶下覆，中剜三门，水由叶上漫顶，而下如蛟绡万幅，横罩门外，直下者不可以丈数计，捣珠崩玉，飞沫反涌，如烟霞腾空，势甚雄厉。"此处描写了一幅非常壮阔美丽的画面。

在《游天台山日记》中，描写到"越一岭，沿涧入八九里，水瀑从石门泻下，旋转三曲。上层为断桥，两石斜合，水碎迸石间，汇转入潭；中层两石对峙如门，水为门束，势甚怒；下层潭口颇阔，泻处如阈，水从凹中斜下。三级俱高数丈，各级神奇，但循级而下，为曲所遮，不能望尽，又里许，为珠帘水，水倾下处甚平阔，其势散缓，滔滔汩汩。余赤足跳草莽中，揉木缘崖，莲舟不能从。"此处对瀑布描写极为细致，使瀑布三级的不同形态尽显无遗。

在《游九鲤湖日记》中，徐霞客对"九漈"描写也十分好。九漈是个瀑布群，瀑布群是很鲜见的了。其中有"瀑布为第二漈，……湖穷而水由此飞堕深峡，峡石如劈，两崖壁立万仞。水初出湖，为石所扼，势不得出，怒从空坠，飞喷冲激，水石各极雄奇之致。再下为第三漈之珠帘泉(此处泉就是瀑布)，景与瀑布同。右崖有亭，曰观澜。一石曰天然坐，亦有亭覆之。从此上下岭涧，盘折峡中。峡壁上覆下宽，珠帘之水，从正面坠下；玉箸之水，从旁霪沸溢。两泉并悬，峡壁下削，铁障四围，上与天并，玉龙双舞，下极潭际。潭水深泓澄碧，虽小于鲤湖，而峻壁环锁，瀑流交映，集奇撮胜，惟此为最！……”

此段对“九漈”的详细描写向世人展示了一个生动的瀑布群，徐霞客观水之时不忘山，对两旁的石壁都有记述，通过古代与现代的对比，我们能大体估算一下瀑布对岩壁冲刷作用的大小，从而为瀑布的动力作用进行定量分析。

地热温泉

何谓温泉？凡是高于当地年均水温5摄氏度以上者，即可称之为温泉。

温泉的成因受当地天然环境与地质条件影响各有不同。简单来说，可概括为两大类：一是地壳内部岩浆作用所形成的硫磺质泉，二是地表水渗入地层所形成的碳酸质泉。不过此两种形成方式的先决条件是：此处必须具备地热，才会有温泉的产生。

由于温泉是地壳深处的地下水受地热作用而形成，一般含有多种活性作用的微量元素，有一定的矿化度，可以治疗一些疾病，如：肥胖症、运动系统疾病（如创伤、慢性风湿性关节炎等）等。

徐霞客在旅行的过程中也非常注意保养身体，故多次光临温泉，也对温泉有了很多的描述。

在《游黄山日记》中，他写到了去黄山的温泉里去游泳，“汤泉在隔溪，遂赴池浴。池前临溪，后倚壁，三面石甃，上环石如桥。汤深三尺，时凝寒未解，汤气郁然，水泡池底汩汩起，气本香冽。”此处所记的是黄山上唯一一处温泉。

而在云南的旅行中，徐霞客多次提到温泉。《滇游日记三》中提到“索酒而酌，为浴泉计”，就是去温泉中沐浴，看出古人对温泉保健作用的重视。接下来，对温泉的记述为：“坞中蒸气氤氲，随流东下，田畦间郁然四起也。……北有榭三楹，水从其下来，中开一孔，方径尺，可掬而盥也。”

在《滇游日记七》中，记载到“其处有温泉，在村洼中出，每冬月则沸流如注，人争浴之，而春至则壑，成污池焉，水止而不流，亦不热矣。

……土人言，其水与兰州温泉，彼此互出，此溢彼涸，彼溢此涸”。此处不仅描写了一处季节性温泉，更令人惊讶的是，竟然还涉及地下水的连通问题，实属难得。

在《滇游日记》中，徐霞客还有对腾冲火山的描写。正是腾冲火山，造就了云南腾冲温泉群。腾冲的气泉、温泉群共有 80 余处，平均每 70 平方公里就有一个泉群点，其中 11 个温泉群，水温高达 90℃。腾冲是云南省泉群分布最多，密度最大的县。腾冲的泉群不仅数目多而且类型复杂齐全，为国内罕见，有高温沸泉、热泉、温泉、地热蒸汽、喷泉、巨泉、低温碳酸泉、毒气泉、冒气地面等等，种类繁多，简直像地热自然博物馆。

另外，《徐霞客游记》还记述了许多珍贵的现象。

在《滇游日记七》中记载了丽江人民轮换耕种的方法：“其地田亩，三年种禾一番，本年种禾，次年即种豆菜之类，第三年则停而不种。”这在世界上是最早记载保护土地的文章之一。

在《滇游日记九》中，有“山顶之石，色赭赤而质轻浮，状如蜂房，为浮沫结成者，虽大至合抱，而两指可携，然其质仍坚”，这是世界上关于红色砂岩中的云目露头的第一次记载。

另外，徐霞客还探明了长江的上游不是岷江而是金沙江，岷江只是长江的支流，反驳了当时社会上的不正确的看法。

《徐霞客游记》作为中华民族宝贵的文化遗产，必将永远散发耀眼的光芒，其中的科学价值还有待进一步的探索。徐霞客的不畏艰险、对科学执著的精神值得每一个科学工作者学习。

乐府可以这样读

金笔凯(PB06007156)

青青园中葵,朝露待日晞。
阳春布德泽,万物生光辉。
常恐秋节至,焜黄华叶衰。
百川东到海,何时复西归?
少壮不努力,老大徒伤悲。

——《长歌行》

这是一首大家耳熟能详的诗,诗的大意是说万物盛衰有时,人应该及早努力。从诗中不难看出,古人对自然现象细致入微的观察。“百川东到海”写的是河流都向东流去,这是为什么?古人兴许很难明白其中原因,但也有极少数人用自己的脚步去丈量大地而得知真理,例如徐霞客。

河水东流这一自然现象与我国的地势有直接关系,我国地势西高东低,分为三级台阶:平均海拔 4000 米以上的青藏高原为第一阶梯;第二阶梯由内蒙古高原、黄土高原、云贵高原和塔里木盆地、准噶尔盆地、四川盆地组成,平均海拔 1000～2000 米;大兴安岭、太行山、巫山和雪峰山,向东直达太平洋沿岸是第三阶梯,此阶梯地势下降到 500 米以下了。由此看来,“大江东去”是必然的了。

从板块构造的角度来看,这一自然现象又有其形成原因。板块构造是在大陆漂移和海底扩张等学说的基础上发展而来,认为地球表面是由一些彼此接近或背离的岩石圈组成。科学家们将全球划分为 6 个主要板块:太平洋板块、美洲板块、非洲板块、欧亚板块、印度洋板块、南极洲板块。

从地质史的角度看,在元古代末期,各分散大陆曾联合成泛大陆，寒武纪时泛大陆发生分裂，在南部成为冈瓦纳大陆，北部成为劳亚大陆，经过多次分和后，至晚二叠纪时形成亚欧大陆。而在中生代强烈的造山运动中，发生在中国的印支运动和燕山运动，建立起了我国大陆的基本轮廓。

新生代时期，印度洋板块与欧亚大陆板块发生碰撞。在第三纪发生的强烈地壳运动——喜马拉雅运动中，两边地壳轻重彼此相当，于是发生大规模的水平挤压，褶皱形成巨大的山系，古时位于海平面以下的喜马拉雅海就隆起抬升形成了喜马拉雅山系。这就奠定了我国地势西高东低的基础，开创了“百川东到海”的时代。

……

枯桑知天风，
海水知天寒。
入门各自媚，
谁肯相为言。
……

——《饮马长城窟行》

古人寄情于物，认为枯桑虽然没有叶子，对于冷也不会感觉不到，海水虽然不会结冰，对于冷也不会无感觉。

海水真的不会结冰吗？为什么？

这一自然现象取决于海水的温度，而海水的温度决定于海水的热量收支状况。太阳辐射是海水最主要的热量来源，海水热量的消耗则以海面蒸发为主。海水表层平均温度变化于－1.7 ℃～30 ℃，处于运动中的表层海水在这一温度是无法结冰的。

纵观全球，海水中确实有浮冰存在。只是古人未观察到而已。但即使古人想探索一下原委也会很困难，因为我国位于亚洲大陆的东岸，受到太平洋暖流的影响，加之我国海岸纬度较低，海水温度与高纬度地区相比较高，古人若要见识海上浮冰，得向北跋涉上千里！

青青陵上柏，
磊磊涧中石。
人生天地间，

忽如远行客。

……

——《青青陵上柏》

在古人眼里，石头能历经时间的长河，在岁月的冲刷中依然“磊磊”，长存下去，不像人在世上为时短暂。事实真的是这样吗？

石头即岩石，岩石是地质作用形成的具有一定产状的地质体。在地壳中，各种元素化合成矿物，各种矿物集合成岩石。岩石按成因又分为岩浆岩、沉积岩和变质岩。各种岩石虽然外表坚硬，但在风化作用下也会由大变小，由坚硬变松散，形成与地表环境相适应的相对稳定的堆积物。

风化作用是地表岩石在原地发生的物理和化学变化从而形成松散堆积物的过程。岩石的风化一般包括物理、化学和生物三种作用与过程。

物理风化又称崩解，其特点是岩石破碎为碎屑状态；化学风化又称分解，是指岩石在大气、水和生物作用下受到化学分解；生物分化是指生物在其生命过程中的产物参与到分化作用中。在地下承受巨大静压力的岩石体内已有裂隙与节理网，通过构造运动上升到地表以后，随着应力的释放，岩石膨胀形成平行于地表的构造裂隙以及垂直于地表方向的裂隙，为水溶液和大气的化学作用提供了方便。另外太阳能周日周年的变化对岩石产生物理风化作用；岩石是热的不良导体，由于岩石内部各种矿物的体积膨胀系数不同，在岩石内外出现温差的情况下，会造成各种不同方向的裂隙；在裂隙形成之后，裂隙中水的反复冻结与融化会加快岩石的破裂与崩解。

在此基础上，化学风化与生物风化的腐蚀作用也在同时进行。由此可见，坚硬的岩石也不能承受时间流水的冲刷，只是比人的生命更为长久罢了。

……

昼短苦夜长，
何不秉烛游？
游行去去如云除，

弊车羸马为自储。

……

——《西门行》

“游行去去如云除”是说人生短暂，似同云雾从天除去，不留痕迹。古人往往能从日常的自然现象中总结出人生哲理。但云雾当真“无痕迹地除去”了吗？

云是高空水汽凝结的现象。空气对流、锋面抬升、地形抬升等作用使空气上升到凝结高度时，就会形成云。云有各式各样的外貌特征：积云、卷云、层云、积雨云等。按形成云的上升流的特点，可将云分为：

积状云：包括积云和积雨云，积状云是垂直发展的云块，形成于气流对流中。

层状云：均匀幕状的云层，通常具有较大的水平范围，形成于持续时间长、水平范围大的系统性上升运动中。

波状云：表面呈现波浪起伏的云层，包括卷积云、层积云等，通常是在空气密度不同，运动速度不同的两个气层界面上，由于产生波动形成的。

大气中云的变幻多种多样，此时的消散是为了彼时的形成，人生也是如此。未来是不可预知的，是充满变化的。

高田种小麦，
穊穇不成穗。
男儿在他乡，
安得不憔悴。

——《高田种小麦》

读罢此诗，不禁感叹，古人能用如此诗情画意的诗句去描写所见到的自然现象。“高田种小麦”为何“穊穇不成穗”？

这主要与山地气候不适于种小麦有关。山地气候是指在地面起伏很大、山峰与谷底相间的山地形成的局地气候。其主要特点为：

气温随海拔高度的升高而降低，如热带高山，由山麓到山顶，可出现由热带、温带到寒带的气候和植被变化。在河谷、盆地，冬季冷空气下沉，出现逆温现象。

气流遇山抬升，易成云致雨，故降水随高度上升而增多；但达一定高度后又减少，该高度称降水最大高度。如天山北侧，山麓为荒漠,降水最大高度处生长森林。

山脉对气流有明显阻挡作用,使山脉两侧的气候出现较大差异。大的山脉往往成为气候的分界线,如秦岭为中国北方和南方、暖温带和北亚热带的分界。

这不禁让人想起另两首诗歌:

君问归期未有期,巴山夜雨涨秋池。
何当共剪西窗烛,却话巴山夜雨时。

——李商隐《夜雨寄北》

什么是夜雨?夜雨就是指晚八时以后到第二天早晨八时以前下的雨。"巴山"是指大巴山脉,"巴山夜雨"其实是泛指多夜雨的我国西南山地(包括四川盆地地区)。这些地方的夜雨量一般都占全年降水量的60%以上。例如,重庆、峨眉山分别占61%和67%,贵州高原上的遵义、贵阳分别占58%和67%。我国其他地方也有多夜雨的,但夜雨次数、夜雨量及影响范围都不如大巴山和四川盆地。

由此可见,夜雨也是山地气候与平地气候的区别之一。

西南山地为什么多夜雨呢?主要有以下两个原因:

1. 西南山地潮湿多云

夜间,密云蔽空,云层和地面之间,进行着多次的吸收、辐射,再吸收、再辐射的热量交换过程,因此云层对地面有保暖作用,也使得夜间云层下部的温度不至于降得过低;夜间,在云层的上部,由于云体本身的辐射散热作用,使云层上部温度偏低。这样,在云层的上部和下部之间便形成了温差,大气层结构趋向不稳定,偏暖湿的空气上升形成降雨。

2. 西南山地多准静止锋

云贵高原对南下的冷空气有明显的阻碍作用,因而我国西南山地在冬半年常常受到准静止锋的影响。在准静止锋滞留期间,锋面降水出现在夜间和清晨的次数,占相当大的比重,相应地增加了西南山地的夜雨率。

人间四月芳菲尽,山寺桃花始盛开。
长恨春归无觅处,不知转入此中来。

——白居易《大林寺桃花》

诗歌描写的正是山地气候与平原气候的差异。人间四月正是大地春归的时候，山上的桃花才开始盛开，这主要是由于山地气候垂直变化造成的。山顶与山脚的日温差在15～20摄氏度之间，高于平地的10摄氏度。且高海拔地区气温相比较低，气压也较低。这才导致了随海拔的升高，同一座山出现不同季节植物的奇异现象。通过诗人的笔，这一自然现象又增添了些许诗情画意。

乐府中还有许多诗歌与地学现象相联系：

送欢板桥弯，
相待三山头。
遥见千幅帆，
知是逐风流。
……

——《三洲歌》

远远地只能看见船帆，这让我联想到古希腊渔民观察到：出海的船总是船身先消失在地平线，而船回港时，却是先看见船帆。后来人们将这件事看作“地球是球形的”证据之一。而乐府中不也记载了我国古人观察到的同样现象吗？

后记

古时，各种地学现象是诗人作诗的素材来源，更激发了诗人作诗的灵感。当我们感叹于诗人的才华，沉浸于诗歌那美妙的意境中时，若多留心，便能发现诗歌中的自然现象，使诗歌更添一分自然之美……

[1] 余冠英.乐府诗选[M].北京：人民文学出版社，2002.
[2] 孙立广.地球与极地科学[M].合肥：中国科学技术大学出版社，2003.
[3] 伍光和.自然地理学[M].北京：高等教育出版社，2000.

古诗词对气候的解释

崔毅夫(PB06013001)

中国古代对气候甚是迷信,有雷公电母、风伯雨师等传说,但在中国美妙丰富的语言文化——诗词中,却为我们准确而又诗意地描写了中国气候的点点滴滴。

雨雪

雨雪是最富有感情也是最有代表性的气候现象,无论在古代还是在现代,古诗中对雨雪丰富的描写,为我们展示了气候变化的各种细节。“好雨知时节,当春乃发生”。中国由于受季风的影响,春季会有少量的雨水伴随从太平洋吹来的暖流,滋润等待浇灌的耕田,温度也随这股暖流有所回升,大地重现生机。季风性气候是中国东部最有代表性的气候,几千年来,这种气候为中国人塑造了耕作的作息,乃至逐渐形成中国的文化。

江淮地区最著名的雨季是梅雨。“黄梅时节家家雨,青草池塘处处蛙。有约不来过夜半,闲敲棋子落灯花。”(赵师秀《有约》)初夏时期,中国长江中下游和淮河流域有雨期较长的连阴雨。因时值江南梅子黄熟,故名。梅雨天气的主要特征是:雨量多,雨日长,湿度大,云量多,日照时间短,地面风力较弱,降水多属连续性,也有阵雨和雷暴,并且常常是大雨或暴雨。梅雨产生于西太平洋副热带高压边缘的锋区,是极地气团和热带气团相互作用的产物。每年6月初冷、暖空气交汇形成的地面静止锋和雨带,由中国华南移到江淮流域。江淮一向是诗文多出之地,梅雨之描写又岂止尔尔。连续不断的雨水是梅雨的最大特点,闲也好,愁也罢,这绵延的梅雨从古开始便是文人笔下的心境。

“六出飞花入户时，坐看青竹变琼枝”。“六出”为雪，古人对雪也是颇有感情的，中国冬天南北天气有较大的差异，最为明显的就是北方的雪。毛主席写有“北国风光，千里冰封，万里雪飘，望长城内外，惟余莽莽，大河上下，顿失滔滔。”北方的大雪大多是由于冬天在西伯利亚形成的冷空气南下所造成的，这股冷空气常常会形成冷锋，给北方大部分地区带来大幅降温，随之到来的还有大雪(到达南方后会由于南方较暖的天气以及靠近太平洋的低气压区而形成降雨)。“忽如一夜春风来，千树万树梨花开”就是描绘冷锋过境时，北方受到大风以及随即而至的大雪的天气。伴随着这股强冷空气，北方河流大多被冻结(表面)，大雪过后空气也会随之变得更为清新，而大雪带来的降水会随着早春的雪融化储存在土地里或补充地下水的储量，故有“瑞雪兆丰年”之说。

地域

中国地域辽阔，诗人们游历各地，从东到西，由南至北，见过水乡，访过沙漠，也游览了名山大川。广阔的中国在不同地域有着不同的气候特色，又反映了不同的气候成因与变化特点。

中国南北以秦岭淮河线为界，南北在气候上有着显著的差异。除了上文所说的雨水量的差距之外，温度也是主要差异之一。中国南方地形与北方相比，除了大都为平原外，南方的山主要以低矮丘陵地形为主，而北方大多是连绵高立的山脉，而且南方更靠近太平洋热带低压区，伴以南方众多河流，这使得南方的空气更为潮湿。潮湿的空气在丘陵地形中不易散去，空气中的水分有效地吸收保存了热量，使得南方空气温度比北方高。“二月江南花满枝，他乡寒食远堪悲”描绘的就是这一点。实际上，就如诗中所说的一样，南北气候的差异从各种农作物(尤其是水果)以及野生动物的习性及其分布就可以比较明确地了解到。

中国东西部气候类型分别为季风性气候以及大陆性气候，主要原因是中国东西距离大，从太平洋吹来的带有水分的季风到达西部内陆时已不剩多少水分，这直接造就了西部的沙漠、戈壁等地貌。“羌笛何须怨杨柳，春风不度玉门关”，王之涣一句诗就为我们阐明了形成大陆性气候的原因（不知是不是有先见之明）。也正是因为这样，左宗棠才会有“新栽杨柳三千里，引得春风度玉关”。诗人游历四方，对于这东西气候差距所产生的自然景象也是有深刻的印象，也有不少人为之做出了对比。马致远的“枯藤老树昏鸦，小桥流水人家，古道西风瘦马”就是其中之一，在他眼中西部的自然环境不免恶劣许多。实际也不尽如此，“早穿皮袄午穿纱，围着火炉吃西瓜”。西部缺水，降雨也少，天空中无云时间很多，这使得白天地面所吸收的热辐射在夜间全部辐射出去，没有余量保留在大气中，白天没有云的阻碍，地表又充分地吸收太阳发来的辐射，这造就了西部内陆环境中昼夜温差大的特点，此种环境最适于西瓜、葡萄等水果的生长。

气候对环境的影响最为明显，点点滴滴都被诗人记录。

“人间四月芳菲尽，山寺桃花始盛开。”气温又有着垂直分布的特点，地势每升高 1000 米气温就会下降 6℃。中国有着无数的山脉，南北贯穿，东西横行，总体地势又可分为三个阶梯，最高的一阶就是世界上海拔最高的高原——青藏高原。如此大的海拔差距使得气温的这种垂直特性有着明显的表现，高低不同的植被分布与种类、季节变化的延迟现象，这使得人不仅会感觉到这种温度的变化，也会观察到、认识到这种变化。无法飞天的古人只能根据观察到的这一自然现象感慨：“又恐琼楼玉宇，高处不胜寒。”

古人没有现代的高科技手段，没有现代对整个世界的科学客观的认知，他们停留在对神的迷信与崇拜上，但他们对自然的观察与描述仍是客观而美丽的。他们通过观察，用经验总结了规律。当我们向新时代的目标前进时，也应让我们的双眼追寻着通往真相的事实。

何处忆江南

易津锋(PB05210486)

“江南好,风景旧曾谙。日出江花红胜火,春来江水绿如蓝。能不忆江南?”白居易的这首《忆江南》为我们勾勒出了一幅色彩明丽,风光旖旎的江南画卷,勾起无数人的遐想,而汉乐府《江南》“江南可采莲,莲叶何田田,鱼戏莲叶间。鱼戏莲叶东,鱼戏莲叶西。鱼戏莲叶南,鱼戏莲叶北。”则用鱼戏莲叶的情景为我们描绘出另一幅生机盎然的江南初夏图。“君到姑苏见,人家尽枕河。古宫闲地少,水港小桥多”则又使另一幅烟雨迷蒙的水巷江南跃然纸上。我们可以从中看出,文人墨客笔下的江南是缤纷多彩的,它或如天真的孩子般顽皮活泼,或如邻家姐姐般亲切中略带羞赧,或如蒙上面纱的女子,在成熟妩媚中透出一种神秘。但无论是哪一种江南都足够让人产生一种魂牵梦绕,欲罢不能的相思,使未曾踏访者“能不思江南”,使曾经的游者“能不忆江南”!

大自然从来都是鬼斧神工,在她的生花妙笔之下诞生了“大漠孤烟直,长河落日圆”的苍凉雄奇,也诞生了“三月东风吹雪消,湖南山色翠如浇”的如洗翠色;诞生了“北国风光,千里冰封,万里雪飘,望长城内外,惟余莽莽,大河上下,顿失滔滔”的素裹银装,也诞生了“暮春三月,江南草长,杂花生树,群莺乱飞”的明媚温婉,在这里真可谓“神州大地,无处不景,无时不景”。古往今来,文人们除了捻毫赋诗记下了神州大地的锦绣河山,也为现代的地球科学研究者们提供了宝贵的第一手资料,而现代的地球科学研究又为我们更好地分析古诗词中的地球环境事件提供了科学客观的依据,两者可谓相辅相成,缺一不可。但是在江南的准确位置这个问题上,古代的诗人们却给我们当代的学者出了一个不大不小的难题,当现代人徜徉于诗文描绘中江南的旖旎风光而“能不忆江南”时，却惊奇地发现难以准确地指出江南的具体位置，而产生“何处忆江南”的迷茫与困惑，想必这也是那些文人墨客未曾想到的吧！

江南，从字面上理解为江之南面，在普遍的理解上，这条江自然就是中国第一大江，中华文明发源地之一的长江了！但是这肯定不是一个令人满意的答案，要知道，长江自各拉丹东雪山发源，干流流经青、藏、川、滇、渝、鄂、湘、赣、皖、苏、沪等11个省、市、自治区，在崇明岛以东注入东海，全长6300余公里，就算只从万里长江第一城的四川宜宾开始算起，其到长江入海口的距离也达到2884公里，随着经度，海拔的变化，沿途的环境气候都有很大的改变，不可能将其南部都统一抽象成那“杏花、春雨、江南”般的福地。于是为了更加准确地表述江南的地理位置，江南在很长一段时间里被特指成了长江下游南岸的地区。

“江南忆，最忆是杭州。山寺月中寻桂子，郡亭枕上看潮头。何日更重游？”“江南忆，其次忆吴宫。吴酒一杯春竹叶，吴娃双舞醉芙蓉。早晚复相逢？”白居易这两首《忆江南》，分明说江南在苏州、杭州，或者说在太湖和西湖那一带，这正是我们大多数人心中的江南所在，也与前文指出的长江下游南岸地区的说法比较吻合。

然而事实或许并非如此。地理学者杨勤业教授在其一篇关于江南在哪里的文章里指出，如果从自然地理的角度看，江南指的是江南丘陵区。那是指南岭以北，洞庭湖、鄱阳湖以南，太湖以西的一片丘陵、盆地相间分布的区域。他的江南北界不仅不是长江，甚至连我们以前耳熟能详的“江南三大著名湖泊”——洞庭湖、鄱阳湖、太湖及其周边地区都已被划出了江南之外。

地理学家在划分一个区域时，使用的是自然区划，就是寻找地表上自然属性相似的地区，把它们划出来，组成一个个区域。在这种前提下杨教授的理论其实就不令人费解了，在他看来，长江并不是一条自然区域的分界线。在长江中下游地区，南北两岸都交错分布着大片的平原，如江汉平原、两湖平原、长江三角洲等，这些平原显然是一个统一的自然区域，它们统共被称之为：长江中下游平原。当把这包括了洞庭、鄱阳、太湖三大湖的长江中下游平原划分出去之后，江南还剩下的,显然只是一大片丘陵而已了。

杨勤业教授的理论将原来江南的区域狭小化了,而有些其他学者的看法则恰恰与之相反。气象学者林之光先生认为淮河以南,南岭以北,湖北宜昌以东直至大海,都是江南。他的根据是气候,他认为那被绵绵梅雨所覆盖的地区,都应该属于江南。简单地说,他的江南竟越过了长江北到淮河,这也算是对传统江南地域理论的一种突破。

和气象学家观点类似的说法来自部分语言学家。他们大多是研究方言的学者,并认为从方言的角度看长江中下游以南属于中国南方六大方言区,因此这个区域都可以看作是江南。其中的吴语区(江浙一带)又可以被看作是狭义的江南。

但这些地理学家、气象学家、语言学家眼中的江南,显然与大众心中的江南仍有一定的差距。在他们眼中,丘陵不能代表江南,梅雨不能代表江南,方言更不能代表江南。他们心中的江南,有"春风又绿江南岸,明月何时照我还"的春风与明月;有"正是江南好风景,落花时节又逢君"的美景与挚友;有"春水碧于天,画船听雨眠"的春水与画船;更有"如今却忆江南乐,当时年少春衫薄"的朝花夕拾,如梦回忆。

但是仅仅依靠诗词歌赋之中的片段去摸索江南的踪迹,显然会使我们更加迷茫。让我们看看杜牧的诗《遣怀》:"落魄江南载酒行,楚腰肠断掌中轻。十年一觉扬州梦,占得青楼薄幸名。"在这里诗人显然已经将处于长江北面的扬州算做了江南的一部分。再想想杜甫的《江南逢李龟年》,这首诗明显描绘的是发生在同属长江北面的长沙的事情,为何也能被冠名以"江南"呢?为什么从古至今的文人,学者会给出那么多种版本的江南呢?又为何我们心中的江南与学者们的研究有那么大的出入呢?我想我们还得从江南这个词的历史沿革来谈起。

在最早的时候,江南并不是一个专有的名词。已于2005年谢世的著名历史地理学者石泉教授曾撰文指出:古文献中的"江"并不是长江的专称。他用大量史实证明,至少在唐朝,甚至更早以前,有许多河流都叫"江",比如著名的大河淮河和汉水,它们都曾经被称过

“江”。“江南”也曾指淮河以南和汉水之南。一些不出名的河流也曾叫“江”,例如位于山东东南的沂河等。既然这些河流都叫“江”,那么当这些河流某一段东西向流淌时,江的南面自然就可以叫做江南。可以想象,当时被称为江南的地方是很多的。

后来在江南这个名词逐渐专一化与特定化之后,江南作为一个地域范畴也经历了许多的演变。历史地理学者周振鹤教授在他的文章中,简明清晰地指出,这个过程基本可以看成是一个先扩后缩的过程。在秦汉之际,江南主要指长江中游的南部,主要是湖北和湖南。如“目极千里兮,伤春心。魂兮归来,哀江南。”这里的江南指的就是荆楚江湘之地。从魏晋南北朝开始,江南开始东扩,直到江浙一带。如南朝梁代文学家庾信的《哀江南赋》中所指的江南就已经转移到了今日的江浙地区。到了唐代,初唐时在长江中下游以南,南岭以北的广大区域设立了一个大的行政区——江南道,从湖南西部直到海边。这是第一次动用行政的力量划出了江南的范围。虽然此举并没有结束长江以北许多地方叫江南的历史,譬如当时汉江西南,长江以北的荆州、襄樊、江陵等古楚国的旧地仍称江南,但是此举开始了江南的范围从北向南压缩的过程。后来唐玄宗又把江南道拆分成江南东道、江南西道和黔中道。接下来江南西道又一分为二,西为湖南道,东仍为江南西道。这次行政区划则开始了江南的区域从西向东浓缩的过程。到这里相信我们已经能回答像位居江北的扬州、长沙为什么算是江南的问题了。以扬州为例,在历史上,比如东汉和南北朝时期,在现在的江苏跨越长江南北的地区设有行政区扬州府,治所在现今的南京。这一带地区在那时都被称为“扬州”,当时江北的许多区域都在扬州的辖区内,所以它们与江南一起称为江南也就不足为怪了。除此以外,把扬州看做是江南的原因还有扬州与江南的神似,甚至可以不夸张地说,当时的扬州比江南更江南。大运河畔、长江边上、东海之滨的扬州,她的繁华、她的富庶、她的舞榭歌台、她的诗词歌赋、她的琴棋书画都足以和江南的苏杭相通、相似、相媲美。因此杜牧把扬州当江南来吟咏也就完全可以理解了。

自唐以降,随着行政区划的不断细分,文化习俗的不断迁演,逐渐形成了我们今天所了解的江南。现在我们所说的江南大多特指为狭义的江南，即除去福建与浙南的江南东道。是以南京至苏州一带为核心，包括长江以南安徽、江西、浙江的部分地区，即苏南和浙北、皖南、赣北地区。除此以外，长江下游以北部分地区，如扬州，其经济文化形同江南，也被认为是江南地区的组成；太湖以南以至钱塘江以南部分地区，如绍兴、宁波等，虽非长江流域，但在长期的历史变迁中，越文化已与吴文化一同融合入汉文化，所以也被认为是江南地区的组成。这便是江南作为一个地理学名词比较权威的解释了。

但是，可以说，“江南”这个词汇早已经超越了其基本的地理意义而上升成为了中华文人心中一种抹不去的情结，甚至可以说已经成长为全中国人的一种图腾。再让我们看一看这样一块基本处于中国腹地的土地是如何成为这样一个精神寄托的吧！

首先不得不说的当然是来自大自然的贡献。江南的气候、降水、土壤、地形在今天看来是非常优越的，但是在古时并非如此。因为就气候而言，江南的阴雨连绵，潮湿溽热并不比北方温带地区的温暖凉爽更有利于古人类生存，所以司马迁《史记》中说“江南卑湿，丈夫早夭”。土壤更是如此，在没有发明铁器前，江南黏滞板结的土壤很难耕作，而北方黄土高原疏松肥沃的黄土，特别适合那些使用石器和木器的先民。这也是为什么中国早期的文明，周、秦、汉、唐在黄土地带崛起的重要原因。江南地区地处长江中下游的河网地带，到处是沼泽湖泊，江南的发展与治水的技术密切相关，当拦水筑坝和造船建桥的技术不成熟的时候，江南很难发展起来。

因此江南虽是沃土，但是她是后发地区，是储备着的有潜力的地区。这就决定了中国的文明进程是从西向东、从北向南的双向过程。江南正是在这个双向过程中被锤炼出来的。

这一点可以从江南这个称谓中看出。显然这是江北人的视角，只有江北人才会说江南。中国的黄河两岸有河北、河南，洞庭湖两边有湖北、湖南，太行山两边有山东、山西；偏偏到了长江却只有江南，没有了江北，这只能说明一个问题，即中国文明是从北向南推进的，这个地名是从北向南看的结果，是北人的话语。

其次，行政区划也是塑造“江南”的重要力量。在江南这个概念形成的过程中，行政区划的作用举足轻重。我们已经说过唐代划定的江南道，和后来把江南道拆分，只留下江南西道和江南东道。此举对江南概念的形成十分重要。如前面提到的扬州归属问题，即是需要搞清楚历史上的行政区划，才能明白的。

最后，也是最重要的一点，江南的形象是通过文学作品塑造出来的，是文人们的一种精神寄托与刻意美化。

文学赋予了江南这个空间以意义。

铁马、秋风、塞北，
杏花、春雨、江南。

这副对联，深有意味，与江南对应者，不是江北而是塞北。它暗示出了江南的和平、安逸与美好，而浑然不同于塞北留给我们的印象："北风卷地白草折，胡天八月即飞雪。"

其实许多诗中的江南，并不是江南实际的样子，而是我们希望江南应该有的形象。"堆金积玉地，温柔富贵乡"写出的其实不是作者眼前的江南，而只是他心中的天堂罢了。

让我们看看历代诗人笔下江南的旖旎风光吧。

"山色如娥，花光如颊，温风如酒，波纹如绫"是袁宏道的西湖；"烟水吴都郭，阊门架碧流。绿杨浅深巷，青翰往来舟。朱户十万室，丹楹百尺楼。水光摇极浦，草色辨长洲"，这是李绅的苏州；"千里莺啼绿映红，水村山郭酒旗风"是杜牧的金陵；"一川烟草，满城风絮，梅子黄时雨"是贺铸的横塘；而"东南形胜，三吴都会，钱塘自古繁华。烟柳画桥，风帘翠幕，参差十万人家。云树绕堤沙。怒涛卷霜雪，天堑无涯。市列珠玑，户盈罗绮，竞豪奢。重湖叠巘清佳，有三秋桂子，十里荷花"是柳永的杭州。这样的赞美却也由此引得金主慕此胜景，投鞭渡江，惹得山河碎。

必须承认，这些诗词对江南的描写太理想化了，其实江南也未必有如此地完美。由此可见，这些文字的魅力，硬是营造出了一个亦真亦幻的江南，供人们在升腾的喧嚣与深重的倦怠里找到一处歇息的港湾，一处灵魂的归宿。"上有天堂，下有苏杭"直白地说出了中国人的一种寄望，那里应是桃花常开，溪水常绿，风如柔荑，水如青丝，浓碧浅翠，清丽秀逸的烟波浩渺地，那里应是"此景只应天上有，人间难得几回观"的温柔富贵乡。这样的江南便是文人们通过他们的妙笔传递给我们的江南印象，她是一个集合体，既有苏杭的清隽，又有扬州的繁华；既有金陵的傲骨，又有漓江的毓秀；既有桂林的青葱，又有周庄的柔靡，她哪里都像，却又哪里都不像。抛却了地理的概念，江南是文人们的寄托，是文人们的美化，也是文人们的终极追求！

总体说来，决定一个地区风貌的因素有这样几个：一个是自然区，一个是行政区，还有一个是文化区。它们的互动和交错作用，才造就了一个地方独特的风貌。而江南这一个特殊的地区正是因为其自然区划、行政区划和文化区划三者的迁演与错位，才造就了这样一种独特的江南现象，造就出如此多姿多彩的江南。

后记

几乎从记事起，我便开始了对江南懵懂的迷恋。从一篇篇古诗中开始了我对江南的初识，迷恋乃至最后的神往，诗画之中她的精致秀巧，她的风流落拓，她的悠扬婉转，甚至她的铮铮傲骨都深深地吸引了我。及至上了大学之后，我踏访了苏杭等地，才有了真切的观感，之后仍是魂牵梦绕难以自拔。在这次孙老师提到写诗词中的地球时，我第一时间便想到了江南。但是由于我不是地空学院的学生，缺乏许多专业的知识，难以写出比较翔实的江南地质变迁，从查资料到实际写作时也难免会挂一漏万，语焉不详，只希望本文能起到抛砖引玉的作用，使更多的同学去观察、去关注、去热爱我们的家乡、我们的祖国与我们的地球，写出更多更好的关注环境、关注地球的佳作！

[1] 石泉. 石泉文集[M]. 武汉：武汉大学出版社，2006.
[2] 单之蔷：江南到底在哪里[J]. 中国国家地理，2007，03.

从古文诗歌到温泉

张藻星(PB07007146)

阳春之月,百草萋萋。余在远行,顾望有怀。遂适骊山,观温泉,浴神井,风中峦,壮厥类之独美,思在化之所原,感洪泽之普施,乃为赋云:

览中域之珍怪兮,无斯水之神灵。控汤谷于瀛洲兮,濯日月乎中营。阴高山之比延,处幽屏以闲清。于是殊方跋涉,骏奔来臻。士女煜其鳞萃,纷杂遝其如烟。

乱曰:天地之德,莫若生兮。帝育蒸民,懿厥成兮。六气淫错,有疾厉兮。温泉汩焉,以流秽兮。蠲除苛慝,服中正兮。熙哉帝载,保性命兮。

——张衡《温泉赋》

温泉,顾名思义,就是“温暖的泉水”。在学术上,温泉被定义为“涌出地表,且超过当地地下水温度的泉水”。温泉具有清洁皮肤、舒缓疲劳、治疗部分慢性病等多种保健功能,在数千年前已被人民发现并用来治病,形成了源远流长的“温泉文化”。

温泉文化的历史

人们何时开始使用温泉已经无法考证,相传人们开始并不知道温泉可以治疗疾病,后来看到浸泡过温泉的受伤小动物迅速康复,才开始注意到这种神奇泉水的医用功能。中国历史上最早有记载的温泉应该是秦始皇为疗养而建的“骊山汤”。古代中国帝王大都有“御用温泉”,其中最出名的是唐朝在骊山建的“温泉宫”,唐太宗题有《温泉铭》。华清池至今还保留着壁画《杨玉环奉诏温泉宫》,壁画反映了唐玄宗在温泉宫内第一次诏见杨玉环的夜宴盛况。

在宫廷贵族争相享用温泉的同时，人们也在全国各地开凿出大大小小的温泉。不少的骚人墨客也在温泉留下了墨迹。

《杨玉环奉诏温泉宫》壁画

千年前的《山经注》记有："滱水出代郡灵丘县高氏山，……又东合温泉水，水出西北暄谷，其水温热若汤，能愈百疾，故世谓之温泉焉。"

唐太宗《温泉铭》

著名的地学著作《水经注》中记载有温泉 31 个，按温度的不同从低温到高温分 5 个等级，依次为"暖""热""炎热特甚""炎热倍甚"和"炎热奇毒"。如"炎热特甚"的温泉，可以将鸡、猪等动物的毛去掉；"炎热倍甚"能使人的足部烫烂；"炎热奇毒"泉水可以将稻米煮熟。

书中还对各个温泉的特点、矿物质、生物等情况进行了比较详细的叙述，如有的温泉有硫磺气，有的有盐气，有的有鱼等。其中多次提到温泉可以“治百病”，如“鲁山皇女汤……可以熟米，饮之愈百病，道士清身沐浴，一日三饮，多少自在，四十日后，身中百病愈”，记载了温泉的保健作用。又如“大融山石出温汤，疗治百病”、“温水出太一山，其水沸涌如汤。杜彦回曰，可治百病，水清则病愈，世浊则无验”等。诗仙李白十分喜爱泡温泉，写下了大量关于温泉的诗歌。如：《温泉侍从归逢故人》《驾去温泉后赠杨山人》等。其中最出名的是他在游览湖北汤堰温泉后写下的“神龙殁幽静，汤池流大川；地底炼朱火，沙旁放素烟。沸珠跃明月，皎镜含空天；濯濯气靖此，晞发弄潺潺”，生动传神地描写了温泉的形态。

温泉的成因

温泉的形成原因一般可分为两种。

一种是地壳内部的岩浆作用或火山喷发的伴随作用。岩浆会释放大量的、集中的热量，如果在岩浆附近有有孔隙的含水岩层，水就会受热形成高温的热泉，甚至沸腾为高温蒸汽。这种温泉多为硫酸盐温泉。

另一种是受地表水渗透循环作用影响形成的。雨水向下渗透，深入到地壳深处的含水层形成地下水，并受下方的地热加热成为热水。深部热水多含有以 CO_2 为主的气体。随着热水温度的升高，并受到上方致密、不透水岩层的阻挡，会使压力愈来愈高，以致热水、蒸气处于高压状态，一有裂缝即蹿涌而上，形成温泉。

归纳起来，温泉的形成必须具备三个条件：

(1) 地下有热水存在；

(2) 静水压力差导致热水上涌；

(3) 岩石中有深长裂隙，供热水通达地面。

正因为温泉的成因如此，现在世界探明的温泉大多分布在地质活动比较频繁的地区，如环太平洋地震带和喜马拉雅—地中海地震带附近。

温泉的疗效

温泉不仅“温”，而且“养”，所以其具有很多特别的疗效。

明代杰出的药物学家李时珍已经考察了多处温泉，并在《本草纲目》中详细记载了其疗效。如：“庐山温泉四孔，可以熟鸡蛋。……患有疥癣、风癞、杨梅疮者，饱食入池，久浴后出汗以旬日自愈也”，“温汤，释名：亦名温泉、沸泉。种类甚多。有硫磺泉，比较常见；有泉砂泉，见于新安黄山；有矾石泉，见于西安骊山。气味辛、热、微毒。主治筋骨挛缩，肌皮顽痹，手足不遂，眉发脱落以及各种疥癣等症”，“温泉主治诸风温、盘骨挛缩及肌皮顽疥，手足不遂”，此足以证明古代人民对温泉认识之深。现代科学以温泉的水温、泉质来划分温泉种类。应用生物化学，可以对含矿物温泉的疗效进行比较详细的划分。

泉质	疗效
酸性碳酸盐泉	泉泥敷脸可美白肌肤
酸性硫酸盐氯化物泉	对皮肤病具有疗效
酸性硫磺泉	皮肤病、风湿、妇女病及脚气
酸性硫酸岩泉	慢性皮肤病
碱性碳酸氢泉	神经痛、皮肤病、关节炎
弱酸性单纯泉	风湿症及皮肤病
弱碱性碳酸盐泉	皮肤病、风湿、关节炎
弱碱性碳酸泉	神经痛、皮肤病、关节炎，无色无味可饮
弱碱性硫磺泉	对神经痛、贫血症、慢性中毒症具有改善作用
硫酸盐泉	皮肤病
硫酸盐氯化物泉	关节炎、筋肉酸痛、神经痛、痛风
硫磺碳酸泉	慢性疾病如神经痛、皮肤病、关节炎
碳酸氢盐泉	神经痛、皮肤病、关节炎、脚气
碳酸硫磺泉	神经痛、贫血症
低温中性碳酸氢盐温泉	慢性皮肤病
中性碳酸温泉	皮肤病、风湿、妇女病及脚气
氯化物泉	皮肤病，风湿痛，神经痛

我对温泉的感受

我有幸泡过两次温泉。初二时去过广东清远的清新温泉，那里开发程度较高，对温泉分门别类，并配有详尽的说明指引，使人们可以在泡温泉的同时，更深刻地了解到有关温泉的知识。但那里的"温泉"水量之大令人生疑：有这么大流量的温泉吗？高二寒假时我有幸享受了一次日本温泉。日本正好处于环太平洋火山地震带，地质活动非常频繁，在导致诸多地质灾难(如地震)的同时，也赐予了日本大量的地热资源。在日本，温泉可谓是"遍地开花"，到处都是，于是产生了深厚的温泉文化。我去日本时正值寒冬，在露天温泉里地面还积着雪，整个水池的蒸汽缈缈上升，有身临仙境的感觉。泡在水中身体温暖无比，而头还是凉的，再配上一杯日本清酒，这种感觉真是妙。

我并没有什么慢性病，当然也没有时间与金钱经常泡温泉，所以无法切身感受温泉神奇而强大的医用功效。但我深切感受到温泉对精神的舒缓作用。

随着物质文明的不断发展，人们日益注重自己的精神健康。现代的都市生活给人们带来了很大的精神压力。而泡温泉正可以大大舒缓这种压力，让人们"宠辱皆忘""心凝形释"。正如唐太宗在《温泉铭》中写道的"朕以忧劳积虑，风疾屡婴，每濯患于斯源，不移时而获损"，当你感到生活压力太大，生活节奏太快时，不妨到温泉泡一泡，必定能使身心安顿，有所收获。

后记

温泉正是这样一种神奇的东西。它是大自然对我们的馈赠，是地球的无价的宝藏。我们要好好利用它。我相信，随着科学的发展，我们一定能更好地利用这种美妙的资源，让更多地人享受到大自然的温暖与滋润！

岁差浅谈

孙磊(PB07007201)

乃所言历法,又晋、宋以降何承天、虞喜、一行、郭守敬所定岁差,定朔等精密之法;孔子作《易系传》,止据夏、周之历,何尝有此?蕴生知解而不知用,亦欲夸博敏之失也。

——王夫之《夕堂永日绪论外编》

姑举其概:二分者,春、秋平气之中;二正者,日道南、北之中也。大统以平气授人时,以盈缩定日躔。西人既用定气,则分、正为一,因讥中历节气差至二日。夫中历岁差数强,盈缩过多,恶得无差?然二日之异,乃分、正殊科,非不知日行之朓朒而致误也。

——阮元《畴人传》

黄赤交角

黄赤交角的存在,具有重要的天文和地理意义。由于黄赤交角的存在,太阳在天球上周年运动的同时,还表现为相对于天球道的上下往复运动,称为太阳回归运动。太阳在天球上所能达到的南、北界线,称为南、北回归线。太阳沿黄道连续两次经过春分点的回归运动周期,就是回归年。它是地轴进动的成因之一,还是视太阳日长度周年变化的主要原因,也是地球上四季变化和五带区分的根本原因。

岁差是什么

所谓“岁差”,是地球自转轴的进动引起春分点位移的现象。如果地轴(赤道面的法线)不改变方向,春分点的位置不变,回归年与恒星年应当相等。中外古代天文学家通过对大量星体位置进行长期的肉眼观察,已经发现春分点沿黄道存在由西向东逐年缓慢后退的现象,我国古代将这种“岁岁有差”的现象称为岁差。

公元前2世纪,古希腊天文学家喜帕恰斯在编制一本包含1025颗恒星的星表时,把他测出的星位与150多年前阿里斯提留斯和提莫恰里斯测定的星位进行比较,发现恒星的黄经有较显著的改变,而黄纬的变化则不明显。在这150年间,所有恒星的黄经都增加约1.5°。喜帕恰斯认为,这是春分点沿黄道后退所造成的,并推算出春分点每100年西移1°。这是岁差现象的最早发现。中国晋代天文学家虞喜,根据对冬至日恒星的中天观测,独立地发现了岁差。据《宋史·律历志》记载,虞喜云:“尧时冬至日短星昴,今二千七百余年,乃东壁中,则知每岁渐差之所至。”岁差这个名词即由此而来。

岁差的产生

在日、月的引力作用下,地球自转轴的空间指向并不固定,呈现为绕一条通过地心并与黄道面垂直的轴线缓慢而连续地运动,大约25800年顺时针向(从北半球看)旋转一周,描绘出一个圆锥面。此圆锥面的顶角等于黄赤交角23.5°。于是天极在天球上绕黄极描绘出一个半径为23.5°的小圆,也使春分点沿黄道以与太阳周年视运动相反的方向每25800年旋转一周,每年西移约50.3″。这种由太阳和月球引起的地轴的长期进动(或称旋进)称为日月岁差。此外,在行星的引力作用下,地球公转轨道平面不断地改变位置,这不仅使黄赤交角改变,还使春分点沿赤道产生一个微小的位移,其方向与日月岁差相反,这一效应称为行星岁差。行星岁差使春分点沿赤道每年东移约0.13″。日月岁差和行星岁差的综合作用使天体的坐标如赤经、赤纬等发生变化,一年内的变化量称为周年岁差。此外,根据广义相对论,旋转物体的自转轴会在空间产生相对论性进动,称为测地岁差。地球的测地岁差为1.98″/世纪,方向为逆时针向。

牛顿第一个指出产生岁差的原因是太阳和月球对地球赤道隆起

部分的吸引。德国天文学家贝塞耳在 1818 年首次得出日月岁差为 5034.05″,今值为 5025.64″。地球自转轴在空间绕着黄道轴转动的同时,还伴随有许多短周期的微小变化。英国天文学家布拉得雷曾在 1748 年分析了 20 年(1727～1747 年)的恒星位置的观测资料后,发现了另一重要的天文现象——章动。月球轨道面(白道面)位置的变化是引起章动的主要原因。白道的升交点沿黄道向西运动,约 18.6年绕行一周,因而月球对地球的引力作用也有同一周期的变化。在天球上,表现为天极(真天极)在绕黄极运动的同时,还围绕其平均位置(平天极)作周期为 18.6 年的运动。同样,太阳对地球的引力作用也具有周期性变化,并引起相应周期的章动。岁差和章动的共同影响,使得真天极绕着黄极在天球上描绘出一条波状曲线。

岁差的根源是地轴发生进动。物理学中,将转动物体的转动轴环绕另一个轴作圆锥运动,称为进动。玩具陀螺的旋转就是生动的实例。地轴的进动与太阳和月球对非理想球体(赤道部分稍隆起)的摄动有关。其结果引起地轴绕黄轴(地球轨道面法线)作圆锥运动。

岁差的影响

岁差最早是应用于立法的制定。西汉的邓平、东汉的刘歆、贾逵等人都曾观测出冬至点后移的现象,不过他们都还没有明确地指出岁差的存在。到东晋初年,我国学者虞喜在其所著的《安天论》中才开始肯定岁差现象的存在并且首先主张在历法中引入岁差。他观察到太阳从第一年冬至运行到第二年冬至,没有回到原来的位置上,计算出每 50 年向西移动 1 度,岁岁有差,因称之为岁差。后来到南朝宋的初年,何承天认为岁差每一百年差一度,但是他在他所制定的《元嘉历》中并没有应用岁差。祖冲之继承了前人的科学研究成果,不但证实了岁差现象的存在,算出岁差是每四十五年十一个月后退十度,而且在他制作的《大明历》中应用了岁差。因为他所根据的天文史料都还是不够准确的,所以他提出的数据自然也不可能十分准确。尽管如此,祖冲之把岁差应用到历法中,在天文历法史上却是一个创举,为我国历法的改进揭开新的一页。到了隋朝以后,岁差已为很多历法家所重视了，像隋朝的《大业历》《皇极历》中都应用了岁差。

祖冲之，有机思。宋元嘉中，用何承天所制历，比古十一家为密，冲之以为尚疏，乃更造新法。上表曰："臣博访前坟，远稽昔典，五帝躔次，三王交分，《春秋》朔气，《纪年》薄蚀，谈、迁载述，彪、固列志，魏世注历，晋代《起居》，探异今古，观要华戎。书契以降，二千余稔，日月离会之征，星度疏密之验，专功耽思，咸可得而言也。……"

今令冬至所在岁岁微差，却检汉注，并皆审密，将来久用，无烦屡改。又设法者，其一：以子为辰首，位在正北，爻应初九升气之端，虚为北方列宿之中。元气肇初，宜在此次。前儒虞喜，备论其义。今历上元日度，发自虚一。

——《南齐书・祖冲之传》

在天球上，岁差反映为北天极（地轴指向）以黄极（黄轴指向）为中心，以 23°26′为半径的旋转，每年移动 50.2786″，最近的一次历时约 25000 年旋转一周（岁差周期）。所以不同历史时期的北极星并非固定不变，一万多年后的北极星将由织女星来担任。

地轴进动也必然影响到赤道面的变动，使天赤道与黄道的交点（春分点）在黄道上也以每年 50.2786″速度向西移动（交点退行）。因此，以春分点为参考点度量的回归年（365.2422 平太阳日），比恒星年（365.2564 平太阳日）要少 0.0142 日（20 分 26.9 秒）。

水星的岁差是第一个证明广义相对论正确的证据，这是在相对论出现之前就已经测量到的现象，直到广义相对论被爱因斯坦发现之后，才得到了理论的说明。

水星的轨道偏离正圆程度很大，近日点距太阳仅四千六百万千米，远日点却有七千万千米，在轨道的近日点它以十分缓慢的速度按岁差围绕太阳向前运行。在 19 世纪，天文学家们对水星的轨道半径进行了非常仔细的观察，但无法运用牛顿力学对此作出适当的解释。存在于实际观察到的值与预告值之间的细微差异是一个次要（每千年相差七分之一度）但困扰了天文学家们数十年的问题。有人认为在靠近水星的轨道上存在着另一颗行星（有时被称作 Vulcan，"祝融星"），由此来解释这种差异，结果最终的答案颇有戏剧性：爱因斯坦的广义相对论。在人们接受认可此理论的早期，水星运行的正确预告是一个十分重要的因素。

[1] 孙立广.地球与极地科学[M].合肥:中国科学技术大学出版社,2003.
[2] 刘本培,蔡运龙.地球科学导论[M].北京:高等教育出版社,2000.

桐城派形成的地理因素浅析

徐开诚(PB05210175)

我来自于安徽省桐城市，也就是著名的“桐城派”的发源地。桐城文派何以在桐城开宗成派，进而流衍全国，形成一个庞大的作家群体，居清一代文坛之正宗，延续文坛两百余年？本文在此浅析其中的地理因素(自然环境和人文地理)。

桐城，在祖国辽阔的版图上，只是区区弹丸之地，然而，它的历史却相当悠久。有史可稽，春秋时为桐国，后并入楚国，秦统一中国后，属九江郡县，隋代设县，名叫同安，唐朝改为桐城县。

桐城的自然条件颇为优越。它背依巍峨大别山，足濯浩渺长江水。由于地处大别山麓和长江北岸之间，境内地形复杂，山地、丘陵、岗冲、平畔交错分布，河流纵横，湖泊星罗；又气候温和，雨水充沛，四季分明，盛产桑麻鱼米，是江淮之间较为发达的经济大县。

桐城人才辈出于明清两代的历史原因很多(如历史之必然性、文学之继承性、学术思想之牵引、政治与社会方面的时代背景之影响)，若就桐城本身的地理条件论，马其昶曾指出：“吾尝暇日陟山考峣、投子之巅，望西北层峦巨岭隐然出云表，而湖水迤逦荡潏浦于其前，因念姚先生所称，黄、舒之间，山川奇杰之气蕴蓄且千年，宜其遏极而大昌。”

是则桐城之地，山水秀异，灵气所钟，足以毓贤，积累既久，卒萃贤达于一时，又桐城风俗，马其昶慨然书曰：“长老言吾乡俗乾嘉前至纯美矣：凡世族多列居县城中，荐绅告归皆徒行，无乘舆者；通衢曲巷，夜半诵书声不绝；士人出行于市皆冠服，客至亦然；遭长者于途必侧立，待长者过乃行；子弟群出必究其所往，不问其姓名谁何也；或非义，辄面呵之，即异姓子皆奉教惟谨。”

又清初进士、文华殿大学士、礼部尚书桐城人张英(1637～1708年)论桐城之地理、风俗与文学尤详:“桐城山秀异,而平湖潆洄曲折,生斯地者,类多光明磊落之士。……端重严格,不近纷华,不迩势利,虽历显仕,登津要,常歒然若韦素者,此桐城诸先正家学也。新进之士于众中觇其气度,多可而知其为桐人。……间尝窃叹寓内士大夫家,或一再传而止;吾里多阀阅,先后相望,或十数世,或数百年,蝉联不替,此皆由先达敦硕庞裕之气,有以致之,而享之老或未知也。吾闻先正训子弟读书法,以六经为根源,以诸史为津梁,以先秦两汉之文为堂奥,以八家为门户;崇尚实学,周通博达,能不为制举业所缚束。涵濡既久,能振笔为古文词者,代有传人。朝堂之文,昌明剀直;性理之文,深醇奥衍;传记之文,条理详赡;酬答赋赠之文,温文尔雅,盖由先达之人往往安静恬裕,不汲汲于奔兢进取之途,不汶汶于声华靡丽之物,且幼而知所学习,故其为文皆有根据,不等于朝花而夕落也。”

由张英所论,可知明末清初桐城阀阅世家之敦行积学、文化氛围之浓重恬裕与传统教育之正宗尔雅。而这样的文化氛围与传统教育,造成的直接后果便是“能振笔为古文词者,代有传人”。

优越的资源地理环境孕育了一批优秀的桐城儿女,促使桐城派师法自然、清正雅洁文风的形成。

1. 位置

江淮之间,便捷的交通利于桐城派的先贤开阔视野,融百家之言作一派文章。

桐城地处皖中,北有巍峨大别山,南有浩瀚长江水,西距湖北很近,东离江浙不远,素有“楚头吴尾”之说。早在元代就驿运鼎盛,北往京师,南下南方诸省的驿道就纵穿县境,有“七省通衢”之称。得天独厚的地理位置,使文人、官吏、商人、手工业者、百姓等各种各样的人得以广泛流动,商贸活跃,交通便利,有利于桐城派开创者们经常来往于南京、北京等大都会,开阔文化视野,增长文学才干,扩大现实影响,通过相互接触与交流,多种地域文化共聚,丰富加深了这个地方的民间文化内涵。

2. 山水

桐城北背山而南临水，独特的山水位置，养成了桐城派作家所独有的专心致志的品格。

桐城北背山，南临江湖，境内地形复杂，山地、丘陵、岗冲、平畈交错分布；河流纵横，湖泊星罗，一邑之地被龙眠山、大龙山、小龙山环绕，钟灵毓秀的龙眠河自北而南汇入长江。地理环境相对自成系统。这种独特的山水位置，养成了桐城派作家所独有的专心致志的品格，相对独立的地理单元，使他们能够潜心钻研，醉心于古人的道德、文章，并不断奋发追求。难怪桐城派大师姚鼐赞誉家乡“夫黄、舒之间，天下奇山水也。”(《刘海峰先生八十大寿》)清康熙年间的大学士张英酷爱龙眠山，晚年致仕回乡里，筑“双溪草堂”于龙眠山中，还说：“桐城山水秀异，二平湖潆洄曲折，生斯地者，类多光明磊落之士……”(《笃素堂文集·龙眠古文物集序》)这些都说明一个地方的山水自然条件对该地文化的形成会产生积极的影响。桐城家崇礼让，人习诗书，风俗淳厚，风气淳朴，正是在这一独特的环境中形成的。

3. 气候

气候温暖，降水丰沛，鱼米之乡，较为发达的物质文明为桐城派的形成奠定了雄厚的物质基础。

桐城的气候类型，属亚热带季风气候，降水充沛，气候温和。在清朝前后，全国气候属寒冷期，但桐城由于北有山地，阻挡了来自北方的冷气流；面临江湖，有利于夏季风的深入，相对来说气温较高，降水较多，气候仍是十分宜人。加之人们勤劳耕作，使这里成为鱼米之乡，江淮之间富饶之地。放眼世界，任何一种文明的起源总是建立在一定的物质文明的基础上的，桐城派是中华文明的组成部分，而桐城优越的自然条件，为桐城派文化的形成提供了坚实的物质基础。

4. 风景

风景如画，铸就桐城派文人热爱祖国大好河山的情怀。

姚兴泉的《龙眠杂忆》：“山不必其岱华也，水不必其河海也，苟为灵异所独钟，虽一卷一勺亦足志焉，环桐皆山也，而河流则自东北以旋绕西南若城垣，若关梁悉附以立风水，固秀绝人寰。”

“桐梓晴岚，练潭秋月，投子晓钟，孔城暮雪，浮山夕照，枞川夜雨，竹湖落雁，荻埠归帆”，这桐城八景早在明清就享有盛名。物华天宝，自然人杰地灵。自古以来，文人墨客多寄情山水，文学创作与山水风情结下不解之缘，而桐城风景如画，大大激发了桐城派文人的创作灵感和热情。家乡像诗一般迷人，难怪他们文思如涌，佳作连篇。

人文荟萃、积淀深厚的人文地理背景是桐城派独领风骚数百年的潜在因素：

移民后裔，用于创新，兼容并包，开宗立派；

尊师重教，人文荟萃，崇尚文学，文风醇厚；

桐城民间文学土壤肥沃，为桐城作家提供了营养；

桐城文人就职四方，文化传播扩散，使得桐城派走向极盛。

总论

总之，桐城之所以成为桐城派的发祥地，一是得益于优越的地理位置和秀丽迷人的自然生态环境，二是得益于人文荟萃的社会历史环境，三是得益于育才先育人的家庭教育环境，大批桐城派作家，都长久地生活在这片神奇的土地上，他们徜徉山水、登高吟咏、教书育人、开宗立派，在中国文学史上确立了自己的崇高地位。

地球遥想

王雪冰(PB07007321)

地球,这个人类共同的母亲,自古就充满神奇、神秘与神圣。过去,古人怀着敬畏又好奇的心态探索地球。寻访远古,触摸陈旧,我不禁惊叹于他们丰富的想象力及不倦的探索精神。从混沌到明晰,他们从未停止过前进的脚步……

混沌

在人类抵御和控制自然能力十分低下的原始蒙昧时期,人们对日月运行、星辰起落、电闪雷鸣等自然现象不能理解;对山崩海啸、火山爆发、洪水地震等自然灾害无法抗拒。于是只有崇拜天地,崇拜自然,崇拜与人对立的神秘自然力。于是神话产生了。

在中国,最早的神话是盘古拿着一把神斧"开天辟地",始有世界。又说盘古临死时口吐雾气变成风和云,死后左眼变成太阳,右眼变为月亮,血液成江河,四肢与身体成为大地的四极和五方山岳。随后又有了"女娲补天"和"后羿射日"的传说。再后来又有了"共工怒触不周山"的故事:共工与颛顼争帝,失败后一怒之下以头撞倒了支撑天地的四根柱子之一的不周山(今昆仑山),致使"天柱折,地维绝,天倾西北,地陷东南"。从此西北多高山,东南多平地,西高东低,江河东流。于是我国西高东低的地性特征便得到了解释。

这些神话,反映了我国早期先民对天地的理解及进取精神。

思辨

比神话走得更远的，是理性思考。在宇宙创生问题上，人们的思维逐渐脱离神话进入理性思考。在我国，关于“天”“地”最早的思辨性认识成果是《易经》。《周易·系辞》说：“易有太极，是生两仪，两仪生四象，四象生八卦。”《易》开宗明义把世界认为是物质的，并要求我们从“规律”“法则”的角度看待问题。《易》的思考源于天文。《周易·系辞上》有言：“是故天生神物，圣人则之；天地变化，圣人效之；天垂象，见吉凶，圣人象之；……易有四象，所以示也。”这里“天生神物”中的“神”字，在上古系指北斗七星。故《易》理所言，不同于神话，它是人类对自然与人的相互关系的一种理性思考。正因如此，在商周时代我国即已产生了“地体虽静而终日旋转，如人坐舟中，舟自行动，而人不能知”(《尚书》)这样先于西方数百年的地动说科学认识。

探秘

从混沌到思辨，古人对地球的探索从未停止。而“沧海桑田”的存在，应是我们古人想象并追问的高大而波澜壮阔的目标。

沧海因何深？山峦因何高？

沧海从来都是这样深吗？山峦从来都是这样高吗？

《周易》中就有“地道变盈而流谦”的说法，而在公元前五六百年成书的《诗经》中，更有“高岸为谷，深谷为陵”之句。

从高谷平地的流变，进而认识到海陆也会相互转化，沧海桑田之说便是我国古人用来表达这一思想的生动比喻，为中华民族所独有，它最早出现在晋朝炼丹术士葛洪所著的《神仙传》中。

葛洪在书中写道：“麻姑自言：‘接待以来，见东海三为桑田。向闻蓬莱，水乃浅于往者会时略半也。岂将复还为陆陵乎？’方平笑曰：‘圣人言海中行复扬尘也。’”

葛洪笔下的东海泛指我国东部海域。说到沧海桑田，我不禁想到了沈括。他是一个卓越奇特的人物，他总是细心地观察地理形势，将心得诉诸笔端写成美文，最后将其一生的收获写成巨著《梦溪笔谈》。

宋神宗七年，沈括在浙江东部查访，游览了今乐清县境内的北雁荡山。12瀑、46洞、61岩、102峰，可谓气象万千。他很快捕捉到了雁荡山峰与别处山峰的不同之处。这些山峰“皆峭拔险怪，上耸千尺，穷崖巨谷，不类他山，皆包在诸谷中。自岭外望之，都无所见，至谷中，则森然千霄”。《梦溪笔谈》认为此种山势的形成，是因为多少年前流水的冲击、剥蚀之故：“谷中大水冲激，沙土尽去，唯巨石岿然挺立耳。”大龙湫、小龙湫、初月谷、水帘等都是一些由流水经年累月地冲蚀而成的洞穴，于是奇观出现了：从山谷底部往上看，一处处峭壁似拔地而起；登上山顶俯视下界，各个峭壁又仿佛处于同一个水平面上。沈括又从雁荡山联想到西北高原上的千沟万壑：“今成皋、陕西大涧中，立土动及百尺，迥然耸立，亦雁荡具体而微者，但此土彼石耳。”现代地质学家同样认为，这样的地形均属流水侵蚀地形，沈括可谓先知先行者了。

《梦溪笔谈》中还有一段文字也极为精彩，其时沈括任河北西路查访使，在太行山岩石峭壁中的偶然发现，带来了一番石破天惊的议论：

> 予奉使河北，遵太行而北，山崖之间，往往遇螺蚌壳及石子如鸟卵者，横亘石壁如带。此乃昔之海滨，今距海东已近千里。所谓大陆者，皆浊泥所湮耳。尧殛鲧于羽山，旧说在东海中，今乃在平陆。凡大河、漳水、滹沱、涿水、桑乾之类，悉是浊流。今关陕以西，水行地中，不减百余尺，其泥秽东流，皆为大陆之土，此理必然。

沈括用太行山岩石中含有的螺壳化石，及通常海滨才有的磨圆度较好的卵石分布，判定如今离海千里之遥的太行山一带，过去是大海之滨。沈括进而用“尧殛鲧于羽山”的传说，说明原来屹立在海中的羽山，如今已在陆地了。由大海成为陆地的物质来源及输送途径，证实现在的华北大平原是由黄河、漳河等含沙量很高的浊流，源源不断地把泥沙送到海洋，并沉积而成的。沈括令人信服地论述了海陆更替中华北平原的形成，使沧海桑田说有了巨大的实证及科学基础。

从古至今，人们探索地球的脚步从未停止，然而在探索的道路上，我们更需谨记的是：地球是我们的母亲，是我们的家园！保护她或许比其他的更为重要，我们只有一个家园！

[1] 孙立广. 地球与极地科学[M]. 合肥：中国科学技术大学出版社，2003.

[2] 徐刚. 地球传[M]. 太原：山西教育出版社，1999.

[3] 杨槐. 地问：关于地球的千古之谜与地学创新[M]. 上海：上海辞书出版社，2004.

蒙尘的明珠
——民谚蕴涵的科学知识

邓欣(PB02000637)

在浸染了五千年文明的华夏大地上,曾经流传着许多脍炙人口的民间谚语,这些谚语充分体现了我国人民高度的智慧和高尚的品德。现在也许老人们有时还会说起,但是,随着生活节奏加快,越来越少人明白这些话的真正涵义。这就像一颗曾经璀璨夺目的珍珠,在岁月的沧桑中遮掩了它本来的光芒。让我们怀着虔诚的心情,小心地擦拭它,欣赏它重现的异彩。

关于风的谚语

风是最容易察觉的天气现象,所以关于风的谚语很多。

四季东风是雨娘。(湖南)

东风是个精,不下也要阴。(湖北枣阳)

温带及其以北地区的雨水主要由气旋引起。气旋的行动是自西向东的,在它的前部,盛行着东北风、东风或东南风。故气旋将到的时候,风向必定偏东。所以东风可以看做气旋将来的预兆。因为气旋是一种风暴,是温带区雨的主要因子,所以我们看到吹东风,便知是下雨的先兆了。

东南风,燥松松。(江苏江阴)

五月南风遭大水,六月南风海也枯。(浙江、广东)

五月南风赶水龙,六月南风星夜干。(广东)

春南风,雨咚咚;夏南风,一场空。(江苏、无锡、湖北钟祥)

六月西南天皓洁。(江苏无锡)

六月起南风,十冲干九冲。(湖北)

“天皓洁”指天气晴好；“冲”指山冲，山间的平地。“十冲干九冲”意思是十个山冲就干掉九个，旱情十分严重。

这是流行在东南沿海各省的夏季天气谚语。东南风是从海洋来的，为什么又会干燥起来呢？我们知道，雨水的下降，一方面固然要有凝雨的物质——水蒸气；同时，还要有使这些水蒸气变成云雨的条件。这个条件，在东南平原地区的夏季，就要靠热力的对流作用或两支不同方向的气流之间的锋面活动来实现。

热力对流的发生是由于地面特别热，地面空气因热胀冷缩而向上升腾，这样把地面的水汽带到高空变冷而行云致雨的。但是如果风力太大，地面空气流动得太快，就不可能集中在地面，受到强热的作用，也就不可能使地面水蒸气上升。还有在单纯的东南风中，由于它发源地的高空下沉作用，往往有高空反比低空暖的现象。这样，地面的空气就难于上升了。所以东南风里虽然有很多水蒸气，但还是不可能行云致雨的。夏天没有云雨，自然天气很热了。

其次，讲到锋面活动。锋面是两支不同气流的冲突地带。一支气流比较冷重，另一支气流比较轻暖，这两支气流相遇，轻暖的只有上升。于是，就把地面水蒸气带到高空去而行云致雨了。现在地面只有一支东南风，表明并无其他偏北气流来与它发生冲突而形成锋面，所以水汽便不能上升而发生云雨了。

一日东风三日雨，三日东风一场空。（广西贵县）

一日东风三日雨，三日东风九日晴。（湖北武昌）

一日东风三日雨，三日东风无米煮。（广西）

“无米煮”是因天旱无雨的结果。气旋是自西向东移动的，它的前部是东风，但吹了不久，因为气旋前进的关系，就转成别的风向了。所以东风只吹一日，或者不到一日，就转了风向，表示是气旋要逼近的现象，所以可能下三天雨。如果东风连吹三日而不歇，表示西方没有气旋逼近，所以本地方没有雨。

西风夜静。（江苏南京、山东临淄、河北）

恶风尽日没。（《农政全书》）

强风怕日落。（江苏无锡）

除赤道以外，高空基本上都是西风。而且越是晴天，高空西风越盛行。在高气压之下，地面很热，白昼对流盛行，地面气流上升，同时高空气流下沉。由于高空气流是自西向东流动的，它下了地面，由于惯性作用，仍旧维持它原来的西风方向，这样在地面上白昼就盛行着西风。可是到了夜间，因为天空无云，地面冷却的缘故，地面气层凝着不动，所以风力极小，成了白昼西风夜间静的现象。

恶风指大风，后两句话的意思是大风在落日时就静止。这种风的来历，和“西风夜静”相同。

夏至西南，十八天水来冲。（安徽怀远）

夏至打西南，高山变龙潭。（湖北黄岩）

夏至西南没小桥。（江苏苏州）

梅里西南，时里潭潭。（《农政全书》）

夏至起西南，时里雨潭潭。（江苏无锡、湖北黄岩）

夏至在阳历 6 月 22 日，长江流域正是梅雨季节。梅雨怎样形成的呢？据研究的结果：因为春末夏初，北冰洋解冻，寒流挟冰南下，于是日本海和它北面的鄂霍次克海，特别寒冷，鄂霍次克海上的冷空气就堆积成一个高气压，我国东部位于高气压的西南，因此盛行着东北风。这时候，如果有热带洋面来的西南风吹到，那就极易在长江流域形成锋面，发展出气旋而致下雨。加上西太平洋副热带高压非常稳定，所以这个锋面上的气旋源源产生，发生绵绵不断的降水。按此，夏至时期的西南风，是组成梅雨锋上气旋的一个条件；西南风来了，大雨就到。但是要注意，仅有西南风而没有东北风，就没有锋面出现，所以未必会下大雨。

关于云雾的谚语

云是悬浮在高空中的密集的水滴或冰滴。从云里可以降雨或雪。对天气变化有经验的人都知道：天上挂什么云，就有什么天气，所以说，云是天气的“相貌”，天空云的形状可以预兆短时间内的天气变化。云是用肉眼可以直接看到的现象，所以关于它的谚语最多，也比较符合科学原理。

雾也是悬浮在高空中的密集的水滴或冰滴。从存在的实体讲，雾和云并没有差别。但从它们形成的原因和出现的环境来看,却是两回事。雾层的底是贴紧在地面上的,可见成雾的空气层没有经过上升运动,水汽凝结所必需的冷却过程是在安定于地面的空气层内进行的。这表示有雾的天气,大气层是稳定的,和成云的大气层不稳定性恰恰相反。最后演变出的天气,也是相反的。有云的天气主阴雨,有雾的天气基本上是晴好的。同样,雾也是肉眼可见的现象,所以关于雾的谚语也不少。

清晨雾浓,一日天晴。(河北滦县)

十雾九晴。(河南商丘)

一雾三晴。(河北威县)

迷雾毒日头。(江苏常州)

早起雾露,晌午晒破葫芦。(河北沧县)

早上的雾,是昨夜地面辐射散热的产物,因为一夜过后,天朗气清,地面热力通畅发散,致使地面层空气内的水蒸气变饱和而凝成雾滴。可见是天气先晴了,然后才有雾的。早上是一昼夜间最低温度发生的时间,温度既然最低,所以这时候的雾也最浓重。再加上太阳一出,由于紫外线对于空中氧气的照射,使一部分氧气变成了臭氧。这微量的臭氧会使空中许多微尘(大多是燃烧的产物,像二氧化碳、二氧化硫等)加强吸水能力,因此,早上的雾幕较浓。但是,太阳升高了,热力加强了,地面变得太热,下层空气就要上升,因此雾滴就消散。这样看来,早上雾的临时加浓,也是天空无云,天气晴朗的结果。

大雾不过三。(湖南)

大雾不过三,过三,十八天。(河北)

三日雾浓,必起狂风。(呼和浩特)

凡重雾三日,必大雨。(《帝王世纪》)

雾的种类很多,各种雾的成因也不相同。但是,可以称作大雾且可连续发生三天之多的,大致是辐射低雾、海性雾,或者是热带气流雾。

辐射低雾发生在高气压中心的晴好天气之下,故有低雾之日,昼温很高,温度高则气压低。若天气连续晴好三四天,本地气压必大量降低,于是别地方的气流就会向此地吹来,从而天气发生变化。

大雾如果发生在海洋气流中叫做海性雾。因为这种气流来自海洋,所以特温暖,湿度也特大,接着会使本地气压逐渐降低而发生天气变化。

秋冬时节,常有热带气流吹到北方来。因为这时候地面冷,所以贴近地面的空气也变冷而有雾出现。这叫做热带气流雾。热带气流盛行了三四天,本地必定暖湿非常,气压也变低了,接着天气就发生变化了。

雾起不收,细雨不休;雾起即收,旭日可求。(浙江义乌、江苏无锡)

雾一般出现在晴朗的夜晚。在正常的情况下,日出之后,随着太阳的升高,雾就会慢慢地散去,出现“旭日可求”的好天气。若是日出之后,不见雾散,很可能在雾的上空有云存在。这时,雾就可上升与云连成一体,使云的厚度加大,而导致连绵细雨。

天低有雨,天高旱。(呼和浩特)

所谓天的高低,实是云的高低。云是地面气流上升把水汽带到高空凝成的。空中水汽多,空气不要上升很高,云就凝成,像气旋中心地区的云就是很低的。气旋区内所以多雨,是因为空气有上升运动,同时还带着很多的水蒸气的缘故。反之,如果空气很干燥,上升气流必定要升到很高的高度,才能成云。如果上升气流的上升力量不够,那么根本没有云出现,天空就更高了。所以天高表示水汽贫乏或上升很弱,这是反气旋的情况,所以少雨而干旱。

今夜日没乌云洞,明朝晒得背皮痛。(江苏常州)

太阳落下去的西方有乌云,是碎块的,不是成层的,这种云是西方地区由于当天的热力对流而引起的,到黄昏时分就要消失。不像气旋里的云,成系统地漫布全天。所以这种分碎的云,不是未来天气下雨的预兆,而成为晴朗天气、阳光强烈的预兆。

关于雷电的谚语

所有的雷鸣电闪,都是在雷雨云里发生的。

南闪火门开，北闪有雨来。（浙江）

南闪千年，北闪有雨来。（浙江，《田家五行》）

南闪半年，北闪跟前。（江苏常熟、无锡）

电光西南，明日炎炎。（浙江义乌，江苏常熟、无锡）

电光西北，下雨涟涟。（同上）

东南方向闪电晴，西北方向闪电雨。（湖北应城）

南闪晴，北闪雨。（广东）

这几句所讲的闪电，是发生在冷锋上的，称为冷锋雷雨或飑线雷雨。冷锋位于北来冷气团的前锋，从北向南行动。看到雷电发生在北方，可见冷气团将跟着冷锋自北向南而来，所以“北闪有雨来”。如果看到电闪发作在南方，它必定再向南去，不再北来。这时在本地方盛行着的是干燥而清洁的北方气团，刚到时比较冷些，但是因为天晴无云，阳光强烈，温度是会很快升高的，所以说“南闪火门开”。

顶风雷雨大，顺风雷雨小。（浙江黄岩）

逆阵易来，顺阵易开。（江苏苏州）

“阵”就是雷阵雨，逆和顺是依雷阵雨的行动方向而定的。譬如雷阵雨从西向东走，本地吹着东风，和阵雨相逆，这叫做“逆阵”；反之，如果本地吹着西风，和阵雨的行动方向一致，这叫做“顺阵”。雷雨是从雷雨云下来的，雷雨云发展的方向才是雷阵雨将到的方向。雷雨云的发展，必须有对它相向的地面气流来支持它，供给它必要的水汽，所以对它吹的逆阵风，实际就是供养它发展的风。既然东方是供养它的气流的来向，所以它向东方发展，就是逆阵易来的道理。如果本地吹着西风，这种风是高空下沉的风，下沉风比较干燥，云块碰到它是要蒸发消失的，所以说顺阵易开。即使不是下沉风，雷雨云也将顺着风东去，不再回到这里。

未雨先雷，船去步归。（崔实《农家谚》）

雷公先唱歌，有雨也不多。（江苏无锡、常熟，湖北阳新，浙江义乌）

先雷后雨，下雨不过瓢把水。（广东）

先雷后雨，当不到一场露水。（广东）

先听到雷声，然后下雨，这是热天的地方性雷雨。由于局地热力对流所造成的雷雨云，仅仅掩蔽天顶，四方地平还是空空的。由于它范围很小,生命短促,所以雨止之后,仍旧是青天烈日,地面雨水立即晒干。假如乘了船出去,也可以步行归来。

上面所谈到的雷雨云是在本地生成的,即使不在天顶,也在附近地区的上空。当我们听到雷声时,那里可能已在下雨了。由于局地热力对流造成的雷雨云,维持时间短,雨区范围小,再加上雷电与降水消耗了云中空气的能量,使云中空气的上升对流运动逐渐减弱。等到雷雨云移到本地上空时,它已近于消失,即使有雨也不大了。

关于彩虹和其他天象的谚语

太阳、月亮和各星体的光辉,在人的眼睛看到之前,先要通过大气层,遭受过大气中各种成分的反射、折射、散射、绕射和吸收等作用。这许多种作用所表现的征象,随大气的组织形态和物理性状的变化而不同,所以天空中光学景象的变化,直接反映着大气组织形态和物理性状的变化,这就是天气的变化。关于观察天空景象来推断未来天气的谚语,确实不少。

日出早,淋坏脑;日出晚,晒煞雁。(湖北钟祥、江苏常熟)

早出日,不晴天。(南京)

反气旋下天气晴朗,无风无云,夜间地面散热通畅,温度下降很快,而高空反而比较温暖,空气上暖下冷,气流稳定在地面,所有雾滴尘埃也沉在地面,不能向上发散。日出之时,地面温度最冷,雾滴尘埃凝集最浓,太阳就给这层雾尘掩蔽,所以太阳刚上地平时,我们看不见太阳,要等到太阳升高,地面受热,密聚低空的雾滴尘埃,已经消散,才能看到太阳,所以晴天的太阳出来要迟些;反之,在气旋等恶劣天气来临之前,风力强大,水汽尘埃不会聚集在低空,太阳刚出地平,我们就可看到。所以,太阳显露得早,就不是晴天的预兆。

早霞有雨,晚霞晴。(湖北)

朝霞不出门,暮霞行千里。(《田家五行》)

朝烧莫洗衣裙,晚烧明日天晴。(青海西宁)

早起烧霞,等水烧茶;晚上烧霞,热得呀呀。(河北保定、四川重庆)

朝火烧天,必定没晴天。(河北正定)

朝烧连阴,晚烧晴。(浙江象山、青海化隆)

红云日初生,劝君莫远行;红云日没时,清朗犹如水。(河北)

日出日落的太阳光是红色的,这种红光照到云上,就成红云,这就是红霞。早上太阳在东方,如有红霞,多在天顶或西方,这就是说,天顶或西方有低云出现。天气变化总是自西而东的,这种低云必定是慢慢向本地接近的,可见雨天即将到来;反之,晚上太阳在西方,如有红霞,多在天顶和东方,那么,这种成霞的低云,将继续向东去,离本地渐远,如有雨下,也下不到本地,所以天气是晴朗的。

东虹日头,西虹雨;南虹北虹卖儿女。(浙江、河南开封、河北正定)

东虹萝卜,西虹菜,起了南虹遭水灾。(山西临汾)

东虹轰隆,西虹雨。(江苏)

东背晴,西背雨。(四川铜梁)

早虹雨滴滴,晚虹晒破脸。(河北)

朝虹满江水,夜虹草头枯。(广东)

朝虹晚雨,晚虹晒烂牛栏柱。(广东)

朝虹雨洒洒,晚虹晒裂瓦。(广东)

有虹在东,有雨落空;有虹在西,人披蓑衣。(江苏无锡、浙江义乌)

彩虹的发生是由于日光射进浮在空中的水滴而造成的。因为光线在空气中的传播速度大于在水中,所以发生光线的折射现象。水滴内部的反射,可以不止一次,有连续几次的。又因为组成白光的各种不同波长——红、橙、黄、绿、青、蓝、紫的性质不同,经过这几次的折射和反射,把白色光分散了,成为不同颜色的光,表现出各种不同色彩,所以人在地面上看来,就成美丽的光环。虹出现的方位和太阳相对照。暮虹就是东虹,朝虹就是西虹。虹见于东,可见暴雨正下于东方;虹见于西,也就是暴雨正下于西方。因为在温带的天气变化,总是发生于西方,再传到东方的,所以成东虹的雨,已不再来本地;只有成西虹的雨，才是本地降水的前兆。

天空现象的位置，常用角度来计量。从东方通过天顶到西方的一个半圆就是 180 度。从地平到天顶，就是 90 度。虹半径的视角大约是 42 度。它的中心，必定在太阳和人眼的连线上。很显然，太阳高出地平线的角度，必定和虹弧中心低于地平的角度相等。所以只有太阳近地平的时候，半圆的虹方能全见。太阳愈高，虹头就愈低。因为虹半径的视角是 42 度，如果太阳高出地平 42 度以上，在寻常环境之中，即无虹可以看到。正午前后，所以不见虹，就是因为太阳太高的缘故。

所说的南虹北虹，只有在正午方有可能看到。在赤道附近，南北回归线（北纬 23.5 度～南纬 23.5 度）之间，太阳几乎全年在天顶，故决无南虹北虹出现的可能。但是到了纬度 40 度以上，在冬天，太阳正偏南最低之时，北虹就易看见了。因为在北纬 40 度的地方，冬至的太阳高出地平，只有 26.5 度，已低于 42 度，所以这时北方如有阵雨，地平线上就可看到虹头。冬天照例应是干燥少雨的（就我国而言），如有北虹出现，显见这时可下暴雨，而这个冬天必定是湿热多变的。这样的反常天气，对人类生活上和农作物都是不利的，所以是不吉之兆。在我国的地理位置，除厦门以南的地方外，太阳绝不会到天顶以北去的，所以不可能有南虹出现。

民谚，是我国劳动人民智慧的结晶。在祖先的遗产面前，我们感到富足，又不禁惶恐，面对这样的智慧和璀璨的文化，怎能眼睁睁地看它渐渐蒙尘？我们应该将它们保护起来，让它们重见天日，让它继续发挥功用。这是我们义不容辞的，也是我们力所能及的。

《山海经》中藏宝库

叶秋健(PB04007128)

《山海经》是我国古代一部内容丰富、风格独特的地理巨著，包含了历史、地理、民族、神话、宗教、生物、水利、矿产、医学等诸多方面，与《易经》一同被称为我国历史上两本地理奇书。《山海经》的作者与成书年代，众说纷纭，东汉刘秀《上山海经表》中，认为该书出于唐虞之际，系禹、益所作，但后来北齐《颜氏家训·书证篇》，据《山海经》中有长沙、零陵、桂阳、诸暨等秦汉以后的地名，认为绝非是禹、益所作。自《山海经》编成以来，因为内容奇特引起误解，被视为荒诞之作，长期归于小说之列，没有引起人们足够的重视，以至于佚失甚多。《山海经》的今传本为18卷39篇，其中《山经》(又称《五藏山经》)5卷，包括《南山经》《西山经》《北山经》《东山经》《中山经》;《海内经》《海外经》8卷;《大荒经》及《大荒海内经》5卷。其中《五藏山经》以叙述各地山川物产为主，是全书中最为平实雅正，也最具有地理价值的部分。

《山海经》中所述“戈矛之所发也，刀铩之所起也”，强调了矿产资源的重要性，也暗示了当时铜铁矿的主要用途——战争。同时其又写到“出铜之山四百六十七，出铁之山三千六百九十”，虽然这些数字只是概括性的叙述，但却说明了华夏大地矿藏的丰富，也说明我们的祖先对矿产资源的分布情况已经有了相当的了解，只是由于当时的生产力水平及生产关系的局限，并未形成科学的体系。

事实上，古人对矿产资源的了解并不仅限于它的分布情况。《山海经》的作者记述了一百余种矿产，并根据当时的认知水平及金属的颜色、质地将金属矿藏分为金、石、玉、垩四类，另外还总结了各种找矿的有效经验，如不同矿产分布的“阴阳”关系。《西山经》载“符禺之山(今陕西华县西南),其阳多铜,其阴多铁”,“泰冒之山(今陕西肤施),其阳多金,其阴多铁”。《中山经》:“荆山(今湖北南漳县)其阴多铁,其阳多赤金”;“密山(今河南新安县)其阳多玉,其阴多铁”;《北山经》:“其上多漆,其下多桐、椐;其阳多玉,其阴多铁。”从这些记述中我们可以发现,多铁的都是山的阴面,也就是说古人已经注意到矿藏的分布情况是与埋藏地点的地理特征相联系的。这是一种巧合吗?或许不是,古人要比我们想象的聪明得多,也许他们已经从找矿实践中总结出了一些矿藏分布的规律了吧。事实上,我们的祖先山顶洞人就在使用铁矿石制成的红色颜料(Fe_2O_3,赤铁矿),广泛用于文身等社会活动或巫术活动中,以及制陶、染丝、染皮革上。

古人通过开采实践总结出来“其上多金玉,其下多青雘”,也就是两种相关的矿藏往往蕴藏在一处,依据上下位置的分布可以相互推测,又如“其上多玉,其下多铜”等等。对于产生于河流中的矿藏,多先叙述其水,而后可知其水中如何如何,如“丹水出焉,东南流注于洛水,其中多水玉”。

古人的智慧是不容我们低估的,以上关于矿藏储藏的经验是古人通过开采实践总结出来的,让现在矿物学者感到非常好奇。《山海经》中还有对各种金属性质的描述,虽然不尽如人意,但就当时科技发展水平来说已是难能可贵了。

《山海经》中的记录多以颜色、纹理来命名矿物的。“五色金也,黄为之长,久埋不生衣,百炼不轻,从革不违”,说明“金”只是各种含金矿物的统称。事实上金矿确可细分为黄金、赤金、白金三种,因为黄金为较纯的金矿,所以“为之长”,是金矿开采的首选,而金矿中含有银、铜的就分别称为白金、赤金。

《山海经》中关于银矿的描述中似乎只提到“赤银”,而铜矿中有蓝铜矿,世称芘石、紫石、蓝玉等。值得注意的是,古人所谓的欲火清碧,事实上可能多为含铜的矿石,例如“虎山其阳多玉”,而据勘察其为铜矿。《山海经》中关于铁矿的描述较少,而对锡矿的分类则包括了赤锡、白锡两种。虽然古人意识到了由于矿物成分和品位的不同呈现不同的颜色,但他们主要将这一经验用于找矿,没有进一步深入研究而发展出现代化学,实在是一大遗憾。

《山海经》不仅有对金属矿产相关的描述，对非金属矿产的认识和应用也已达到较高的水平。《山海经》中有对大理石资源的记载，如“岷山其下多白珉”。我国是世界上煤炭资源最丰富的国家之一，也是世界上最早利用煤的国家。《山海经》中有了煤的记载，并称煤为“石涅”，《西山经》“女床之山，其阳多赤铜，其阴多涅石”，《中山经》“岷山之首，曰女几之山，其上多石涅”“又东一百五十里，曰风雨之山，其上多白金，其下多石涅”。据有关专家考证，女床之山、女几之山、风雨之山，分别位于今陕西凤翔、四川双流、什邡和通江、南江、巴中一带，这些地区均有煤炭产出，证明《山海经》的记载基本是正确的。

《山海经》在对矿物进行描述的同时还指出了其产地，书中金矿共出现 144 处，银矿出现 2 处，铜矿出现 36 处，铁矿出现 34 处，锡矿出现 5 处，玉出现 110 处，又有白玉 12 处，水玉 7 处，苍玉 9 处。《中山经》中发现的产地最多，可能因为其位于京城附近，发现较早，开采较易，了解也更深入的原因吧。此外，《西山经》中的新疆地区和《东山经》中的山东半岛也有为数不少的矿藏，前者以玉为最多，几乎遍及瑰江之山等名山，为古来传说产玉的名区。新疆为羌族的发源地，又是封禅的圣地，尤其玉与黄帝的神话更有密切的联系，而山东半岛附近是夷族活动地区，说明矿产的发现与开发和人类活动不无关系。虽然这些记录并不完整，对矿藏量的多寡，含量的精纯等，也缺少科学的分析，但就当时的科学技术水平来说这已经相当不错了，算得上是一份极为珍贵的藏宝图了。

由于《山海经》在长期流传过程中产生了大量的字句错讹，加上《五藏山经》所记述的当年地貌景观也发生了巨大的变化，加上地名的变更和不同时代的观念代沟和语言文字所承载信息的变换，今天人们已经很难看懂《山海经》了。今天绝大多数人不但不知道《山海经》是中华民族第一历史宝典，反而将《山海经》视为荒唐不可信的可有可无的怪书。其实不然，《山海经》对中华民族的影响是深远而广泛的。在翻读《山海经》时，你可以感觉到自己正在超越时空的限制，神游于古代世界，经历奇山异水，了解古代矿藏的分布和各种奇人怪事等等，你会有一种无法用语言表达的激动。

撰写《中国科学技术史》的英国人李约瑟说过："《山海经》是一个名副其实的宝库，我们可以从中得到许多古人是怎样认识矿物和药物之类物质的知识。"帝禹时代国土资源考察活动的成果被基本完整地保存在《山海经·五藏山经》的文字中，从这个角度来讲，如果埃及的金字塔是一种人类文明活动的信息聚集物和物质载体，那么《山海经》也具有同样的价值。它是记录中华民族文明起源和发展的最珍贵的历史典籍之一，是与金字塔、兵马俑同样重要，同样有价值的人类文化遗产，那是来自远古的信息，我们有必要仔细倾听。

诗经地理　古色家园

戴虎(PB03013045)

黄河中下游流域是我国文明的发源地,也是历史时期人类活动最频繁、自然环境变化最大的地区之一。在周代前期,多数封国都分布在这一带,这一时期是人们大规模地改造自然的开始。历史研究表明,在周代前后这里气候发生了显著的变化。这一时期产生的《诗经》记录了从西周到春秋时期人们的生产生活状况和社会风貌,也留下了珍贵的关于自然环境的资料。作为我国现实主义诗歌的源头,《诗经》的写实性不会逊色于历史典籍。其中《国风》是来自民间的民歌,它的每一首,在表现主人公真切情感的同时,也展现给我们一幅幅也许现在再也无缘欣赏到的优美图卷。先不妨来读几句:

蒹葭苍苍,白露为霜。
所谓伊人,在水一方。

——《秦风·蒹葭》

采采卷耳,不盈顷筐。
嗟我怀人,置彼周行。

——《周南·卷耳》

参差荇菜,左右流之。
窈窕淑女,寤寐求之。

——《周南·关雎》

本文主要参考并整理《国风》中的记载,同时也有对相关资料的参考和借鉴,主要考察周代的自然环境,同时也有与其前后时期的比较,意图再现当时的自然风貌,并看出这段时期前后自然条件的变迁。

纵览《国风》,稍加整理,得到了下表。事实上周代诸国产生和存在的时间不一，《国风》也不是在同一时代产生，而是跨越了从西周到春秋的几百年时间，本文在时间上不作详细区分。先简要了解一下周代诸国的历史和地理位置，有助于我们研究自然环境在地理上的布局。

地域	植物	动物
周南	荇菜、卷耳、芣苡、乔木、灌木、桃	黄鸟、雎鸠
召南	蘩、蕨、薇、棠梨、梅、桃、李、苹、葭、蓬、唐、棣	鹊、鸠、麇、驺
邶	柏、菲、荑、葑	燕、雉
鄘	茨、唐、麦、葑	鹑、鹊
卫	绿竹、桑、箨、芄兰	狐
曹	梁、桑、榛、梅、棘、黍	蜉蝣、维鹈、鸤鸠
桧	苌楚	羔、狐
陈	枌、栩、杨、梅、苕、株、蒲、荷、蕳	鲂、驹、鲤、鸮、鹊、鹝
秦	漆、栗、桑、杨、梅、蒹葭、棘、苞栎、苞棣	狐、黄鸟、六驳
唐	枢、栲、漆、榆、杻、栗、椒、杕、葛、苓、苦、葑	羔、豹
郑	杞、芍药、蔓、桑、檀	鸨、凫、雁
魏	桑、莫、藚、葛、桃、棘、檀、禾、黍、麦	貆、鹑、鼠
王	麦、李、葛、黍、稷、麻、艾、蒲、萧、蓷	兔、鸡、羊、牛、雉
齐		狐、鸡、鲂鳏、猗
豳	桑、苇、稻、荼、菽、葵、柯	貉、狐狸、鸱鸮、仓庚、鳟鲂、狼跋

“召南”在江汉汝水一带，其余都在黄河流域。

武王进入商都，分商的畿内为邶、鄘、卫三国，以邶封纣子禄父（即武庚），鄘、卫则由武王之弟管叔鲜、蔡叔度分别管理，合称三监（一说管叔监卫、蔡叔监鄘、霍叔监邶）。周的大规模分封是在成王及其子康王（名钊）的时期。据传周初所封有七十一国，其中与周王同为姬姓的占四十国。文王之子分别封于管（今河南郑州，早灭）、蔡

（今河南上蔡西南）、霍（今山西霍县西南）、卫（今河南淇县）、毛（今地未详）、聃（今湖北荆门东南）、郜（今山东成武东南）、雍（今河南修武西）、曹（今山东定陶西）等，武王之子封于晋（始封在今山西翼城西）等，周公之子分别封于鲁（今山东曲阜）等，召公之子则就封于燕（今北京）。

周东迁后，实力大为削弱。全国处于分裂割据的状态。见于《左传》的大小国家有一百二十多个。其中以姬姓者最多，有晋（在今山西侯马）、鲁（在今山东曲阜）、曹（在今山东定陶）、卫（先在今河南淇县，后迁至今河南濮阳）、郑（在今河南新郑）、燕（在今北京）等，姜姓国有齐（在今山东临淄）、许（在今河南许昌），妫姓有陈（在今河南淮阳）等。

森林

《国风》中提到了许多乔木名，有榛、栎、檀、杨、榆等落叶乔木，也有栲、柏等常绿乔木，说明这一带自古就有天然森林。《唐风·山有枢》记载“山有枢，隰有榆”“山有栲，隰有杻”“山有漆，隰有栗”，可见当地森林茂盛。《秦风·小戎》记载梁山（今陕西韩城、黄龙一带）有森林覆盖，《山海经·五茂山经》载今陕北、陇东等山地拥有多种树木，还有竹类。《卫风·淇奥》“瞻彼淇奥，绿竹猗猗”展示了当地美丽的竹林风光。

根据《国风》中提到的树木（主要为乔木）可以大致得出森林的分布情况：

周	邶	曹	陈	秦	唐	卫
常绿乔木	常绿乔木	落叶乔木	落叶乔木	落叶乔木	常绿/落叶乔木	竹

作为最早开发的地区，这里在当时已经可见砍伐森林的活动，如《魏风》“坎坎伐檀兮，置之河之干兮”，《豳风》“伐柯如何？匪斧不克”。而当时人口密度仍然较小，天然植被仍然相当完好。《左传》记载，宋、郑两国之间还有“隙地”存在，可见垦殖范围还不大。到春秋后期，“隙地”大大减小。战国时代，这里成为人口较多的地区，加速

了森林开采，以至于“宋无长木”了。而现在这一带已经找不到森林的痕迹了。

开垦区

周代时田地已得到广泛开垦，各种农作物包括黍、麦、稻、稷、麻等，都已经广泛种植。《王风·黍离》“彼黍离离，彼稷之苗”，《丘中有麻》“丘中有麻，彼留子嗟”，《魏风·硕鼠》“硕鼠硕鼠，无食我黍”，《豳风·七月》“九月筑场圃，十月纳禾稼”等，极具田园生活气息，展示了当时人和自然和谐相处的画面。农作物种植状况如下：

鄘	曹	魏	王	豳
麦	黍、梁	禾、黍、麦	黍、麦、稷、麻	稻

草地、疏林

农作物用地可能来源于对草地、荒野甚至林地的开垦，但可以看到还存在广阔的草场、疏林等尚未开垦的地方。荑、葑、菲、蘩、蓬等草本常生长于草地、山坡、疏林、路边，是这一植被区域的特征植物。由于地形、气候等条件不同，即使都是草地，也会表现出不同的景观。国风中的草本名多种多样，基本上各地都有，种类不一，也是这种多样性的体现。《邶风·静女》“自牧归荑，洵美且异”，《召南·野有死麇》“野有死麇，白茅包之”，说明了草原、荒地的存在，这一区域正是雉、兔、貉等动物的天然生长环境，也是人们采集、捕猎的场所。这类植被的主要分布区包括邶、卫、鄘、桧、唐、王。

湿地

狭义的湿地通常是指沼泽地或浅湖等湿润地带，古人称“沼”或“泽”，蒲、苇等好水草本喜多水环境，湿地是这些植物生长的优良场所。豳风“七月流火，八月萑苇”，陈风“彼泽之陂，有蒲与荷”，王风

“绵绵葛藟，在河之浒”，可见古代湿地环境分布是很广的。湿地的主要分布区在周、召、陈、秦、王、豳。

气温

从植被的分布状况不难推出这一带的冷暖情况。比如可食用的蕨类植物多分布在比较湿润的温暖地带，现在的长江流域较多。其中紫萁只在秦岭以南的暖温带。《国风》中写到蕨的只有《召南》，而事实上“召南”在江汉汝水一带，位置偏南，其余都在黄河流域，这是符合事实的。

《国风》中多有写“梅李桃杏”的，这些植物都喜欢比较温暖的气候，如果能在这一区域生存，已说明当时的气温比较温暖。如《秦风》中写梅“终南何有？有条有梅”。终南山在西安以南，梅是亚热带植物，现在这些地方已经早不能生长梅树，北宋苏轼就有“关中幸无梅”的句子，这表明当时气温比现在要高。又如前面说过《卫风・淇奥》中“瞻彼淇奥，绿竹猗猗”，展现了竹林在这里分布，而现代竹类大面积生长不超过长江流域，检查黄河下游和长江下游的月平均温度和年平均温度，发现正月平均温度低 3～5℃，年平均温度低 2℃，从而不难推断当时的黄河流域一带温度比现在高多少。根据前面的植被分析，有的地区覆盖有以柏、栲为主的常绿林，杂生有桑、榆、漆等，也说明气候温暖，大约相当于现在浙江省中南部的气候，年平均温度高出 2～3℃。

当时人捕捉的野兽中有獐、貉等，如“野有死麋，白茅包之”。獐现在只分布在长江流域的沼泽地带，而当时似乎是很普遍的一种动物，这同样证明当时气候温暖。

周	邶	卫	桧	陈	秦	唐	郑	魏	召	豳
温暖	寒冷	温和	偏寒	温暖	温和	温暖	偏寒	温暖	温暖	偏寒

当然也有寒冷的情况。《豳风・七月》大约是西周初期作品，“八月剥枣，十月获稻。为此春酒，以介眉寿”反映了当时气候的严寒。《邶风・北风》“北风其凉，雨雪其雱”，也反映了当时寒冷的天气。

邶、鄘、卫、豳等地气候寒冷可能有两个原因：首先这几个地方位置居北，多刮北风，容易受寒流侵袭，因此温度偏低。邶风中多次写风，如《谷风》“习习谷风，以阴以雨”，《终风》“终风且暴，顾我则笑”，原因在于其北面少森林，多草原，无遮挡，风可长驱直入。虽然北面也有以柏为主的森林分布，但当时人们已经在砍伐它作木材用了。如《柏舟》“泛彼柏舟，亦泛其流”。这可能也会减弱森林的防护能力。再者，研究表明周前期长江流域、黄河流域都经历了一个短暂的寒冷期。《竹书纪年》载周孝王七年“冬，大雹，牛马死，江汉俱动”，到春秋后期气候才又转为温暖。

水状况

生物生存环境中，水是重要因素，由生物分布也可以得出一个地方的干湿状况。如蕨喜欢湿润环境，蒹葭（苇）、蒲分布于河滩、沼泽，蘋在水中，这些都是湖河沼泽等水环境的特征植物。从《国风》中多次写到这些植物，可以看出当时这一带普遍湿润的特点。《豳风》中写到貉，而貉喜欢栖于河湖，可见当地有河湖等水环境。同样，《豳风》中也写到当地植稻，稻是适应水的农作物，印证了这一点。《周南·关雎》中有“参差荇菜，左右流之”，荇菜是长在水中的，且需要清洁干净的水，可见当地除了有水，而且水质也很好。

也有偏干的地方。栗适于生长在干燥的砂质土壤，《唐风》《秦风》中都写到了，可见当地有比较干旱的环境，同时《唐风》中有茯苓，茯苓是生长在松树根上的一类真菌，而松树适应干旱环境，也证明了这一点，《唐风》中还有写榆，榆同样是一种适于干燥环境的植物。

周	邶	卫	曹	桧	陈	秦	唐	郑	魏	王	召	豳
水好	有水	有水	偏干	有水	有水	偏干	较干	有水	偏干	较干	湿润	湿润

当时黄河流域普遍湿润，首先因为当时存在许多古湖泊，如荥泽、巨鹿泽等，也有一些古河流，如《邶风》《卫风》中多次写到的淇水、隰水：《卫风·氓》“淇水汤汤，渐车帷裳”“淇则有岸，隰则有泮”。

降水也丰富，有《郑风·风雨》为证：“风雨如晦，鸡鸣不已。”另外，当时也已经开始人工修池引泉，《大雅·皇矣》："我泉我池，度其鲜原。居岐之阳，在渭之将。"这也是水源条件比较好的原因。

诗总是能给人一种味道，感性地读《诗经》，我们欣赏着其美且生动的情境；理性地读《诗经》，我们琢磨着古人所生存的真实天地，惊叹于它展现于我们眼前的原色原味的地球。想想现在的环境问题，我们忍不住追问，人类最终追求的家园在哪？

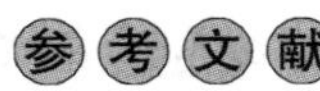

[1] 王育民. 中国历史地理概论[M]. 北京：人民教育出版社，1987.

[2] 中科院《中国自然地理》编辑委员会. 中国自然地理：历史自然地理[M]. 北京：科学出版社，1982.

[3] 赵建成，吴跃峰. 生物资源学[M]. 北京：科学出版社，2002.

春江水暖鸭先知

刘雪松(PB02207068)

记得小学语文课本上有一首苏轼的《惠崇春江晚景》(第一首):

竹外桃花三两枝,春江水暖鸭先知。

蒌蒿满地芦芽短,正是河豚欲上时。

读到诗中的第二句“春江水暖鸭先知”的时候,幼小的我第一次被自然、被文字所感动:春天来了,江水温度开始慢慢地回升,这时“巡逻”在水里的鸭子们自然是直接感受到了这种细微的变化。诗人用如此细腻的笔触、如此生动的语言描绘出了一幅春江喜气图。这首诗,为我打开了两扇大门:一扇通往自然,她是如此的可爱;一扇通往诗歌,通往古代文学,是这种可爱的载体,使得我深深地爱上了文学。

随着年龄的增长和知识面的不断扩大,我对自然尤其是对于植物的喜爱愈发不能自拔。于是,经常去找一些有关植物的书籍来看,慢慢明白了《惠崇春江晚景》中对自然描绘的巧妙之处是它融入物候知识。物候学是研究自然界植物和动物的季节性现象同环境的周期性变化之间相互关系的科学,它主要通过观测和记录一年中植物的生长荣枯、动物的迁徙繁殖和环境的变化等,比较其时空分布的差异,探索动植物生长发育过程中的周期性规律及其对周围环境条件的依赖关系,进而了解气候的变化规律及其对动植物的影响。

自然界中存在的众多环境因素对动植物生长和发育的影响是极其复杂的过程。用仪器测量只能记录当时的环境条件的某些个别因素。动植物的各种行为是对环境因子的综合反映,所以物候现象综合反映了过去和现在各种环境因素。如果说各种环境因子是输入信号,那么我们就可以说动植物就是处理器,物候现象则是全息显示器。它的复杂性和显示的可靠性，是仪器难以企及的。因此，物候现象可以作为环境因素影响的指标，可以用来评价环境因素对于动植物影响的总体效果。

物候学的基本研究方法是平行观测法，即同时观测生物物候现象和气象因子的变化，以研究其互相关系。主要是定点观测生物物候现象的周年变化，按照统一的观测方法组织物候观测网，对物候现象同时进行观测。一种生物物候现象的出现日期，虽然每年随气候条件变化而变，但在同一气候区内，如果不受局部小气候的影响，其先后顺序每年保持不变。在不同的气候区域内，由于生物物种和气候条件的组合发生变化，物候现象的顺序就会改变，这种顺序性是编制自然历和预报农时的基础。

物候与古代农业

中华民族有着五千多年的悠久历史，先人给我们留下了数不清的文字资料。在这些资料里，又有着大量的物候知识。它们为现代人研究物候变化提供了丰富的材料，它们是我们的宝贵遗产。

唐朝诗人元稹贬谪湖北玉泉时所作的《玉泉道中》有一句"楚俗物候晚，孟冬才有霜"，这可能是汉语中有据可考的第一次出现"物候"一词。在古代，农业问题是社会生活的重中之重。在生产和生活实践中，当人们认识到草木荣枯、候鸟来去、降霜下雨等自然现象同季节周期变化之间有一定关系的时候，便产生了物候知识。在没有科学仪器之前，人们要掌握农时，主要依靠物候现象。因此物候就成了古代指示农时以确定农作物栽培时间的依据。

《夏小正》是现存的我国最早的一部记载物候现象的著作。《夏小正》全书不到四百字，内容却相当丰富。它按一年十二个月分别记载物候、气象、天象和重要政事，特别是农事，如农耕、蚕桑、养马等，其中最突出的部分就是物候。以正月为例，具体内容为："正月，启蛰；雁北乡，雉震呴；鱼陟负冰；囿有见韭；田鼠出；獭祭鱼；鹰则为鸠；柳稊；梅杏杝桃则华；缇缟；鸡桴粥。时有俊风；寒日涤冻涂。鞠则见；初昏参中；斗柄县在下。农纬厥来，农率均田；采芸。"这四句分别记载了物候、气象、天象、农事，其中又以物候为最。这说明，远在大约三千年前，我国的物候观测内容就已经很丰富了。在植物方面，对草本和木本植物都进行了观测；在动物方面，凡鸟、兽、家禽和鱼类活动都已经注意到；记载中物候和农事并列，反映了我国物候知识的发展从一开始就是和农业生产需要紧密结合在一起的。这一点在《礼记·月令》中也有很好的体现，以孟春月为例："东风解冻，蛰虫始振，鱼上冰，獭祭鱼，鸿雁来"记述的是物候的知识；"是月也，天气下降，地气上腾，天地和同，草木萌动。……王命布农事，命田舍东郊，皆修封疆，审端径术。……善相丘陵阪险原隰土地所宜，五谷所殖，以教道民，必躬亲之。田事既饬，先定准直，农乃不惑"记载的则是农事知识。在这里我们需要注意到，《月令》是儒家用以论述其理论的一种依据，为封建皇权的统治提供一套天人合一的政治理论。所以，我们不可把它过分地与历书等同。

汉代《逸周书》中的《周月解》和《时训解》两篇也是记载物候的。《时训解》中所记物候知识虽然没有超过《夏小正》和《吕氏春秋·十二纪》的内容，但它是按二十四节气和七十二候（一候是五天）记述的，这是我国物候历的一个很大的改变。到了北魏（公元5世纪），这种具有七十二候的物候历被载入国家历法之中，并为以后历代所沿用。

此外，《氾胜之书》《四民月令》《齐民要术》《农政全书》等也提供了丰富的物候历知识，它们的编制方法也越来越合理、越来越科学实用。

到了清代，太平天国把南京地区所观测到的物候现象编成《萌芽月令》，纠正了前代历书不顾物候地区差异的缺点，并且把上一年观测情况附在下一年同月份日历之后，以便农家参考使用，这无疑又是物候历的一大进步。

但是在实际的应用中，我们必须注意到以下几点：

我国古代的物候多数是以农历记载的，所以前后两年中同一物候现象的日期并不相同。南宋吕祖谦在《庚子·辛丑日记》中记载了从宋孝宗淳熙七年（公元1180年）正月初一到次年七月二十八日，金华地区的二十多种物候现象，这种不对应的现象就很明显。

此外，我国幅员辽阔，地跨数个气候带，由于“地气之不同”导致各地的物候现象亦有重大差别。应用时，必须注意到物候的区域性。以《夏小正》为例，其适用范围就在于黄淮地区，倘若强行把它套用到珠江流域，那就真的是谬以千里了。气候会随着时间而波动，这导致物候出现相应的古今变化。在周代的黄河流域，梅树无处不有，在《诗经》中有多处咏梅的诗句，到了魏晋南北朝时期气候转冷，梅树便在那里消失了。隋唐以后气候转暖，梅树又重新进入黄河流域，元稹在《和乐天秋题曲江诗》中提到“长安最多处，多是曲江池”，说明当时长安南郊生长着大量的梅花。到了宋代，梅树又在关中消失，苏轼曾为此叹惜过，他在一首《咏杏花》诗中有“关中幸无梅，汝彊充鼎和”。这些诗词虽然不具有严谨的科学价值，但它们却从一个侧面反映出了气候变化的事实。

即使在同一地区，高度的不同亦会导致物候的差异。白居易在《大林寺桃花》中写道：“人间四月芳菲尽，山寺桃花始盛开”，其原因用沈括的话来说就是“地势高下之不同”。

“天地相应之变迁，可以求其微矣”，经度、纬度、海拔等差异造成的物候差异，其根本原因在于水热条件等生态因子的差异。

物候与古代诗歌

明末学者黄宗羲说：“诗人萃天地之清气，以月、露、风、云、花、鸟为其性情，其景与意不可分也。”物候与大自然密切相关，它为感触细腻的诗人们提供了丰富的意象，这些意象大大丰富了我国古典诗词的内容。草长莺飞，花开花落，鸟啭虫鸣……这些物候现象无一不被作者纳入诗词中，为我们带来了美的享受。

物候首先见诸诗歌，是公元前一千年以前的《诗经・豳风・七月》：“四月秀葽，五月鸣蜩，八月其获，十月陨萚……八月剥枣，十月获稻……九月肃霜，十月涤场……”它用文学的手法“不经意”地记录了当时的物候现象，为今人研究当时的物候情况提供了翔实的记录。

白居易 16 岁时写了一首脍炙人口的《赋得古原草送别》：“离离原上草，一岁一枯荣。野火烧不尽，春风吹又生。远芳侵古道，晴翠接荒城。又送王孙去，萋萋满别情。"这首诗形象地揭示了物候现象的年度变化。欧阳修《鸟啼》诗云："穷山候至阳气生，百物如与时节争。……花深叶暗耀朝日，日暖众鸟皆嘤鸣。"寥寥数语，一幅阳春花鸟图便跃然纸上。

南宋大诗人陆游也留下了很多反映有关物候变化的诗句。他在《初冬》诗中说："平生诗句领流光，绝爱初冬万瓦霜。"于《十二月九日枕上作》中说："卧听百舌语帘栊，已是新春不是冬。"在《夜归》中写道："今年寒到江乡早，未及中秋见雁飞。八十老翁顽似铁，三更风雨采菱归。"这些诗句，大都是诗人晚年在浙江绍兴家乡时作的，反映他无时无刻不在留心自然的生动情景。陆游不但留心观察物候，而且还用鸟类预告农时。他在《鸟啼》诗中云："野人无历日，鸟啼知四时。二月闻子规，春耕不可迟。三月闻黄鹂，幼妇闵蚕饥。四月鸣布谷，家家蚕上簇。五月鸣鸦舅，苗稚忧草茂。人言农家苦，望晴复望雨。乐处谁得知，生不识官府。"在《禽声》又云："布谷布谷天未明，架犁架犁人起耕。"布谷声声，似乎在催促人们赶快春耕，以免延误农时。

物候与古代娱乐

与自然变化息息相关的物候现象，为古人提供了丰富的娱乐内容。其中最为有名的便是"花信"。花信，又名花信风，就是指某种节气时开的花。这是一种专门应用于观赏花卉的物候观测，也是中国文化中特有的文化现象。

古代花信有两种。一是"一年二十四番花信风"，最早见于南朝梁元帝萧绎的《纂要》："一日两番花信，阴阳寒暖，各随其时，但先期一日，有风雨微寒者即是。"二是"四个月之二十四番花信风"，即从小寒节气至谷雨节气的花信风，其中历 4 个月、8 个节气、24 个候（5 天为一候），以梅花为首，楝花为终。这即是春天的花信风。以后一种更常见：

> 小寒：一候梅花，二候山茶，三候水仙；大寒：一候瑞香，二候兰花，三候山矾；立春：一候迎春，二候樱桃，三候望春；雨水：一候菜花，二候杏花，三候李花；惊蛰：一候桃花，二候

棠梨，三候蔷薇；春分：一候海棠，二候梨花，三候木兰；清明：一候桐花，二候麦花，三候柳花；谷雨：一候牡丹，二候酴醾，三候楝花。

每一候花信风便是候花开放时期，梅花绽放预示着春天正娉娉婷婷地走近，而楝花吐香则代表着盛夏正风风火火地赶来。宋代王淇在《暮春游小园》中写道："一从梅粉褪残妆，涂抹新红上海棠。开到荼蘼花事了，丝丝天棘出莓墙。"梅花谢罢海棠又登场，待到荼蘼花事了，阳春亦将黯然销。二十四番花信风为古代文学创作提供了众多素材，更为当时百姓的生活增添了诸多乐趣，实在是一种雅俗共赏的文化现象。

物候学与气候学的辨析

物候学和气候学有一定的相似之处，它们都是观测一年里各个区域季节变化的情况，都带有很强的区域性。所不同的是，气候学是观测、记录并研究某地的冷暖晴雨、风云变化等现象和变化规律的；物候学则是观测记录植物的生长荣枯、动物的季节活动，从而了解气候变化对动植物的影响以及自然季节的变化规律。物候反映的是过去一段时间里气候条件的积累对生物的综合影响，因而也有人把它归在生物气候学中。

物候虽然由气候所决定，但气候的观测代替不了物候观测。因为农作物是有生命的，影响它们生长的因素很多，不是用单个因子或几个因子的叠加就能说清楚的。生物之间有着内在的联系，对环境条件的要求有着一定的相似之处，因此以某些野生动植物的物候来定农时有其天然的优越性。贵阳的农谚说："穷人不听富人哄，阎王刺开花撒谷种"，以阎王刺开花来指示和预报水稻的播种期，比其他任何方法都简单可靠。我国丘陵山地占全国的三分之二以上，一个气象站的记录在山区所能代表的范围有限，而野生动植物各处皆有，只要注意观测，就能对季节和农时提供可靠的信息。可以说，物候是大自然与我们进行交流时最直接的语言。

物候观测在我国当前的发展状况

竺可桢先生是我国现代物候学研究的奠基者，他在1934年组织建立的物候观测网，是中国现代物候观测的开端。在竺可桢的领导下，1962年，我国又组织建立了全国性的物候观测网，进行系统的物候学研究。"文革"期间，观测网被破坏殆尽，20世纪80年代后又重新组建。为了统一物候观测标准，1979年出版了《中国物候观测方法》，并逐年汇编出版《中国动植物物候观测年报》。

目前，国内各个地区大都根据本地区实际情况编制了自然历，指导农业生产并发挥了积极的作用。如四川宜宾市选定李树始花为早稻浸种催芽的物候指标，李树盛花时为早稻播种的适期。山西忻县，1978年根据物候资料调整了全县高粱的播种时间，适时下种面积由上一年的48%增加到82%，并使高粱黑穗病发生率也降低了3%。

先人们夙兴夜寐，披肝沥胆，览物于细微，纵意于九天，为我们留下的这些文字资料实在是无价的财富。一个小小的物候学就包含这么多华章精粹，这些资料、这些精神实在值得后人认认真真地去品味，去体会，去创新。难道不是吗？

[1] 孙立广．地球与极地科学[M]．合肥：中国科学技术大学出版社，2003.
[2] 宛敏谓，刘秀珍．中国物候观测方法[M]．北京：科学出版社，1979.
[3] 竺可桢，宛敏渭．物候学[M]．北京：科学出版社，1980.
[4] 冯友兰．中国哲学简史[M]．北京：新世界出版社，2004.
[5] 李啸石．诗词格律入门[M]．乌鲁木齐：新疆人民出版社，1999.
[6] 孙儒泳．普通生态学[M]．北京：高等教育出版社，1993.

咏潮诗中话沧桑

吴俊杰(PB02025012)

江南忆,最忆是杭州。
山寺月中寻桂子,
郡亭枕上看潮头。
何日更重游?

——白居易《忆江南》

白居易的这首《忆江南》虽作于被贬以后,但丝毫没有被贬后的苦闷不得志的无奈,反而句句都是对美好过去的回忆,这固然是“山寺月中寻桂子”的闲适生活带来的,更少不了“郡亭枕上看潮头”的气势造就的不凡心境。

不仅白居易对钱塘江潮情有独钟,从众多前人的杰作中,我们可以发现很多钱塘潮的秘密。

观潮史

我国历史上,最著名的涌潮有三处:山东青州涌潮、广陵涛和钱塘潮。清费饧璜《广陵涛辩》云:“春秋时,潮盛于山东,汉及六朝盛于广陵。唐、宋以后,潮盛于浙江,盖地气自北而南,有真知其然者。”钱塘潮比广陵涛出现的时间晚一些,至迟在东汉就已形成。王充《论衡·书虚篇》提到“浙江、山阴江、上虞江皆有涛”。又说当时钱塘浙江“皆立子胥之庙,盖欲慰其恨心,止其猛涛也”。但是,王充只说“广陵曲江有涛,文人赋之”,没有说赋钱塘江潮。可见,东汉时,钱塘潮远没有广陵涛出名。估计,当时还未形成钱塘观潮的风俗。

最早为钱塘江潮作诗的是晋代的顾恺之,他在《观涛赋》中写道:

“临浙江以北眷，壮沧海之宏流。水无涯而合岸，山孤映而若浮。既藏珍而纳景，且激波而扬涛。其中则有珊瑚明月，石帆瑶瑛，雕鳞采介，特种奇名。崩峦填壑，倾堆渐隅。岑有积螺，岭有悬鱼。谟兹涛之为体，亦崇广而宏浚；形无常而参神，斯必来以知信，势刚凌以周威，质柔弱以协顺。”可见当时钱塘江潮已颇具规模，只是当时观潮还未成风，所留下诗词很少。

郦道元在《水经注》中把《七发》所描述的广陵曲江的长江暴涨潮误用来注释钱塘江。这虽是错误，但似乎正说明南北朝时，钱塘潮已经比较出名。

唐代李吉甫《元和郡县志》载：“浙江在县南一十二里。……江涛每日昼夜再上。常以月十日、二十五日最小，月三日、十八日极大。小则水渐涨不过数尺。大则涛涌高至数丈。每年八月十八日，数百里士女共观，舟人、渔子溯潮触浪，谓之弄涛。”说明唐代钱塘观潮风俗已盛行，规模空前。与诗人李绅《入扬州郭》诗所说的大历后广陵涛消失相呼应。卢肇《海潮赋》则专门提出“何钱塘汹然以独起，殊百川之进退?”并自己作了回答，说明在唐代，钱塘江已成为全国最为著名的观潮胜地。五代时，十国之一的吴越钱武肃王为修筑钱塘江海塘，组织士兵射潮的传说，说明当时钱塘潮十分猛烈。

唐宋时期曾经有一大批的名人为它作过诗词，比如唐代的孟浩然、白居易、刘禹锡、李白，宋代的苏东坡、范仲淹、杨万里等等。南宋的女词客朱淑贞为它的气势所折服，并触景生情写下了《海上记事》中“飓风拔木浪如山，振荡乾坤顷刻间”句。南宋时期，可能是由于都城南迁的原因，观潮之风达到鼎盛，出现“来一钱潮空万人巷”的盛况。南宋吴自牧在《梦粱录》有详实记载：“每岁八月内，潮怒胜于常时，都人自十一日起，便有观者，至十六、十八倾城而出，车马纷纷，十八日最为繁盛，二十日稍稀矣。十八日盖因帅座出郊，教习节制水军，自庙子头直至六和塔，家家楼屋，尽为贵戚内侍等雇赁作观潮会。”那时甚至有“不惜性命之徒，以大彩旗，或小清凉伞、红绿小伞儿，各系色绣缎子满竿，伺潮出海门，百十为群，执旗泅水上，以迓子胥弄潮之戏，或有手脚执五小旗浮潮头而戏弄”。还有“帅府节制水军，教阅水阵，统制部押于潮未来时，下水打阵展旗，……于潮来之际，俱祭于江中。士庶多以经文，投于江内”。

唐宋以后，钱塘观潮风俗持续不断，直到今天。明清有关观潮的诗、词、画等作品更层出不穷。由于江道变迁，钱塘观潮的最佳地点不断下移。唐宋时，观潮胜地在杭州，唐、宋的大文学家们均在杭州观潮，作诗作画。自明以后，观潮胜地已移到今海宁县盐官镇。20世纪70年代以来，要在盐官镇东十余公里的八堡才能看到最精彩的涌潮。

观潮时间

苏东坡诗云：“八月十八潮，壮观天下无。”相传农历八月十八为“潮诞”，又是朝廷检阅水师的日子，因此这一天倾城观潮，士女云集，江岸搭彩棚看台，十余里间，人山人海，地无寸隙。然而并不是每年八月十八都能见到潮涌，钱塘江潮有时候也会跟数万观潮者开个大大的玩笑，这种现象常被称做“失期”。

明代的孙承宗在他的《江潮》一诗中却写道：“休嫁弄潮儿，潮今亦失信；乘我油壁车，去向钱塘问。”在他有生的75年中，杭州的钱塘江涌潮有过两度失期的记载。一次是在明隆庆三年(1569年)七月至六年(1572年)四月。另一次是明万历三年(1575年)七月至六年(1578年)四月。其实，历史上钱塘江涌潮失期的现象并非明代才有。宋德祐二年(1276年)二月，元军初到杭州，因不知涌潮的厉害，扎营在江干沙滩上，杭州百姓和宋室暗喜，急切盼望涌潮到来，将元军连营卷去，不料“江潮三日不至”。无独有偶，元末至正二十七年(1367年)也有“元祚终于至正之丁未，……潮亦不至，但略见江水微涨而已”的记载。更巧的是清初，顺治二年(1645年)六月，清兵进入杭州时，“多铎既定南京进取浙江，驻营江岸，敌兵见之，以为潮至必淹没，乃江潮连日不至，惊为神助……”。此外，元代的至正十二、十三和二十年(1352、1353和1360年)，明代的嘉靖十三年和二十六年(1534和1547年)，清代的乾隆三十一年(1766年)，道光二十一年至二十五年(1841～1845年)，都有涌潮失期的记载。

其实失期现象与朝代更替并无半点联系，失期在很多年份都有发生，即便在失期年份，只要地点选择得当，仍可以欣赏到颇佳的涌潮。

可以想象，潮水必然带大量泥沙入上游河床，如果遇到干旱年份，泥沙不能被江水冲走，大量淤积，就会阻止潮水上流，这便形成了失期的现象。

观潮地点

白居易《忆江南》诗中所写的是杭州，而现在的涌潮却在海宁市盐官镇，说明涌潮出现的地方在不断地发生变化。晋唐至北宋中期，杭州市郊以及沿江凤凰诸山皆为观潮胜地，白居易就是在凤凰山上郡亭中鸟瞰江面的，故而可以“郡亭枕上看潮头”。苏轼在杭州为官时也曾写《八月十五日看潮》，“八月十八潮，壮观天下无”。

康熙年间砌石海塘从海盐向海宁延伸，工程屡屡失事之际，陈讦对海宁和海盐两地的潮浪水动力形态和海岸地理条件作了精细的考察，在《修塘议》中阐述了相互的关系：“潮有横冲、直冲之异，……虽有极坚极固之塘，不能存立。”（《海塘录》卷一）由此可以看出明清时期钱塘江潮已经下移到海宁县了。

有研究指出，在距今六七千年前，钱塘江在富阳便进入大海。河口既不成喇叭形，也就没有涌潮。在以后的几千年里，太湖平原逐渐形成，随之出现了钱塘江河口和杭州湾这个喇叭口，从而形成了产生涌潮的地形条件，涌潮也就从无到有，从弱到强，逐渐壮观起来。

晋唐至北宋中期，钱塘江河口的海潮和江流从龛山和赭山之间进出，因两山对峙如门，称为“南大门”，又称“鳖子门”或“海门”。整个河口和杭州湾呈一顺直的喇叭状。涌潮自海门直冲杭州。这时海宁盐官城南门至江边还是一片大沙滩，宽达三四十里。自北宋政和二年（1112 年）前后开始，江道发生变迁，大片沙滩逐渐坍失。到明嘉靖九年（1530 年）海决，江道逼至盐官城下，在盐官南门城楼上，便可看到“海潮薄岸，怒涛数十丈，若雪山驾鳌，雷奔电激”的潮景。杭州的涌潮，则由于河口变弯曲，流路增加十多公里，沿程潮能损耗增大而开始衰退，并不时出现涌潮“失期”现象。在此期间，江道曾在三门之间来回摆动，盐官和杭州的潮景也随之变化。直到清乾隆二十四年（1759 年）江流稳定走北大门后，盐官的潮景才最终胜过杭州。

而造成观潮最佳地点变迁的另一个因素则是河口江道局部冲淤变化。河口河床主要是由潮流带入河口的粉砂土构成。这种泥沙缺乏黏性，既容易落淤，也容易冲刷。由于天文、气象条件变化，外海进入河口的潮汐大小和流域下泄的山水多少也随之变化，因而山水和潮水的相对势力随之而变，造成河口河床上下冲淤频繁，南北涨坍不定。加上涌潮在传播过程中，又受当时的风向和风力影响，涌潮本身变化多端，观潮的最佳地点也就迁徙不定。

现在我们在杭州已经无法看到最壮观的潮涌了。六千年的时间并不长，在这么短的时间里，竟然发生了这么大的变化，我们不得不为大自然的力量所折服。或许将来潮头又将移往别处，或许它也会像广陵涛那样永远消失，但它那汹涌的气势将永远留在美丽的古诗文中。

[1] 云告. 古代旅游诗抄[M]. 长沙：岳麓书社，1985.

[2] 许金榜. 历代山水田园诗赏析[M]. 济南：明天出版社，1986.

[3] 直播钱江潮[EB/OL]. http://www.zj.xinhuanet.com/special/qj_tide/cause/cause.htm

[4] 邹逸麟. 中国历史地理概论[M]. 福州：福建人民出版社，1996.

《诗经》早见沙尘暴

冯超(PB02010052)

> **新华社电** 10 年来最大的一次沙尘暴目前已席卷我国北方 8 省、自治区、直辖市的 140 万平方公里。河西五地市，白银、兰州等地出现沙尘天气，部分地方出现沙尘暴，其中金塔、金昌和武威出现特强沙尘暴。金塔的能见度为零米，兰州市能见度也仅为 400 米。内蒙古西部、中部大部地区出现扬沙和沙尘暴天气，呼和浩特市也出现沙尘暴天气，宁夏北部出现大范围的强沙尘暴天气，陕西、山西、河北北部也相继出现大范围强沙尘暴天气，北京出现浮尘天气。上午 10 时，能见度降为 1 公里以下，为沙尘暴天气；上午 11 时，能见度降为 500 米以下，为强沙尘暴天气。……据评估，近两天来，强沙尘暴天气已影响我国甘肃、内蒙古、宁夏、山西、陕西、河北、天津和北京等地 120 多个县的 428 万亩耕地和 3540 万亩草地，影响人口达 1.3 亿。

曾几何时，漫天的黄沙成为中国北方冬春的一道“风景”。狂沙飞舞中，大自然给我们带来的不仅仅是经济上的巨大损失，更多是心灵上的强烈震撼与反思。在新闻媒体和普通老百姓简单地将沙尘暴的原因归结为西北地区毁林开荒、过度放牧导致的草场退化、土地沙漠化的同时，科学家更多地从理性的角度来思考沙尘暴的起因，试图从自然、人为的原因，从历史到现代沙尘暴的发生发展的过程，真正解开沙尘暴之谜。

其实，沙尘暴并不是近代才有的产物，历史上也曾多次出现过它的踪影。我国古代的诗词文献中也不乏沙尘暴的身影。《诗经·邶风·终风》有“终风且霾”句；《后汉书·郎顗传》有“时气错逆，霾雾蔽日”。“霾”,《辞海》解释为:“大气呈混浊状态的一种天气现象”,即夹着沙尘飞扬的沙尘暴,可见我国西北的沙尘暴古已有之。

我国古籍中还把沙尘暴写成“黄雾”“飞沙走石”“黑气”“黑雾”等,认为是一种不祥的征兆。唐代岑参的《走马川行奉送封大夫出师西征》也许可视为一次真实的沙尘暴记录,原文写道:“君不见,走马川行雪海边,平沙莽莽黄入天。轮台九月风夜吼,一川碎石大如斗,随风满地石乱走。”又如陈子昂的“黄沙幕南起,白日隐西隅”。这些形容黄沙飞扬、疾风肆虐的场景正是沙尘暴的典型特征。

古代封建统治者常常将各种自然灾害与统治得失联系在一起,认为自然灾害是上天对统治者有失德政的惩罚,这一方面体现了封建统治集团对天的敬畏,也说明自然灾害对百姓生产生活的危害,往往成为社会不安定因素的导火线,沙尘暴也不例外。《汉书》卷十《成帝纪》有这样的记载:“夏四月,黄雾四塞。博问公卿大夫,无有所讳。”有的朝臣果然大胆直言,发表了批评外戚当权的政见。太后的兄长、大司马大将军王凤惶恐不安,竟然上书谢罪辞职。虽然汉成帝予以挽留,但王凤集团专权跋扈的地位已经动摇。《汉书》卷九十八《元后传》就这一史事写道:“其夏,黄雾四塞终日。天子以问谏大夫杨兴、博士驷胜等。”其答对,都以为是“阴盛侵阳之气”的表现。“今太后诸弟皆以无功为侯,非高祖之约,外戚未曾有也”,因此上天以异象警告。王凤恐惧,上书辞职。汉成帝的答复则说责任在于自身:“朕承先帝圣绪,涉道未深,不明事情,是以阴阳错缪,日月无光,赤黄之气,充塞天下。咎在朕躬。”令王凤维持原任,“专心固意”,“毋有所疑。”所谓“黄雾四塞”,颜师古对此解释说:“塞,满也。言四方皆满。”现在看来,这其实是指强风夹带大量沙尘,使能见度极度恶化的灾难性的沙尘暴天气。

《晋书》则将沙尘暴与统治集团的得失上升到了理论的高度,“凡天地四方昏蒙若下尘,十日、五日已上,或一日或一时,雨不沾衣而身有土,名霾,故曰天地霾,君臣乖”(《晋书·天文志》)。既然沙尘暴不唯是一种简单的自然现象,而是评价统治集团施政得失体系的一部分,后世评论前朝功过得失的史书,自然对于沙尘暴有了比较详细的记载。据《晋书》记载,从公元249年,即三国魏齐王曹芳嘉平元年,到公元 402 年，即东晋安帝元兴元年，153 年中记录了 15 次严重灾害性沙尘暴，其中有一年两次的。如“魏齐王嘉平元年(公元 249 年)正月壬辰，朔西北大风，发屋折木，昏尘蔽天”“西晋孝怀帝永嘉五年(公元 311 年)十二月，黑气四塞”“西晋愍帝建兴二年(公元 314 年)正月己巳朔黑雾，着人如墨，连夜五日乃止”“东晋元帝大兴四年(公元 321 年)八月，黄雾四塞，埃氛蔽天”等。从这些史料可以看出，沙尘暴至少在晋朝，就已经是一种严重的自然灾害了。

那么是不是说沙尘暴完全就是自然作用的结果，古已有之，我们不必自责也不必多虑呢？从正史来看，两汉 400 年间，沙尘暴发生的记录相对来说是比较少的。而从《晋书》的记录来看，我国古代沙尘暴的发生频率为 3 世纪 3 次，4 世纪 9 次，其中 311～315 年 2 次，321～323 年 3 次，351～383 年 4 次；5 世纪 1 次；总计 13 个年度 15 次。这些数据非常清楚地表明，4 世纪属于沙尘暴“百年多发期”，有两个多发高峰，第一峰期出现在 20～30 年代，第二峰期出现在 50～80 年代。这与当时一些古书中记载的“诸民远离国境”“上无飞鸟，下无走兽”是吻合的。到了唐代，沙尘暴通常写作“黄雾四塞”“雨土”，或如《旧唐书》卷三十六《天文志》所谓“黄雾昏”，《旧唐书》卷七《中宗本纪》所谓“黄雾昏浊”，《新唐书》卷三十六《五行志》所谓“昏雾四塞”，等等。两《唐书》记载唐代 289 年间，沙尘暴凡 25 次，平均11.56年一次。总体上来说，我国古代的沙尘暴天气是较少的，大多以几十年为一个多发周期，平均每次强烈的沙尘暴相隔十年以上。但似乎随着时代的推移和我国古代农业文明的发展，沙尘暴天气在古文中出现的频率也越来越频繁。

然而我们今天面临的沙尘暴状况则不容乐观。据中国环境监测总站的监测结果表明，我国 2004 年以来发生沙尘天气 6 次，与近年同期(2004 年 3 月 10 日以前)相比，较 2003 年增加 4 次，较 2002 年增加 3 次，与沙尘天气频发的 2001 年相比，减少 3 次。其中，影响范围达到和超过 5 省(自治区、直辖市)的沙尘天气 2 次，受到沙尘天气影响的省(自治区、直辖市)为 11 个。

事实上，20 世纪的 50～70 年代，我国北方地区就曾经历过一个沙尘天气的高发时段，在河西走廊，黄尘漫漫，对面不见人影的情景当时就存在。只是到了 80 年代至 90 年代中后期明显减少。最近几年，沙尘天气再次呈上升逆转趋势。如 2001 年 1～5 月的沙尘暴，其规模和频度都超过以往，为近代以来所罕见，共出现 18 次沙尘天气，扬沙日数达 24 天。以致气候专家提出了“我国已进入沙尘百年多发期”的警告。

那么是什么原因导致了目前沙尘暴发生如此频繁呢？沙尘暴的形成需要三个条件，即裸露的地表、一定强度的风力和干旱的天气。自然本身的演化可以促成这三大要素的耦合，从而产生沙尘暴现象。但自有人类以来，尤其进入是农业社会和工业社会以来，随着人类改造自然能力的加强，在促成这三大要素的耦合中，人类活动力的作用日渐强盛。

在我国古代，沙尘暴发生的频度较小的主要原因在于当时生态条件与如今不同，植被状况比较完好。而人口的数量和农耕的规模，还不足以大规模地影响自然环境。此外当时人们的自然观和生态观中的某些积极内容，也可以对生态保护产生重要的作用。可以看到，《礼记·月令》和《吕氏春秋》中都有关于限制砍伐山林的规定，而秦简《日书》中也记录了有关伐木的时日禁忌。这些自觉或并不十分自觉地维护自然生态环境的礼俗和制度，在古代民间发生着显著的影响，对减少沙尘暴等自然灾害的发生都是具有一定积极作用的。

而现代沙尘暴的多发，也是与我国如今的生态状况紧密相关的。一定强度的风和干旱天气的出现是现代沙尘暴形成的必要条件，裸露的沙尘地是现代沙尘暴形成的充分条件。裸露沙尘地主要是由土壤侵蚀和土地沙漠化引起的。根据全国第二次水土流失遥感调查，我国现有水土流失面积 356 万平方公里，有荒漠化土地 262 万平方公里(《光明日报》2002 年 1 月 22 日)。在我国，以水为动力的土壤侵蚀现象(即水土流失)是土壤侵蚀的主要原因，黄土高原是我国水土流失最严重的地区，水土流失面积达 45 万平方公里，占其总面积的 70%。黄土高原的水土流失与黄土本身的特性有关，但不容忽视的是人为活动的影响，如无限制的开垦放牧、毁林挖草，使地面失去保护，大大加剧了黄土高原的水土流失。而北方地区土地沙漠化的成因则主要有两个，一是风力作用下沙漠中沙丘的前移，造成沙漠边缘土地的丧失;二是土地过度利用破坏了原已脆弱的生态平衡,使原来非沙漠地区出现类似沙漠的景观。这两个原因中,风力等自然因素在沙漠化土地形成中仅起5.5%的作用,不当的人为活动是土地沙漠化的主要原因。草原过度农垦所形成的沙漠化土地占23.3%,过度放牧所形成的沙漠化土地占29.4%,过度樵柴所形成的沙漠化土地占32.4%,水资源利用不当所形成的沙漠化土地占8.6%,公路建设所引起的沙漠化土地占0.8%(陈静生等《人类—环境系统及其可持续性》,商务印书馆,2001年,第204页)。不仅如此,目前在我国东北平原、华北平原某些河滩沙化地带,如西滹沱河的沙地、黄河下游的开封地段及入海处也成了沙尘暴的易发区,年沙尘暴的日数多达10～15天。在许多沙质草原特别是农垦区和农牧交错区,以及干松的农田都可以发生沙尘暴。不难看出,由于人类活动的规模和强度呈现出与日俱增的趋势,土壤系统处于一种非平衡状态,加剧了水土流失和土地的沙漠化,造成了大量的裸露沙尘地,成为现代沙尘暴的源头。

历史学泰斗阿诺德·汤因比在他的最后一部著作《人类与大地母亲》的结尾不无忧虑地写道:“人类将会杀死大地母亲,抑或将使她得到拯救?如果滥用日益增长的技术力量,人类将置大地母亲于死地;如果克服了那导致自我毁灭的放肆贪婪,人类则能够使她重返青春,而人类的贪婪正在使伟大母亲的生命之果——包括人类在内的一切生命造物付出代价。何去何从,这就是今天人类所面临的斯芬克司之谜。”(《人类与大地母亲》,上海人民出版社,2001年)

“现代社会,人类活动的规模和强度,对于自然环境的影响处于一种极度压力的状态。现代人类活动的规模总量,如果以每年搬动和运移岩石和土壤的数量为标志,全世界总量达1360亿吨。我国每年搬动、运移土石方量为381.7亿吨,占全世界的28.1%。其中农林牧业生产活动为245.5亿吨,采石及矿业生产活动为62.5亿吨,城镇及基础设施建设为74.7亿吨。”[牛文元等《中国可持续发展战略(干部读本)》,西苑出版社,2000年,第188页]

而人类对于自身已经掌握的力量却缺乏理性的制约与合理的运用。为了满足自身无尽的欲望,人类疯狂地开发矿藏、掠夺山林、开垦草原……无休止地向大自然索取。当这一切超出自然承受能力的时候,大自然的惩罚便到来了。

但从另一方面而言,毕竟人类社会总是要前进发展的,不可能永远停留在居于原始森林,狩猎充饥,不食粮食的原始水平。开发是永恒的主题,今后还得开发,问题是开发规划全面不全面,实际不实际,违不违反自然法则,牺牲不牺牲长远利益等等。积极加强对自然灾害预测、防范、减少灾害损失的研究,通过研究天气和气候的变化规律,建立有效的监测预警系统和完善的防灾救灾体系,可以提高人类社会抵御气象灾害的能力,减轻气象灾害的危害。但更需要的是调和人类与自然的关系,合理利用自然资源包括气候资源,大力保护和改善生态环境,开发和利用风能、太阳能等清洁能源,减少温室气体排放,从而不断减少沙尘暴这类极端自然灾害事件发生的频率和强度。

这是一项巨大的社会工程,不仅需要政府的重视和支持,相关部门的通力合作、积极配合、协调行动,更需要全社会树立环境保护意识和防灾减灾意识。只有全社会每一个人都重视起来、行动起来,从我做起,从现在做起,精心呵护自然环境,才能减少和减轻沙尘暴这类极端天气气候灾害,地球才能变得更加清新怡人,我们也才能在这块土地上永远舒畅自如地呼吸!

参考文献

[1] 孙立广.地球与极地科学[M].合肥:中国科学技术大学出版社,2003.
[2] 马雪芹.历史时期黄河中游地区森林与草原的变迁[J].宁夏社会科学,1996,97:80.
[3] 李并成.沙漠历史地理学的几个理论问题:以我国河西走廊历史上的沙漠化研究为例[J].地理科学,1999,19(3):211.
[4] 任重.绿洲楼兰古城迅速消失现象的思考:试说毁于异常特大的沙尘暴气候[J].农业考古,2003,3.

从楼兰消失到西部大开发

戴君伟(PB04007309)

楼兰，位于新疆巴音郭楞蒙古族自治州若羌县北境，传说中谜一样的地方。早在2100多年前就见诸文字记载，一度繁盛，但在公元500年左右却忽然消失在人们的视野中，消失在历史的漫漫长廊里。直到1900年，一支由瑞典探险家斯文·赫定率领的探险队在罗布泊沙漠的考察中，在极其偶然的情况下，发现了几片木雕，由此揭开了楼兰神秘面纱的一角。这里便是楼兰古国的遗址，历史上神秘王朝的沉睡墓地。自此，这片古老的墓地不再沉寂，各支考察队纷纷开往古城楼兰遗址，满怀希望地探寻着王朝消失的秘密。经过各方考察，专家们似乎得到了一个普遍的结论，那就是：古孔雀河的改道、罗布泊的干涸是楼兰消失的主要原因，而战争、经济衰退和不恰当的农业耕作则加速了楼兰消失的进程。

笔者无缘亲临楼兰遗址，无从考证结论的真伪，只能查阅史料，希望从中能找出一些楼兰消失的蛛丝马迹。“楼兰，姑师邑有城郭，临盐泽”，这里的临盐泽，就是指靠近罗布泊。据专家考证，3000年前，罗布泊的水面面积为12000平方公里，古孔雀河的水源充足，当时的环境，我们可以想象是比较适合人类居住的，是一个难得的沙漠中的“江南水乡”。这在班固的《汉书·西域传》中也有反映：“楼兰出玉，多茵苇、柽柳、胡杨、白草，民随畜牧逐水草，有驴马、橐驼。”《汉书》中的这段描述，给我们描绘出了这样一幅场景：绿树成荫、水草丰盛、牛羊成群，人们过着放牧的生活，怡然自乐。这表明，当时楼兰的环境绝非是如今的黄沙漫天，恰恰相反，是一个生命绿洲。但在法显的眼中，楼兰却是另一幅画面，楼兰“其地崎岖薄瘠”，据史书记载，班固卒于公元92年，而法显前往印度求法却始于公元399年，其间相隔了300年，加上班固是依据前人的说法写成《汉书》，其间也要占用一定的时间，我们可以假定相隔的年限应该在四五百年。四五百年间，到底发生了什么事，使一个“户千五百七十，口四万四千一百，胜兵二千九百十二人”，“小宛，精绝，戎庐，且末为鄯善所并”，“多茵苇、怪柳、胡杨、白草”的强国成为了一个土地贫瘠的弱小之邦呢？

“武帝遣从票侯赵破奴将属国骑及郡兵数万击姑师，王恢数为楼兰所苦，上令恢佐破奴将兵。破奴与轻骑七百人先至，虏楼兰王遂破姑师”“楼兰既降服贡献，匈奴闻，发兵击之”光武二十二年“贤知都护不至，遂遗鄯善王安书，令绝通汉道。安不纳而杀其使，贤大怒，发兵攻鄯善。安迎战，兵败，亡入山中，贤杀掠千余人而去”“危须，尉犁，楼兰六国子弟在京师者皆先归，发畜食迎汉军，又自发兵，凡数万人，王各自将，共围车师，降其王”，可以说，历史上记载楼兰最多的不是它的风光景色，而是战争。

战争给人们带来的是毁灭和灾难。身为弱邦小国，处于汉和匈奴之间，无以自安，附汉则匈怒，附匈则汉怨。不仅如此，周边还有其他的强国虎视眈眈，宗主国出征他们也要跟着征战沙场，提供粮草。为此，楼兰经历了多少战争，多少楼兰大好男儿血洒疆场，特别是与莎车国一役，“贤杀掠千余人而去”。千余人对于一个地大物博、人口众多的国家来说也许算不了什么，但对于一个人口仅四万四千人的楼兰来说，那实在是太多了。楼兰人口日稀也许可以从中找到一些解释。

不仅如此，战争还带来了农业的不恰当开发，最终导致楼兰环境的极度恶化。正所谓“兵马未到，粮草先行”，在战争中粮草的重要性不言而喻，而战事的增加对粮食的需求也会相应地增加。这里，我们可以做一个假设，假定楼兰国本来是处于一个相对平衡的生态环境中，能量的收支处于一个相对的稳定状态。但是当战争打响的时候，这种脆弱的平衡便会被打破，战争带来的是粮食需求的增加，而要补充凭空多出来的粮食需求，就势必会导致农业开发的增加，就会相应地带来农业用地、用水和畜牧业的增加。原先只在古孔雀河中下游开发的农业便会渐渐扩大到河的中上游，中上游粮食生产的灌溉就需要截流，而截流就会导致下游的水量减少，造成下游用水紧张。下游的土地得不到很好灌溉，急于增加粮食产量的人们便会把目光投向河流的更上游，下游原来的土地就会被逐渐搁置。大家都知道，经过农业耕作的土地没有了植被的保护就很容易引起土地的沙漠化。可以想象，楼兰古孔雀河的下游耕地在失去了植被保护下渐渐沙化，最终成为一片漫漫黄沙覆盖的不毛之地。

畜牧业的增加也同样加大了对楼兰至关重要的植被的破坏。牛羊的过度啃食使植被退化，最终消失，伴随而来的就是原本丰腴的草场的沙漠化。而古孔雀河的改道则彻底将楼兰扼杀，使之最终消失在茫茫黄沙中，消失在人们的视野、历史的长廊里。至少在唐朝，那里已是一片漫漫黄沙。“黄沙百战穿金甲，不破楼兰终不还”，王昌龄的诗句无疑告诉我们这样一个事实：在唐朝，楼兰早就是一片黄沙覆盖之地。

从上面的分析，我们似乎可以得出这样一个结论：楼兰消失的最终原因是气候的变迁，古孔雀河的改道，战争带来的农业不合理开发加快了其消失的步伐。如果，上述的假设成立，那么一口警钟正在为我们敲响。当前西部大开发正在如火如荼地进行。西部大开发不仅要开发西部的矿产、电力等资源，也要开发西部的农业资源。但是如果对农业的开发不当，那么其后果将和楼兰一样是灾难性的。

没看到吗，草原上的牧民们为了追求更高的经济效益，不顾草场的畜牧承载极限，盲目地扩大牛羊数量造成了大片草场的退化，并造成了草场的大规模的沙漠化；没看到吗，一些人为了微薄的眼前利益，在草场上疯狂打洞搜寻着能让他们发财的发菜，使草场的植被受到严重破坏。还有，盲目砍伐森林、开垦草地，这些破坏西部环境的情况时有发生。既然看到了，为什么我们不采取一些有力的措施去阻止它们的发生？为什么要等到我们不想看到的事情发生了，我们才会去后悔，后悔当初没有好好珍惜？那我们又为什么不从现在做起，努力防止楼兰的悲剧在新世纪再次上演？毕竟我们谁都不愿看到再有一个现代的“楼兰”等着我们的子孙们去发现、去探索、去研究它的消失之谜！

开封北宋映桃红

钱鹏旭(PB02011087)

开封,古称东京、大梁,是我国七大古都之一,也是我的第二故乡。开封位于豫东平原,北濒黄河,南接江淮,东毗齐鲁,西抵郑洛,地跨东经113°52′~115°02′,北纬34°12′~35°01′,属于典型的暖温带大陆性季风气候,冬寒春暖,夏热秋凉,四季分明,年平均气温14℃,年平均降水量627.5毫米。在这种总体气候不变的前提下,由于受到全球气候变化的影响,北宋首都开封的气温、降水等情况可能会有所不同,对当时人们的生活产生影响,人们也会采取各种方式来适应、改造当时的环境,身为时代先驱的文人所留下的文章诗词以灵活的手法、丰富的内涵,从侧面反映了当时社会生活的一些情况,成了这些史实的见证。

北宋开封的气候特征与气候灾害

北宋时期开封的气候相对比较湿润。由史料可以查出,北宋定都开封的168年中,水涝灾害频繁,有明确记载的水灾(雨、雪灾害)就有46次,其中几次较大水灾的情况是:

淳化四年七月,京师大雨,十昼夜不止,朱雀、崇明门外积水尤甚,军营、庐舍多坏。

大中祥符三年五月,京师大雨,平地数尺,坏军营、民舍,多压死者。近畿积潦……

天禧四年七月,京师连雨弥月。甲子夜,大雨,流潦泛溢,民舍、军营圮坏大半,多压死者。自是频雨,及冬方止。

天圣四年六月十六日,大雨震电,平地水数尺,坏京城民舍,压溺死者数百人……

从《宋史》中的记录不难发现，在公元 1000 年以前，北宋东京仍然比较温暖，但到了公元 1000 年以后，就出现了很频繁的雪灾。其中有几次较大的，如天禧元年，十二月，“京师大雪，苦寒，人多冻死，路有僵尸，遣中使埋之四郊”“京城大雪之后，民间饥寒之人甚多，至有子母数口一时冻死者”，天佑元年，“京师大雪连月，至春不止”。

另外，虽然北宋比较寒冷，但在开封仍能发现一些在温湿气候条件下才能存活的竹子、梅花等植被。当时京城内外的皇家园林和私人园林中，大都栽有成片的竹子。宋人有《竹冈》诗形容说：“苍云蒙密竹森森，无数新篁出翠林。已有凤山调玉律，正随天籁作龙吟。”梅树的生存条件比竹子还要苛刻，但在当时的东京城也有很多。宋人朱贲曾说“顷年近畿江梅甚盛”，梅尧臣也在《京师逢卖梅花五首》之一中写道：“此土只知看杏蕊，大梁亦复卖梅花。”梅花既然在市面上都能出售，可见民间也能栽种。竹、梅的大规模种植和存活，可以作为当时气候特征的一种指标，说明北宋东京的气候条件是较为湿润的。

对黄河的治理和利用

开封与黄河的关系极为密切。黄河不仅是包括开封在内的豫东平原的缔造者，而且是北宋时期开封向北防御的屏障，也是开封附近运河的主要水源。同时，黄河的安澜与在开封附近的泛滥直接决定了开封社会经济发展、城市兴衰的进程。

作为中华民族的母亲河，黄河在历史上并非一直都是一条害河。从《黄河地上悬河的形成和历史影响》一文中可知，大概在公元前 1 世纪（相当于西汉末年），黄河开始了或决溢、或安澜的不稳定时期。在北宋时期，黄河处于泛滥期。由《宋史》可查知，北宋 168 年间，黄河决溢的年份达到 73 个，平均 2 年多就有一次，且较大的改道有 3 次，重大的改道 1 次。但这些泛滥中，决溢的地点多在远离开封的河北、山东和河南的北部、西部地区，并没有构成对开封的直接威胁。这是因为治理河患成为始终困扰北宋政府的一件大事，加上前人遗留有很多宝贵的经验，其治河方略和措施更加多样化、并趋于合理化。据《宋史》记载，北宋除了像前代一样，针对每一次决溢采取及时的塞堵措施外，还采取了一系列得力的措施。

宋人对黄河的特性有了更进一步的认识，他们能根据时令来确定黄河来水的特点，并为不同时令的河水定了名。还能根据黄河水势的不同特点，对水势进行了命名。

落实治河责任制度。鉴于河患频繁，宋代专门设定了治理黄河的官职，并对其职责和考勤作出了一系列的诏令和规定，使治河的行政走上了正轨。

修建了很多堤防工程。据《宋史·河渠志》记载，北宋的堤防种类有正堤、遥堤、缕堤、月堤、横堤、直堤、签堤等，这几种堤防配合使用，大大提高了堤防的防洪能力。

掌握了堵口、开河等比较成熟的治理技术。北宋的沈括在《梦溪笔谈》中，谈到过由技术高超的水工设计的一种堵口方法，是关于口门经过进堵缩窄到一定宽度后的一种有效堵口手段。这种办法是把口门分成几个部分，依次进堵。开河，即开凿一条新河或称减河，也极其有效。

北宋人不仅善于治理黄河，也充分利用了黄河的便利条件，最大限度地化害为利。汴河由隋炀帝开通，引用黄河的水量几乎占到黄河总水量的三分之一。黄、汴的主要功能是漕运，不仅数量巨大，从《宋史·河渠志》和《梦溪笔谈》等也反映出，其漕运的内容包罗了“山泽百货”“百物众宝”“诸州钱帛、杂物、军器”等。航行在运河上的船只数量巨大，仅汴河一段，繁忙时就多达五六千艘，宋人宋庠曾在《卞渠春望漕舟数十里》中不无感慨地说：“虎眼春波溢宕沟，万艘衔尾饷中州。控淮引海无穷利，枉是滔滔本浊流。”由此可见汴河运输的繁忙景象。除了航运，在王安石变法时期，黄、汴还被利用来灌溉。由于黄、汴里面有很多泥沙，接近半自然状态“放淤”，营养物质含量多，因而效果极佳，对开封农业经济的发展起到了积极作用。宋代诗人黄庶在《汴河》一诗中对汴河的重要作用给出了综合评价：

汴都峨峨在平地，宋恃其德为金汤。
先帝始初有深意，不使子孙生怠荒。
万艘北来食京师，汴水遂作东南吭。

甲兵百万以为命，千里天下之腑肠。
人心爱惜此流水，不啻布帛与稻粱。

对沙尘暴的防御和治理

开封位于黄河冲积、淤积而形成的豫东平原地区，黄河泛滥留下的部分沙丘，以及风力作用下形成的沙丘、沙冈、波状沙地等，给开封的生态环境埋下了隐患。加上开封地区人类活动较早，土地开垦率很高，自然植被都被人工植被所代替，大片的森林已不复存在，使得沙尘活动比较厉害。《宋史》记载："端拱二年，京师暴风起东北，尘沙曀日，人不相辨。"王安石在《读诏书》一诗中曾写道："去秋东出汴河梁，已见中州旱势强。日射地穿千里赤，风吹沙度满城黄。"大风夹带着沙砾给东京的城市空气质量造成了不利的影响，也给居民的生活带来了很大的不便。为了解决这一问题，北宋人采取了很多行之有效的措施。

首先就是在隋堤沿岸栽种了很多的杨柳和榆树，用来保持水土和防风固沙。关于汴河堤岸植柳的具体范围，《大业杂记》中有记载："自东都(洛阳)至江都，二千余里，树荫相交。"白居易也曾有过描述："大业年中炀天子，种柳成行夹流水。西自黄河东至淮，绿影一千三百里。"柳树的大规模栽种，对当时东京的城市面貌起了非常积极的作用，以至"隋堤烟柳"成为汴城八景之一。对此人间美景，文人们自然不会放过，他们用多彩多姿的文字惟妙惟肖地描绘出隋堤烟柳婀娜的风姿。梅尧臣在《汴堤莺》中这样描写汴堤的柳树：

古堤多长榆，落荚鹅眼小。
其下迅黄流，其上鸣黄鸟。
安知舟中人，黑鬓日已少。
千里归大梁，玉笙闻窈窕。
终朝不成曲，幽响在林表。
莫羡沙路行，金鞭驰袅袅。

其次，在街道两旁大量植树。北宋定都开封后，把榆、柳、杨、槐等作为绿化街道的主要物种，杂以桃、李、杏、莲、菊等花木，使城市绿化上了一个新台阶。这些花木适宜开封的土质特点，且都是理想的防尘树种，对于吸尘和净化空气起到了良好的作用。而且，当时的人对花极其偏爱，他们在花开时节郊游要带上花篮；不同的季节，在东京的街市上都能看见时令鲜花在出售，正如本文开头所提的竹子和梅花一样；达官贵人外出乘的轿子一般都用鲜花来装饰；就连街边的酒家小店也用花来装饰门头；每条街上都是水声潺潺，花香袭人。这些在宋代著名画家张择端的《清明上河图》中皆能发现。

除此之外，当时的东京还有大量的城市园林，对治理沙尘暴和美化环境也起到了积极的作用。当时有所谓的“皇家四园”：琼林苑、金明池、宜春苑、玉津园，里面都有大量的奇花异草、怪石珍禽，无一不是锦石缠道、宝砌池塘、柳琐虹桥、花萦风舸。宋人刘敞《玉津园》即描绘了皇家园林的盛况：

垂杨冉冉笼清御，细草茸茸覆白沙。
长闭园门人不入，禁渠流出雨残花。

对农作物病虫害的防治

“民以食为天”，在农业文明时期，作物的产量直接关系着普通百姓的生存和社会稳定，对整个社会的稳定产生深远的影响。北宋时期的农作物病虫害有蝗虫、黏虫、螟虫与鼠害，其中蝗虫造成的损失最大，也最为频繁。《宋史・五行志》中记载：

淳化三年六月甲申，京师有蝗起东北，趣至西南，蔽空如云翳日。

大中祥符九年六月，京畿、京东西、河北路蝗蝻继生，弥覆郊野，食民田殆尽，入公私庐舍。

景佑元年六月，开封府、淄州蝗。诸路募民掘蝗种万余石。

隆兴元年七月，大蝗。八月壬申、癸酉，飞蝗过都，蔽天日。

为了对付这些病虫害，当时上至豪门显贵，下至普通黎民，都发挥出自己的聪明才智，为防御和消灭这些害虫作出了卓越的贡献。

对于蝗虫的治理，北宋政府采取了很多得力的举措，为后世所效法。首先，政府倡导捕蝗，以蝗换粮，充分调动了普通百姓灭蝗的积极性，也间接救济了很多灾民。遇到情况紧急时，政府还会派遣官吏，直接负责和监督灭蝗的工作。其次，北宋还标新立异，不仅捕捉蝗群，而且发动群众掘蝗卵，从蝗灾的根抓起，这可以最大限度地减少蝗患。另外，政府还用法律手段来推动捕蝗。政府通过颁布一系列诏令和条文，对参与捕蝗的官员的职责进行了明确的规定和监督，并附带一些奖惩的措施，极大地提高了官员的工作效率。

另外，当时的一些技术官员，还对消除病虫害的方法进行了研究。沈括在《梦溪笔谈》中记载了一次黏虫灾害："元丰中，庆州界生子方虫（黏虫），方为秋田之害，忽有一虫生，如土中狗蝎，其喙有钳，千万蔽地，遇子方虫，则以钳搏之，悉为两段。旬日，子方皆尽，岁以大穰。其虫旧曾有之，土人谓之傍不肯"，说的是在地蚕虎的攻击下，黏虫灾害被扑灭了。虽然沈括只是作了一个简单的介绍，没有给出详尽的说明，但他能够观察到生物之间激烈的生存斗争，天敌消灭害虫的事例，还是很有科学价值的。还有苏轼，虽然他是一个大文学家，但他对科学也颇有研究。其著作《格物初谈・鱼类》讲到："鱼瘦而生白点者名虱，用枫树皮投水中则愈。"话虽简单，但在科学史上留下发现鱼虱、并使用枫树皮治疗的记录。这说明苏东坡观察鱼类很仔细，指出鱼虱的特征是"瘦""白点"，同时也掌握了治疗这种鱼病的方法。

北宋开封人的环境保护意识及措施

上面所谈的都是北宋时期人们所面临的环境问题和他们的具体解决方案。治标莫若治本，当时的人们已经开始萌发保护生态环境的意识。

北宋政府把一些有关生态保护的措施以诏令或法律条文的形式确立了下来。比如，宋太祖建隆二年二月十五日，下诏曰："鸟兽虫鱼，宜各安于物性，置罘罗网，当不出于国门，庶无胎卵之伤，用助阴阳之气。其禁民无得采捕虫鱼，弹射飞鸟。"春夏正是鸟兽虫鱼生殖繁衍的季节，北宋政府禁止在这两个季节滥捕、滥杀，表明了当时的最高统治阶层已经有明显的生态保护意识。而在中央集权高度集中的当时，东京又处在天子脚下，自然实施得更为彻底一些。

不仅如此，在当时一些大臣和先进思想家的意识中，也表现出了合理保护自然资源的思想。例如，《宋史纪事本末》中记载，北宋理学大家程颐曾经做过宋哲宗年幼时的侍讲，一次，在去听课的路上，宋哲宗顺手折了一条柳枝，程颐马上进谏说："方春时和，万物发生，不当轻有所折，以伤天地之和！"虽然程颐是以折柳会伤天地和气来劝诫宋哲宗的，但在实践上，则起到了很明显的保护自然环境的作用。前面曾经说过，北宋提倡在运河、黄河堤岸种榆柳，后又在东京城的街道和园林中大规模地栽种榆柳等树种，又以立法的形式规定和鼓励地方官员广植适宜各地土壤特点的树种。这样的结果，使许多地方官把种植桑树作为造福一方的自觉行为。如宋太宗时，辛仲甫以补阙身份任彭州知州，当地"少种树，暑无所休。仲甫课民栽柳荫行路，郡人德之，名为'补阙柳'"。又宋仁宗时，李璋知郓州，"修路数十里，夹道植柳，人指为'李公柳'"。

尽管这些生态保护意识可能还只是停留在直观的认识上，当时的人们对人类活动与外在环境之间还缺乏全面的认识和了解，但以上这些思想和措施，对于北宋开封环境的保护以及减少城市的环境污染和破坏，都产生了积极的效果。北宋开封的人民凭借自己的聪明才智和辛勤劳动，克服了当时种种不利甚至恶劣的环境条件，提出了许多效果极佳、对后代又有深远影响的方法和思想，化害为利、变废为宝、标新立异、与时俱进，实现了人类与环境的和谐相处和相互取舍，对当代的我们有着强烈的启示，也让我想起了唐代大诗人崔护所写的《题都城南庄》中的一句诗："人面桃花相映红。"

参考文献

[1] 孙立广. 地球与极地科学[M]. 合肥：中国科学技术大学出版社，2003.

[2] 中国科学技术大学，合肥钢铁公司.《梦溪笔谈》译注：自然科学部分[M]. 合肥：安徽人民出版社，1979.

[3] 脱脱.宋史[M].北京:中华书局,1977.
[4] 司马光.资治通鉴[M].北京:中华书局,1956.
[5] 彭定求.全唐诗[M].北京:中华书局,1960.
[6] 程遂营.唐宋开封生态环境研究[M].北京:中国社会科学出版社,2002.
[7] 高文学.中国自然灾害史(总论)[M].北京:地震出版社,1997.